新装版 数学入門シリーズ
複素数の幾何学

複素数の幾何学

Complex number

片山孝次
Katayama, Koji

岩波書店

本書は，「数学入門シリーズ」『複素数の幾何学』(初版 1982 年)を A5 判に拡大したものです．

はしがき

　複素数が数学の中に姿を現したのは，かなり昔のことである．それが150年程前，ガウスの整数論が出現するにおよんで，数の世界に完全なる市民権を獲得した．その間の事情を，高木貞治先生は次のように書いておられる：

　　一旦天啓に由て彼が虚数を招来するや，雲霧忽ち消散して八面
　　玲瓏の世界が現出したのである．("数学雑談" 1928, 共立)

　虚数は何故に導入されたか，これが本書の(かくれた)主題であって，それを，複素数と幾何学との交錯に見ようとしたのである．それもまた'玲瓏'とはいわないまでも，まことに美しい世界である．その美しさを，うまく表現し得たかどうか，読者の御叱正を待つほかはないが，ともかく，本書を通して，'美しさ'を感じていただければ幸いである．

　虚数単位 $i=\sqrt{-1}$ は，残念ながら現在の高校数学の課程では，2次方程式の解を記述するためのものとしてしか導入されていない．それでは，i が何故に幾何学に関係するのか，あるいはさらにいえば，何故に "i(愛)はすべてを包むのか"，少しもわからない．複素数の重大性は，ガウス平面により姿を現す．そこでは対象が目に見えるのであるから，少なくとも数としての実体感を与えるに役立つ．高校数学に，ガウス平面を取り入れる工夫を望むゆえんである．さらにその導入により，自然に幾何学との関係もついてくる．読者は，幾何学とデカルト座標平面(xy 平面)との関係を思い浮べられたい．

　第1章では三角関数をややくわしく，その基本から解説した．そこでは一般角の概念，正弦，余弦，正接およびそれらの周期性，加

法定理が重要であり，後に複素数の乗法をガウス平面上でとらえるとき不可欠の道具である．

　第2章では，複素数の代数——四則算法——について述べる．また，複素数の生い立ちである2次方程式の解法を，複素係数を含めて解説した．そこでは複素数の平方根がふたたび複素数であることが重要である．ついで代数学の基本定理，複素数の大小関係に触れた．

　第3章でガウス平面が登場する．第1章，第2章の結果がここで交錯し，とくに乗法を通じての複素数と幾何学の結びつきがはっきりとする章である．本書で一貫して用いた手法であるが，とくに本章では多くの図をえがいた．視覚を通して複素数の性質を頭に入れていただくためである．

　第4章は，第3章とともに本書の中心部分をなすものであって，いまや小・中・高の数学課程において忘れ去られた幾何学の美しさと，複素数のすばらしさの一端をお目にかけたつもりである．

　第5章では，複素数の厳密な構成，代数学の基本定理，三角関数と双曲線関数の類似，オイラーの公式など，やや発展的事項を述べた．

　以上概観したように，本書は，複素数とその幾何学への応用を初学者向きに解説したものである．予備知識は，ほとんど仮定していない．第1章は高校数学の復習ともいえるし，第2章，第3章もその復習からはじまっている．すべての本に共通することであるが，とくに本書においては，各所に置かれた簡単な問に，1つ1つ実際に解答することを望む．（紙と鉛筆をもって．）さらに，いくつかの問題意識をもって読み進んで行くことをすすめる．それはむずかしいことを言っているのではない．たとえば，

　　三角関数の加法定理はどういう働きをしているか，

何故 i を考えたのだろうか

とか，

　　単振動の実例はほかにないだろうか

など，ごく素朴なあるいは平凡なことでよい．そのような問題意識と絶えずつき合せながら本を読みすすめるのである．（その間にもちろん，新しい問題意識が起る．）

　そうすれば，自らの問題の解答をまとめることにより，数学の中に，自分ながらの道，自分ながらの見方をつくることができる．そして物事の本質がどこにあるのかがよく分かるであろう．それが創造につながる．

　数学の研究には，3つのS，すなわち'集中''創造''想像'が大切である．以上ではそのうちの'想像'を勉強段階における'問題意識'と読みかえて述べた．

　おわりに，本書の執筆をおすすめ下さった岩堀長慶，松坂和夫両先生に心から御礼申上げる．

　1982年7月

著　　者

目　次

はしがき

第1章　三角関数 ……………………………………… 1
　§1　角，角の大きさ ………………………………… 1
　§2　一般角 …………………………………………… 6
　§3　余弦，正弦関数 ………………………………… 11
　§4　正接関数 ………………………………………… 22
　§5　三角関数のグラフ ……………………………… 25
　§6　単振動 …………………………………………… 29
　§7　円運動の合成と加法公式 ……………………… 32
　§8　単振動の合成 …………………………………… 39
　　　練習問題1 ………………………………………… 46

第2章　複素数の代数的な取り扱い …………………… 49
　§1　負の数の'平方根'，複素数 …………………… 49
　§2　複素数の基本的な計算 ………………………… 53
　§3　一般2次方程式の解法（I） …………………… 59
　§4　一般2次方程式の解法（II） ………………… 61
　§5　複素数の意味 …………………………………… 66
　§6　複素数の大小関係 ……………………………… 69
　§7　絶対値 …………………………………………… 73
　　　練習問題2 ………………………………………… 77

第3章 複素数の幾何学的側面 …… 79
- §1 ガウス平面 …… 79
- §2 $w=z^2$, $w=\sqrt{z}$ …… 81
- §3 複素数の和と差 …… 92
- §4 複素数の積と商 …… 98
- §5 1のn乗根 …… 109
- §6 写像の例 …… 120
- 練習問題3 …… 129

第4章 幾何学への応用 …… 132
- §1 三角形の問題 …… 132
- §2 四角形の問題,非調和比 …… 139
- §3 直線,円 …… 144
- §4 いろいろな問題 …… 165
- §5 反転 …… 186
- §6 1次分数変換 …… 197
- 練習問題4 …… 214

第5章 いくつかの話題 …… 217
- §1 複素数の構成 …… 217
- §2 複素数の表し方 …… 226
- §3 複素数の平方根 …… 233
- §4 代数学の基本定理 …… 238
- §5 複素数の拡張 …… 246
- §6 双曲線関数 …… 249

目次

解　答 ……………………………………… 257
索　引 ……………………………………… 277

第1章
三角関数

§1 角，角の大きさ

昔，"北北西に針路をとれ"という映画があった．主演は，ケーリー・グラントであったかと思う．内容は忘れてしまったが，題名だけは調子がいいので憶えている．北と西の中間の方位を北西といい，北と北西の中間の方位を北北西という．

東西南北の方位を決めるには，まず北極星の方位を北と定めるのである．ちなみに，エジプトのピラミッドは，底面の中心から見て，4頂点が正確に東西南北を指しているという．その時代の北の方位の定め方は実に見事である．(マコーレイ：ピラミッド)

さて，ケーリー・グラントが A 地点にいるとして，A から北および北北西に向けて半直線をひけば1つの図形ができる(図1)．

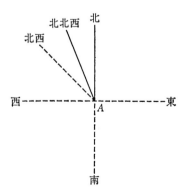

図1

この図形を角という．(方位を方角ともいうが，それは角という図形に関係した言葉であろう．) すなわち，1 点 A および A を端点とする 2 本の半直線 AX, AY から成る図形を**角**という．その角を $\angle A$ または $\angle XAY$ で表す(図 2).

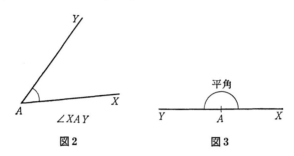

角の大きさを表すには，ふつう 60 分法と弧度法を用いる．

AX, AY が一直線をなすとき(図 3)，$\angle XAY$ を**平角**という．平角の大きさの $\frac{1}{180}$ を $1°$ (1 度)とよび，これを単位として角の大きさを測る方法を **60 分法**という．平角の半分を直角，平角の 2 倍を全角 (AY をはじめ AX に重ねておき，それを A のまわりに回転してふたたび AX に重なったときの角)というが，60 分法では

  直角の大きさ $= 90°$， 全角の大きさ $= 360°$

である(図 4).

次に弧度法を説明しよう．A を中心として半径 1 の円周(単位円

図 4

周)をえがくとき，∠XAY が切りとる円弧の長さが1ならば，∠XAY の大きさは**1弧度**(または**1ラジアン**)であるといい，これを単位として角の大きさを測る方法を**弧度法**という(図5)．その名前の由来も定義から明らかであろう．

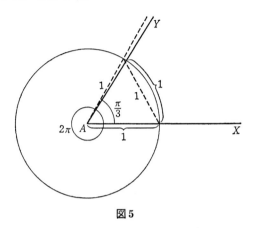

図5

π を円周率($\pi \fallingdotseq 3.141592653\cdots$)[1])とすれば，単位円周の全長は 2π, したがって

$$\text{全角の大きさ} = 2\pi \text{ ラジアン}$$

である(図5)．またこのことから

$$\text{平角の大きさ} = \pi \text{ ラジアン}$$

$$\text{直角の大きさ} = \frac{\pi}{2} \text{ ラジアン}$$

となる．

以下，簡単のために，角の大きさをも角ということにする．

60分法と弧度法の関係を考えよう．

---

[1]) おぼえ方．身一つ世一つ生くに無意味．ちなみに，1967年には，コンピュータにより，π の値は50万桁も求められている．約2時間を要したというが，所要時間は計算機の性能のバロメーターとなり得る．

$\angle XAY$ が $\theta°$ であり，α ラジアンであるとすれば，それぞれ全角と比例するのであるから

$$\frac{\theta}{360} = \frac{\alpha}{2\pi}$$

が成り立つ．これより

$$\theta = \frac{180}{\pi}\alpha, \quad \alpha = \frac{\pi}{180}\theta$$

が得られる．

基本的な角について，60分法と弧度法による数値を表にすれば次の通りである．

度	0	30	45	60	90
ラジアン	0	$\frac{\pi}{6}$	$\frac{\pi}{4}$	$\frac{\pi}{3}$	$\frac{\pi}{2}$

問1 次の空欄を埋めよ．

度	120		150	210	
ラジアン		$\frac{3}{4}\pi$			$\frac{3}{2}\pi$

問2 1ラジアンは何度か(小数第4位まで求めよ)．

問3 (i) ケーリー・グラントは東の方位から北よりに何度，何ラジアンの方向に針路をとったか．

(ii) 南西の風とは東の方位に対し何度の方向に吹く風か．

$\angle XAY = \alpha$(ラジアン)とする．このとき，A を中心とする半径 r の円周が，$\angle XAY$ により切りとられる弧の長さを求めよう(図6)．

その長さを x とする．いま別に A を中心とする単位円周をえがけば，それが $\angle XAY$ により切りとられる円弧の長さは α である．それぞれの円が $\angle XAY$ により切りとられる扇形は相似であるから

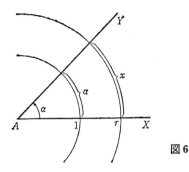

図6

$$1 : \alpha = r : x$$

が成り立つ. ゆえに

$$x = \alpha r. \tag{1}$$

∠XAY を, 半径 r の円において, 弧 x に対する**中心角**という.

とくに $x=r$ とすれば $\alpha=1$. これは, A を中心とする半径 r の円周を, ∠XAY が切りとる弧の長さが r ならば

$$\angle XAY = 1 \text{ラジアン}$$

であること, すなわち,

> 半径 r の円において, 弧の長さ r に対する中心角は 1 ラジアンであること

を示している. よって, ラジアンの定義は半径 r のとり方によらない.

数学では, 弧度法を用いる方がいろいろな点で便利である.

例1 A を中心とする半径 r の円において, ∠$XAY=\alpha$(ラジアン) が切りとる扇形の面積を S とする. このとき, (1) より弧の長さは αr で, 一方全角に対する扇形(すなわち円)の面積は πr^2, 全円周の長さは $2\pi r$ であるから,

$$\frac{S}{\pi r^2} = \frac{\alpha r}{2\pi r}$$

が成り立つ．ゆえに

$$S = \frac{\alpha r^2}{2}.$$

これは，扇形を高さ r，底辺 αr の三角形とみたときの面積の式にほかならない．記憶に便利である．∠XAY を度で表すときにはこうはいかない．

問4 例1で，∠$XAY = \theta$(度)とするとき，S を求めよ．

この他にも，弧度法は，微分，積分において便利さを発揮する．

以下，特にことわらない限り，角の大きさを表すには弧度法を用いる．よって角の大きさは

$$0 \leqq \alpha < 2\pi$$

である実数 α により表される．

度，ラジアンの他に，最近では grad(グラッド．gradient(グラディエント)の略)という単位が用いられている．これは直角を 100 grad としたものである．たいていの関数キー付電卓では，degree(度デグリー)，radian(ラジアン)，grad の相互変換ができるようになっている．grad は，円グラフによる統計を表すのに便利である．

§2 一般角

円形の池の周囲を，岩波君が一定の向きに走っているとする．途中くたばったり，速くなったりおそくなったりすることはあるが，それらは無視して，走った距離と向きだけに注目しよう．

出発点を A とし，いま岩波君は B 地点を走っているとする．しかしこれだけでは，岩波君はどれだけの距離を走ったかは定かではない．たとえば，

　A 地点から B 地点に来たばかりである

とも，

§2 一般角

一度 B 地点を過ぎてふたたび B 地点に来た, …

とも,

n 回 B 地点を過ぎてまた B 地点に来た

とも考えられる.

さらに, 右まわりか, 左まわりかの区別をしなければならない.

問1 i) 星は北極星を中心に, どの向きにまわっているか.
ii) '南極星'があるとして, 星はそのまわりをどの向きにまわるか.

さて, 上述のような情況を数学的に表すにはどうすればよいだろうか. そのために, 一般角という概念を導入しよう.

このとき, 岩波君の場合でいえば池の中心 O に杭をたて, それと彼とをひもで結んで, ひもの動き(すなわち回転)に注目すると便利である. 岩波君がどれだけ走ったかをいう代りに, ひもがどれだけ回転したかをみようというのである. そのとき, もはや岩波君は無視して, ひもは無限にのびていると考えてよい. いいかえれば, ひもを半直線と考え, O のまわりの半直線の回転をみるのである.

さて, 平面上に, 点 O と基準になる半直線 OX を定めておく(図7). 半直線 OP が, はじめ OX と重なっていて, そこから O のま

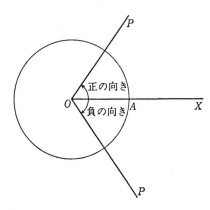

図7

わりを回転するとする．このとき OP を**動径**，OX を**始線**という．

われわれは，OP がどの向きに，どれだけ回転したかを実数で表したい．(この実数を**一般角**という．これは，直線上の点の位置を実数で表すのと同じ考えである．そのとき，その直線は数直線とよばれた．) そのために，まず正負の概念を定めよう．回転の向きは2つある．時計の針と反対の向きを**正の向き**，同じ向きを**負の向き**と定める．正の向きは正の数で，負の向きは負の数で表す．

OP が O のまわりを正の向きにちょうど1回転して，ふたたび OX に重なれば，

 OP の定める一般角は $2\pi \times 1 = 2\pi$ である

という．正の向きに5回転して OX に重なれば，その一般角は $2\pi \times 5$ であるという．OP が負の向きにちょうど3回転して OX に重なれば，その一般角は $2\pi \times (-3)$ であるという．

一般に，OP がはじめ OX と重なっていて，n 回転 (n は整数．回転の向きが正ならば $n>0$，負ならば $n<0$) の後，ふたたび OX に重なれば，

 OP の定める一般角は $2\pi \cdot n$ である

といい表す (図8).

次に，はじめ OX に重なっていた動径 OP が，O のまわりを正の

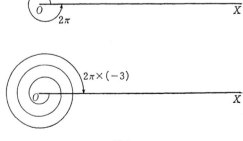

図8

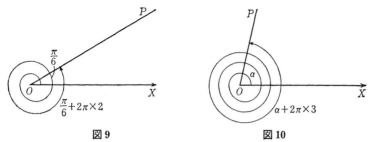

図9　　　　　　　　図10

向きに 2 回転した後，$\angle XOP = \dfrac{\pi}{6}$ の位置に来たとする(図9). このとき

　　動径 OP の定める一般角は $\dfrac{\pi}{6} + 2\pi \times 2$ である

という. 負の向きに 3 回転した後, その位置に来たならば

　　動径 OP の定める一般角は $\dfrac{\pi}{6} + 2\pi \times (-3)$ である

という.

　一般に, はじめ OX にあった動径 OP が, O のまわりを n 回転(n は整数)した後, $\angle XOP = \alpha$ の位置に来たとすれば

　　OP の定める一般角は $\alpha + 2n\pi$ である

といい表す(図10). これを,

　　OP は O のまわりを $\alpha + 2n\pi$ 回転した

といい表すこともできる. 一般角は回転量にほかならない.

　逆にこのとき,

　　OP は, OX を始線として一般角が $\alpha + 2n\pi$ の位置にある

という.

例1　時計の長針は 10 分間に $-\dfrac{\pi}{3}$ 回転する. 12 時の位置にある長針を $\dfrac{3}{2}\pi$ 回転すれば 3 時の位置を指す.

問2　時計の長針は 35 分間にどれだけ回転するか.

問3　12 時の位置を基準にして, 一般角が $\dfrac{13}{3}\pi$ である長針の位置をい

え.

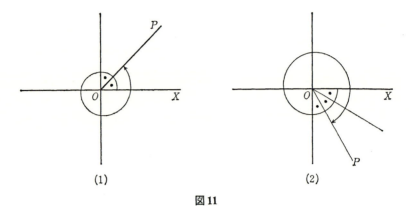

図11

問4 動径の位置が図11のような一般角をいえ．

このようにして，始線 OX を定めた上で，一般角を与えれば動径の位置は一意的に定まり，逆に動径の位置を(何回転したかも含めて)与えれば一般角は一意的に定まる．

以上では，回転の向きを時計の針を基準に定めた．さいわい，どのような時計でも針は右まわりであり，左まわりの時計はない．それはおそらく，時計のもとは日時計であり，北半球人の発明であるからであろう．もし，時計が南半球人の発明したものならば，左まわりになったに違いない．しかしその方が，時計の針と反対の向きを正の向き，とするような，一見'あまのじゃく'な定義はしなくてすむ．

また，最近ではデジタル時計(数字表示の時計)が流行している．この傾向がつづいて，もしデジタル時計のみとなったら，回転の向きをどのように定義すればよいであろうか．

問5 回転の向きの正負を，時計を用いずに定義せよ．(右, 左がわかっている場合と，そうでない場合にわけて考えよ．)

§3 余弦, 正弦関数

回転は，単位円周(池の周囲)上の点(岩波君)の動きによっても示すことができた．

P が単位円周上を動くとき，半径 OP(で定まる半直線)の回転が生ずる．したがって P は回転量すなわち一般角を定めるわけである．

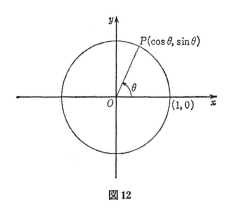

図 12

平面上に直交座標を設定し，回転の始線を x 軸の正の向きに定めておく．このとき，一般角を与えれば逆に，単位円周上の点 P の位置が定まる．OP が定める一般角を θ とするとき，点 P の座標を
$$(\cos\theta, \sin\theta)$$
で表す(図 12)．すなわち，$P=(x,y)$ とするとき
$$x = \cos\theta, \quad y = \sin\theta \tag{1}$$
である．cos, sin はそれぞれ cosine, sine の略である．

$\cos\theta, \sin\theta$ は，実数全体の上で定義された関数であり，それぞれ**余弦関数**，**正弦関数**(簡単には，余弦，正弦)とよばれる．

さて，良く知られたように xy 平面において，単位円周は，方程式
$$x^2 + y^2 = 1$$
で表される．よって(1)を代入すれば，次の定理が成り立つ．

定理 1 $$\cos^2\theta + \sin^2\theta = 1.$$
ここで
$$\cos^2\theta = (\cos\theta)^2, \quad \sin^2\theta = (\sin\theta)^2$$
の意味である.

また,何周しても P の座標はそのままである.すなわち,一般角 θ と $\theta + 2n\pi$ とは円周上の同じ点を与える.したがって,次の定理が成り立つ.

定理 2 n を整数とするとき,
$$\cos(\theta + 2n\pi) = \cos\theta, \quad \sin(\theta + 2n\pi) = \sin\theta$$
この事実を,$\cos\theta, \sin\theta$ は,**基本周期 2π の周期関数**であるといい表す.

注意 一般に,すべての x に対して,関数 $f(x)$ が
$$f(x+\alpha) = f(x)$$
を満たすとき,α を f の周期という.このとき,$\pm\alpha, \pm 2\alpha, \pm 3\alpha, \cdots$ も周期である.正の周期のうち最小のものを基本周期という.

また,図 13 から明らかなように,次の定理が成り立つ.

定理 3
$$\cos(-\theta) = \cos\theta, \quad \sin(-\theta) = -\sin\theta.$$

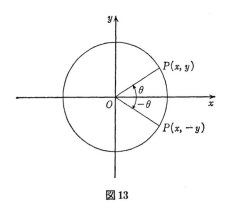

図 13

§3 余弦,正弦関数

一般に,$f(-x)=f(x)$ を満たす関数を**偶関数**,$f(-x)=-f(x)$ を満たす関数を**奇関数**という.定理 3 は,$\cos\theta$ は偶関数,$\sin\theta$ は奇関数であることを表明している.

特別な θ の値に対して,$\cos\theta, \sin\theta$ の値を計算しよう.そのもとになるのは,**ピタゴラスの定理**(三平方の定理)
$$a^2 = b^2 + c^2$$
である.ここで,直角三角形の,a は斜辺の長さ,b, c はそれぞれ直角を挟む 2 辺の長さを表す(図 14).

図 15 の 2 つの直角三角形は,三角定規にも採用されており,標準的かつ重要である.

図 15(1)において,$\overline{AC}=1$ とすれば $\overline{BC}=\dfrac{1}{2}$ である.したがって,ピタゴラスの定理により
$$\overline{AB}^2 + \left(\frac{1}{2}\right)^2 = 1^2,$$

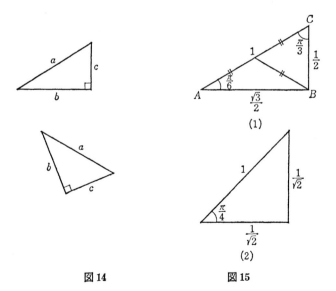

図 14   図 15

$$\overline{AB} = \frac{\sqrt{3}}{2}.$$

図 15 (2) において，$\overline{AC}=1$, $\overline{AB}=\overline{BC}=x$ とおけば，ピタゴラスの定理により

$$x^2 + x^2 = 1^2,$$

$$x = \frac{1}{\sqrt{2}}.$$

定理 4

θ	0	$\frac{\pi}{6}$	$\frac{\pi}{4}$	$\frac{\pi}{3}$	$\frac{\pi}{2}$	π	$\frac{3}{2}\pi$	2π
$\cos\theta$	1	$\frac{\sqrt{3}}{2}$	$\frac{1}{\sqrt{2}}$	$\frac{1}{2}$	0	-1	0	1
$\sin\theta$	0	$\frac{1}{2}$	$\frac{1}{\sqrt{2}}$	$\frac{\sqrt{3}}{2}$	1	0	-1	0

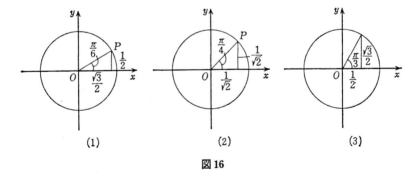

図 16

証明 図 16(1) にえがかれている直角三角形においては

斜辺の長さ 1，底辺の長さ $\frac{\sqrt{3}}{2}$，高さ $\frac{1}{2}$

であるから，

§3 余弦，正弦関数

$$P = \left(\frac{\sqrt{3}}{2}, \frac{1}{2}\right).$$

ゆえに

$$\cos\frac{\pi}{6} = \frac{\sqrt{3}}{2}, \quad \sin\frac{\pi}{6} = \frac{1}{2}.$$

図 16(2) にえがかれている直角三角形においては

斜辺の長さ 1，底辺および高さ $\dfrac{1}{\sqrt{2}}$

であるから

$$P = \left(\frac{1}{\sqrt{2}}, \frac{1}{\sqrt{2}}\right).$$

ゆえに

$$\cos\frac{\pi}{4} = \frac{1}{\sqrt{2}}, \quad \sin\frac{\pi}{4} = \frac{1}{\sqrt{2}}$$

である．

その他の場合の計算は読者にまかせよう．

問1 定理 4 の，残りの部分の計算を行え．($\theta = \dfrac{\pi}{3}$ については，図 16 (3) を利用せよ．)

定理 4 は結果よりもむしろその算出法が重要である．

例1 $\cos\left(-\dfrac{\pi}{4}\right)$ を計算するには，定理 3, 4 を用いればよい．すなわち

$$\cos\left(-\frac{\pi}{4}\right) = \cos\frac{\pi}{4} = \frac{1}{\sqrt{2}}.$$

もちろん，図 16 のような図をえがいても求めることができる．

問2 $\cos\left(-\dfrac{\pi}{6}\right), \sin\left(-\dfrac{\pi}{4}\right), \cos\left(-\dfrac{\pi}{3}\right)$ を求めよ．

例2 $\cos\dfrac{5}{6}\pi$ および $\sin\dfrac{5}{6}\pi$ を求めるために，図 17 をえがく．そのとき

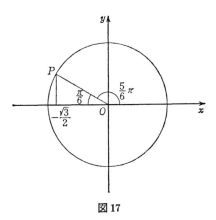

図17

$$P = \left(-\frac{\sqrt{3}}{2}, \frac{1}{2}\right)$$

であるから

$$\cos\frac{5}{6}\pi = -\frac{\sqrt{3}}{2}, \quad \sin\frac{5}{6}\pi = \frac{1}{2}$$

である.

問3 次の空欄を埋めよ.

θ	$\frac{2}{3}\pi$	$\frac{3}{4}\pi$	$\frac{5}{6}\pi$	$\frac{7}{6}\pi$	$\frac{5}{4}\pi$	$\frac{4}{3}\pi$	$\frac{5}{3}\pi$	$\frac{7}{4}\pi$	$\frac{11}{6}\pi$
$\cos\theta$			$-\frac{\sqrt{3}}{2}$						
$\sin\theta$			$\frac{1}{2}$						

問4 動径 OP が,第 i 象限($i=1,2,3,4$)に属するとき,OP が定める一般角を,第 i 象限の一般角という.θ が第 i 象限($i=1,2,3,4$)の一般角であるとき,$\cos\theta, \sin\theta$ の符号は何か.

例題1 $\cos\theta = \frac{1}{2}$ である θ を求めよ.

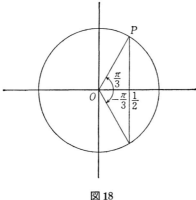

図 18

解 図 18 より

$$\cos\frac{\pi}{3}=\frac{1}{2}, \quad \cos\left(-\frac{\pi}{3}\right)=\frac{1}{2}$$

である.（しかしここで直ちに $\theta=\frac{\pi}{3}$ または $-\frac{\pi}{3}$ としてはならない.）周期性より，任意の整数 n に対し

$$\cos\left(\frac{\pi}{3}+2n\pi\right)=\frac{1}{2}, \quad \cos\left(-\frac{\pi}{3}+2n\pi\right)=\frac{1}{2}$$

が成り立つ．ゆえに，答は

$$\theta=\frac{\pi}{3}+2n\pi \quad \text{または} \quad -\frac{\pi}{3}+2n\pi, \quad (n=0, \pm 1, \pm 2, \cdots).$$

この例題のように，$\cos\theta$ の値だけからは θ が第何象限に属するかわからない．しかし，さらに $\sin\theta$ の値がわかれば，θ の属する象限も確定する．たとえば例題 1 において，条件

$$\sin\theta=-\frac{\sqrt{3}}{2}$$

を加えれば

$$\theta=-\frac{\pi}{3}+2n\pi$$

であり，θ は第4象限に属する．

問5 $\cos\theta = -\dfrac{\sqrt{3}}{2}, \sin\theta = -\dfrac{1}{2}$ を満たす θ を求めよ．その θ は第何象限に属するか．

例3 $\cos\theta = 0$ を満たす θ を求めよう．

$$\cos\frac{\pi}{2} = 0, \qquad \cos\left(-\frac{\pi}{2}\right) = 0$$

であるから

$$\theta = \frac{\pi}{2} + 2n\pi \quad \text{または} \quad \theta = -\frac{\pi}{2} + 2n\pi, \quad (n=0, \pm 1, \pm 2, \cdots).$$

これをまとめて

$$\theta = \pm\frac{\pi}{2} + 2n\pi$$

と書くことがある．

問6 $\cos\theta = 1$ を満たす θ を求めよ．

問7 (i) $\sin\theta = 0$ を満たす θ を求めよ．

(ii) $\sin\theta = 1$ を満たす θ を求めよ．

例題2 次の等式を証明せよ：

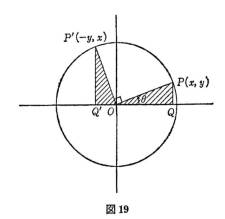

図 19

§3 余弦,正弦関数

$$\cos\left(\theta+\frac{\pi}{2}\right) = -\sin\theta, \quad \sin\left(\theta+\frac{\pi}{2}\right) = \cos\theta.$$

証明 図 19 において,OP の定める一般角を θ とし,OP を正の向きに $\frac{\pi}{2}$ 回転して OP' を得たとする.P, P' からそれぞれ x 軸に垂線を下ろし,その足を Q, Q' とすれば,$\triangle OPQ$ と $\triangle OP'Q'$ は合同である.よって $P=(x, y)$ とすれば $P'=(-y, x)$.

$$x = \cos\theta, \quad y = \sin\theta$$

であり,一方,OP' の定める一般角は $\theta+\frac{\pi}{2}+2n\pi$ であるから

$$-y = \cos\left(\theta+\frac{\pi}{2}\right), \quad x = \sin\left(\theta+\frac{\pi}{2}\right).$$

よって,上式を比べて

$$\cos\left(\theta+\frac{\pi}{2}\right) = -\sin\theta, \quad \sin\left(\theta+\frac{\pi}{2}\right) = \cos\theta$$

を得る.

例4 例題 2 の応用として

$$\cos\left(\frac{\pi}{2}-\theta\right) = \cos\left((-\theta)+\frac{\pi}{2}\right) = -\sin(-\theta) = \sin\theta,$$

$$\sin(\theta+\pi) = \sin\left(\left(\theta+\frac{\pi}{2}\right)+\frac{\pi}{2}\right) = \cos\left(\theta+\frac{\pi}{2}\right) = -\sin\theta$$

が得られる.

問8 次の等式を証明せよ.

(i) $\sin\left(\frac{\pi}{2}-\theta\right) = \cos\theta,$
(ii) $\cos(\theta+\pi) = -\cos\theta,$
(iii) $\sin(\pi-\theta) = \sin\theta,$
(iv) $\cos(\pi-\theta) = -\cos\theta.$

注意 $\cos(\theta+\pi)=-\cos\theta, \sin(\theta+\pi)=-\sin\theta$ の幾何学的な証明は次の通りである:単位円周上に点 P をとり,動径 OP の定める角を θ とすれば,$P=(\cos\theta, \sin\theta)$ である.P を原点に関して対称移動した点を P' とすれば

$P' = (-\cos\theta, -\sin\theta)$. 一方,$OP'$ の定める角は $\theta+\pi$ であるから
$$P' = (\cos(\theta+\pi), \sin(\theta+\pi))$$
であり,上の P' と比べて求むる結果を得る(図 20(1)).

問9 問 8 の (iii),(iv) を幾何学的に証明せよ.(図 20(2) を参考にせよ.)

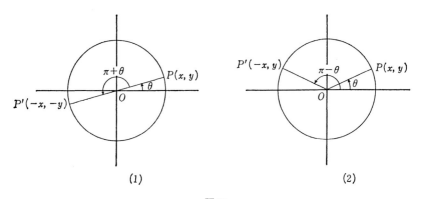

図 20

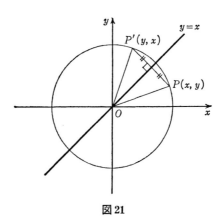

図 21

問10 図 21 を参考にして

§3 余弦,正弦関数

$$\cos\left(\frac{\pi}{2}-\theta\right) = \sin\theta, \quad \sin\left(\frac{\pi}{2}-\theta\right) = \cos\theta$$

を幾何学的に証明せよ.(ヒント:直線 $y=x$ に関して点 $P=(x,y)$ を対称移動して得られる点は $P'=(y,x)$ である.)

中国や和算では,ピタゴラスの定理は'勾股弦の定理'とよばれた.これは中国最古と目される数学書'周髀算経(シュウヒサンケイ)'(B.C. 1105)に

$$\text{勾三股四弦五} \qquad (2)$$

という定理が記載されていることによる.ここで,弦は直角三角形の斜辺,勾は直角を挟む短い方の辺,股は長い方の辺を意味するから,(2)は $3^2+4^2=5^2$ にほかならない.ピタゴラス(B.C. 550)以前の話である.

また(2)は

$$x^2+y^2 = z^2 \qquad (3)$$

を満たす整数 x, y, z((3)の整数解,あるいはピタゴラス数という)を与えている.実は(3)の整数解は無限に多くあって

$$x = m^2-n^2, \quad y = 2mn, \quad z = m^2+n^2, \quad (m, n\text{ は任意の整数})$$

で与えられ,かつこのようなもののみであることが知られている.

(3)を拡張して,一般に自然数 $n \geq 3$ を与えたとき,

$$x^n + y^n = z^n$$

の正の整数解(すなわち $x>0, y>0$ かつ $z>0$)は存在するか,という問題がある.フェルマー(1601-1665)は存在しないと言明し,ある本の余白に"その証明は驚嘆すべきものであるが,余白がせまいために書くことが出来ない"という意味の文句を書き付けた.以後,多くの数学者の努力にもかかわらず,証明は得られていない.'フェルマーの予想'とよばれるゆえんである.しかし,彼が'証明した'ことを信用して,フェルマーの大定理とよぶ人もある.

§4 正接関数

xy 平面において, y 軸に平行でない直線 l が x 軸となす角を θ とするとき, l の傾きを $\tan\theta$ で表す(図 22). $\tan\theta$ を θ の**正接関数**, あるいは簡単に正接という. tan は tangent(タンジェント)の略であり, tg と書く人もいる.

ここで, l と x 軸とのなす角とは, l と x 軸との交点を A とするとき, 点 A と, A を端点とする x 軸および l 上の 2 本の半直線のなす角のことである. ただし A を中心として, 正の向きに x 軸を回転してはじめて l と重なるときの回転の大きさを θ とするのがふつうである. l が x 軸に平行ならば $\theta=0(+2n\pi)$ とする.

l は, ある定数 a により

$$y = x\tan\theta + a$$

と表される. しかし, $\tan\theta$ の性質を考えるときは, l を平行移動しても傾きである $\tan\theta$ は変らないから, l は原点を通るとしてよい. そのときは, l の方程式は

$$y = x\tan\theta$$

である.

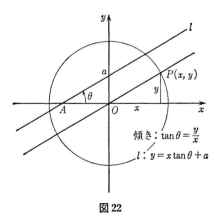

図 22

§4 正接関数

簡単のため,以下一般角をも単に角ということにする.

l を原点 O のまわりに角 π だけ回転すれば,l は l 自身に重なる.よって傾きはそのような回転により変らない.

定理 5
$$\tan(\theta+\pi) = \tan\theta.$$

次に $\tan\theta$ を $\cos\theta$, $\sin\theta$ により表すことを考えよう.l を原点を通り x 軸となす角が θ である直線とする.定義より,直線 l の傾きは $\tan\theta$ である.一方,l と単位円周との交点を $P=(x,y)$ とすれば,l の傾きは

$$\frac{y}{x}$$

である(図 22).半直線 OP に注目すれば,定義より $x=\cos\theta$, $y=\sin\theta$ であるから

$$\tan\theta = \frac{y}{x} = \frac{\sin\theta}{\cos\theta}$$

が成り立つ.

定理 6
$$\tan\theta = \frac{\sin\theta}{\cos\theta}.$$

注意 定理 6 を $\tan\theta$ の定義とすることもできる.しかし,$\tan\theta$ の本質は,直線(半直線でなく)の傾きととらえるところにある.

もちろん定理 6 では,$\cos\theta=0$ となる θ, すなわち

$$\theta = \pm\frac{\pi}{2}+2n\pi, \quad (n=0, \pm 1, \pm 2, \cdots)$$

(前節例 3)を除いている.そのような θ の値に対して,直線は y 軸と平行である.

例題 1 定理 6 より定理 5 を証明せよ.

証明

$$\tan(\theta+\pi) = \frac{\sin(\theta+\pi)}{\cos(\theta+\pi)} \tag{1}$$

であるから，前節例 4 および問 8(ii) により

$$(1) = \frac{-\sin\theta}{-\cos\theta} = \frac{\sin\theta}{\cos\theta} = \tan\theta.$$

問 1 次の等式を導け．

(i) $\tan\left(\theta+\dfrac{\pi}{2}\right) = -\dfrac{1}{\tan\theta}$, (ii) $\tan(-\theta) = -\tan\theta$,

(iii) $\tan\left(\dfrac{\pi}{2}-\theta\right) = \dfrac{1}{\tan\theta}$, (iv) $\tan(\pi-\theta) = -\tan\theta$.

注意 問 1(i) の意味は次の通りである：l, l' をそれぞれ x 軸と角 $\theta, \theta+\dfrac{\pi}{2}$ をなす直線とすれば，l, l' は直交する．l, l' の傾きをそれぞれ m, m' とかけば

$$m = \tan\theta, \quad m' = \tan\left(\theta+\frac{\pi}{2}\right)$$

であるから，(i) よりよく知られた関係式

$$mm' = -1$$

が得られる．

問 2 次の空欄を埋めよ．

θ	0	$\dfrac{\pi}{6}$	$\dfrac{\pi}{4}$	$\dfrac{\pi}{3}$	$\dfrac{2\pi}{3}$	$\dfrac{3\pi}{4}$	$\dfrac{5\pi}{6}$	π	$-\dfrac{\pi}{6}$	$-\dfrac{\pi}{4}$
$\tan\theta$										

問 3 θ の属する各象限ごとの，$\tan\theta$ の正負を判定せよ．

例題 2 $\tan\theta + \dfrac{1}{\tan\theta}$ を $\cos\theta, \sin\theta$ で表せ．

解

$$\tan\theta + \frac{1}{\tan\theta} = \frac{\sin\theta}{\cos\theta} + \frac{\cos\theta}{\sin\theta} = \frac{\sin^2\theta + \cos^2\theta}{\cos\theta\sin\theta}$$

$$= \frac{1}{\cos\theta \sin\theta}.$$

問4 $1+\tan^2\theta = \dfrac{1}{\cos^2\theta}$ を示せ．

問5 $(1+\tan\theta)^2$ を $\cos\theta, \sin\theta$ を用いて表せ．

例題3 $\tan\theta = 1$ を満たす θ を求めよ．

解 傾きが 1 の直線 $y=x$ を考えることになるから

$$\theta = \frac{1}{4}\pi + 2n\pi, \quad \frac{5}{4}\pi + 2n\pi, \quad (n=0, \pm 1, \pm 2, \cdots).$$

問6 $\tan\theta = \dfrac{1}{\sqrt{3}}$ を満たす θ を求めよ．

§5 三角関数のグラフ

$\cos\theta, \sin\theta, \tan\theta,$ および

$$\cot\theta = \frac{1}{\tan\theta}, \quad \operatorname{cosec}\theta = \frac{1}{\sin\theta}, \quad \sec\theta = \frac{1}{\cos\theta}$$

を三角関数と総称する．cot, cosec, sec はそれぞれ順に，余接，余割，正割とよばれる．

三角関数のうち重要なものは何をおいても $\cos\theta, \sin\theta$，ついで $\tan\theta$ である．定義では，$\cos\theta, \sin\theta$ は単位円周上の点の座標であるから，それらを'円関数'(circular function)とよぶ方が実体にはふさわしい．外国ではそれがふつうである．歴史的には，cos, sin, tan は三角比(直角三角形の辺の長さの比)から発展したものであり，したがって'三角関数'は歴史的名称ということになる．

さて，三角関数

$$y = \sin\theta, \quad x = \cos\theta, \quad y = \tan\theta$$

のグラフをえがいてみよう．周期性により $\sin\theta, \cos\theta$ のグラフは $0 \leqq \theta \leqq 2\pi$ の範囲，$y=\tan\theta$ のグラフは $-\dfrac{\pi}{2} < \theta < \dfrac{\pi}{2}$ の範囲でえがけばよい．それぞれ周期だけグラフを θ 軸方向に平行移動して連結

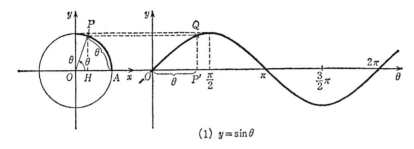

(1) $y = \sin\theta$

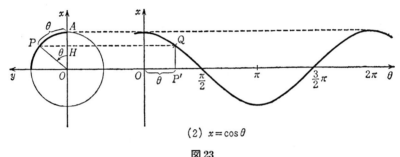

(2) $x = \cos\theta$

図 23

すれば全体のグラフが得られる．

1° $y = \sin\theta$ のグラフ

図 23(1) において，単位円周と正の x 軸との交点を A とする．θ を動径 $OP(P=(x,y))$ の定める角とし，便宜上，x 軸に重ねて θ 軸をとる．P から x 軸におろした垂線の足を H とすれば

$$y = PH = \sin\theta$$

である．よって θ 軸上に $OP' = \theta$ である点 P' をとり，P' において θ 軸にたてた垂線と，P から θ 軸に平行にひいた直線との交点を Q とすれば，

$$P'Q = \sin\theta$$

である．

2° $x = \cos\theta$ のグラフ

図 23(2) において，単位円周と x 軸との交点を A とする．θ を動

§5 三角関数のグラフ

径 $OP(P=(x, y))$ の定める角とし,今度は負の y 軸の延長上に θ 軸をとる. P から x 軸におろした垂線の足を H とすれば
$$x = OH = \cos\theta$$
である. よって θ 軸上に $OP'=\theta$ である点 P' をとり,P' において θ 軸に立てた垂線と,PH の延長との交点を Q とすれば
$$P'Q = \cos\theta$$
である.

3° $y = \tan\theta$ のグラフ

図24において,単位円周と x 軸との交点を A とし,A から x 軸に垂線 AT を立てる. $\theta(\theta_1)$ を動径 $OP(OP_1)$ の定める角とし,x 軸に重ねて θ 軸をとる. $OP(OP_1)$ の延長と AT との交点を $K(K_1)$ とす

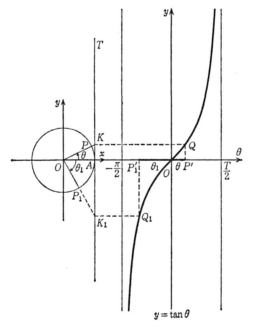

$y = \tan\theta$

図24

れば
$$AK = \tan\theta \qquad (AK_1 = \tan\theta_1)$$
である．よって θ 軸上に $OP'=\theta(OP_1'=\theta_1)$ である点 $P'(P_1')$ をとり，$P'(P_1')$ から θ 軸に立てた垂線と，$K(K_1)$ から θ 軸に平行にひいた直線との交点を $Q(Q_1)$ とすれば
$$P'Q = \tan\theta \qquad (P_1'Q_1 = \tan\theta_1)$$
である．

ふつう，関数を表すときは，変数 x, y を用いるから，以下，三角関数を
$$y = \cos x, \qquad y = \sin x, \qquad y = \tan x$$
と表すこともある．この場合，もちろん x が一般角を表すわけである．

例 1 $y = \cos\left(x - \dfrac{\pi}{4}\right)$ のグラフは，$y = \cos x$ のグラフを，x 軸の正の方向に $\dfrac{\pi}{4}$ だけ平行移動したものである（図 25）．

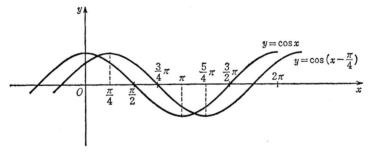

図 25

問 1 (i) $y = \sin x$ のグラフを用いて，$y = \sin\left(x + \dfrac{\pi}{4}\right)$ のグラフをえがけ．

(ii) $y = \tan x$ のグラフを用いて，$y = \tan\left(x - \dfrac{\pi}{3}\right)$ のグラフをえがけ．

例 2 $y = \sin 2x$ のグラフは，$y = \sin x$ のグラフを x 軸方向に $\dfrac{1}{2}$ 倍縮小したものである．基本周期は π になる．$y = 2\sin x$ のグラフ

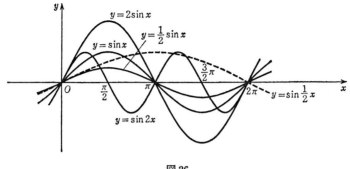

図 26

は，$y=\sin x$ のグラフを y 軸方向に 2 倍に拡大したものである．周期は変らず 2π のままである(図 26)．

一般に，$y=\sin kx, \cos kx, \tan kx, y=k\sin x, k\cos x, k\tan x$ のグラフは，それぞれ $y=\sin x, \cos x, \tan x$ のグラフを x 軸方向に $\frac{1}{k}$ 倍，y 軸方向に k 倍に拡大縮小したものである．$y=\sin kx, \cos kx, \tan kx$ の基本周期はそれぞれ $\frac{1}{k}$ 倍されるが，一方，$y=k\sin x, k\cos x, k\tan x$ の基本周期は不変である．

問 2 (i) $y=\cos x$ のグラフを用いて $y=\cos\frac{1}{3}x$ のグラフをえがけ．また $y=2\cos\frac{1}{3}x$ のグラフをえがけ．それぞれ基本周期は何か．

(ii) $y=\tan x$ のグラフを用いて，$y=\tan\frac{1}{2}x$ のグラフをえがけ．

問 3 $y=\sin x$ のグラフを用いて $y=\sin\left(2x-\frac{\pi}{3}\right)$ のグラフをえがけ．$\left(\text{ヒント}: y=\sin 2\left(x-\frac{\pi}{6}\right).\right)$

§6 単振動

E. ケストナーの"動物会議"はすばらしい小説である．その中に，次のような話がおりこまれている：

　　人間どもがまたもや戦争を起しそうだ，それをとめようとい

うわけで，世界中の動物に招集がかかる．ミミズのフリドリン
は，地球の反対側にいる友達に，そのことを伝えようと穴を掘
り出す．反対側に顔を出したときにはすでに会議は終っていた
……．

このフリドリンに，鹿児島県の屋久島から穴を掘ってもらおう．
真直に地球の中心を貫いて進めば(マグマなどは考えない)，ブラジ
ルのポルトアレグレ市(附近)に顔を出すはずである．この穴に屋久
島から小石を落す．それは中心力により屋久島，ポルトアレグレ間
の往復運動を繰り返すことになるであろう．(ただし，地球の密度
は一様であるとする．)これは単振動とよばれる運動である．

単振動は，円運動と密接な関係がある．

いま，C_r を，xy 平面上，原点を中心とする半径 r の円周とし，
C_r 上を，点 P が速さ $r\theta$ で運動するとする．(**円運動**という．)この
とき，動径 OP は毎秒角 θ の速度で回転する．

動径 OP が，はじめ x 軸と角 α をなす位置 OA にあるとすれば(図
27)，t 秒後の $P(x, y)$ の座標は

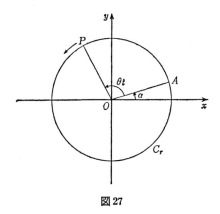

図 27

§6 単振動

$$x = r\cos(\theta t + \alpha)$$
$$y = r\sin(\theta t + \alpha) \quad (1)$$

により与えられる．したがってこれら2つの式は，合わせて点Pの円運動を表しているわけである．α, r, θ をそれぞれ円運動(1)の**はじめの角，振幅，角速度**という．

また，(1)のおのおのは，円運動をするPのx軸，y軸への正射影が行う運動を表している．この運動を一般に**単振動**といい，α, r, θ, $\dfrac{\theta}{2\pi}$ をそれぞれ，単振動の**はじめの角，振幅，角速度，振動数**という．

注意 (1)の2式をともに単振動とよんだ．見かけは異なるが，

$$y = r\sin(\theta t + \alpha) = r\cos\left(\theta t + \alpha - \frac{\pi}{2}\right)$$

であるから，yの運動とxの運動とは，はじめの角のみが異なっている．

例1 レコードのふちにローソクを立てる．レコードが回転すれば，真上から見るとき，ローソクの火は円運動をしている．真横から見ればそれは単振動をしている．

例2 振り幅の小さい振子の運動は，単振動とみることができる．

例3 この節のはじめに述べた屋久島，ポルトアレグレ間の単振動の角速度は，理論上

$$\sqrt{\frac{4}{3}\pi f k}$$

であることが知られている．ただし，地球を均質かつ完全な球とみなしており

f: 引力定数 $\fallingdotseq 6.7 \times 10^{-8}$,
k: 地球の密度 $\fallingdotseq 5.518 \,(\text{g/cm}^3)$.

問1 地球が太陽のまわりを等速円運動するとみなして，その角速度(毎秒)を求めよ．ただし，1年を365日とする．

問2 (i) '33回転'のレコードの角速度(毎秒)を求めよ．
(ii) レコードのふちに立てたローソクの火を真横からみるとき，それ

が1往復するに要する時間 T(秒)を求めよ. $\dfrac{1}{T}$ は何か.

§7 円運動の合成と加法公式

地球は太陽のまわりを回転し,その地球のまわりを月が回転する.では月は太陽に対してどのような運動をしているのであろうか.太陽に対する月の運動を,上記2つの運動の合成という.

太陽を中心として考えれば,地球の運動は動径 SE の動きで判定される(図 28).月の運動は,動径 EM の動きでとらえられる.このとき,月の太陽に対する運動は動径 SM の動きで表されるが,SM は SE, EM でつくられる平行四辺形の対角線にほかならない.(ベクトルを知っている人のために書けば $\overrightarrow{SM} = \overrightarrow{SE} + \overrightarrow{EM}$. すなわち,2つの運動の合成とは,それらを表すベクトルの和が表す運動のことである.)

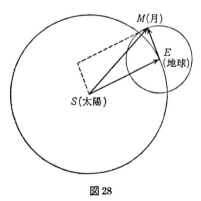

図 28

2つの運動があるとき,それらを合成した運動がどのようなものであるか,それを定めるのは一般にはむずかしい.ここでは,簡単な場合として,角速度の等しい2つの円運動,あるいは2つの単振動,の合成を考えることにする.

§7 円運動の合成と加法公式

角速度が θ である2つの円運動を

$$\left.\begin{array}{l} x_1 = r_1\cos(\theta t+\alpha_1) \\ y_1 = r_1\sin(\theta t+\alpha_1) \end{array}\right\} \quad (1)$$

および

$$\left.\begin{array}{l} x_2 = r_2\cos(\theta t+\alpha_2) \\ y_2 = r_2\sin(\theta t+\alpha_2) \end{array}\right\} \quad (2)$$

とする.

$P_1=(x_1, y_1)$, $P_2=(x_2, y_2)$ とし,OP_1, OP_2 を2辺とする平行四辺形の頂点を Q とする(図29). P_1, P_2 の角速度は等しいから,平行四辺形 OP_1QP_2 は時間とともに形を変えることなく,O の周りを角速度 θ で回転する.したがって Q も O の周りを角速度 θ で円運動する.この Q の円運動が,円運動(1),(2)の合成である.

$Q=(x, y)$ の円運動はその振幅を r, はじめの角を α とすれば,

$$\left.\begin{array}{l} x = r\cos(\theta t+\alpha) \\ y = r\sin(\theta t+\alpha) \end{array}\right\} \quad (3)$$

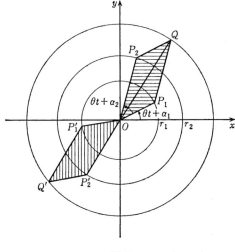

図29

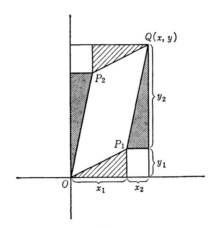

図 30

により表される.これを(1),(2)に現れている量で表すことにより,三角関数の加法公式を導こう.

図 30 において,斜線をつけた 2 つの三角形,影をつけた 2 つの三角形はそれぞれ合同であるから

$$x = x_1 + x_2, \quad y = y_1 + y_2$$

が成り立つ.

$$r^2 = x^2 + y^2 = (x_1+x_2)^2 + (y_1+y_2)^2$$

であるから,(1),(2)を代入すれば

$$\begin{aligned}
r^2 &= \{r_1\cos(\theta t+\alpha_1) + r_2\cos(\theta t+\alpha_2)\}^2 \\
&\quad + \{r_1\sin(\theta t+\alpha_1) + r_2\sin(\theta t+\alpha_2)\}^2 \\
&= r_1^2\cos^2(\theta t+\alpha_1) + 2r_1r_2\cos(\theta t+\alpha_1)\cos(\theta t+\alpha_2) \\
&\quad + r_2^2\cos^2(\theta t+\alpha_2) + r_1^2\sin^2(\theta t+\alpha_1) \\
&\quad + 2r_1r_2\sin(\theta t+\alpha_1)\sin(\theta t+\alpha_2) + r_2^2\sin^2(\theta t+\alpha_2).
\end{aligned}$$

よって定理 1 を用いて

$$\begin{aligned}
r^2 &= r_1^2 + r_2^2 + 2r_1r_2\{\cos(\theta t+\alpha_1)\cos(\theta t+\alpha_2) \\
&\quad + \sin(\theta t+\alpha_1)\sin(\theta t+\alpha_2)\}
\end{aligned} \quad (4)$$

を得る.

等式(4)は t が何であっても成り立つ. ゆえに(4)において $t=0$ とおけば
$$r^2 = r_1^2 + r_2^2 + 2r_1r_2\{\cos\alpha_1\cos\alpha_2 + \sin\alpha_1\sin\alpha_2\},$$

$t = -\dfrac{\alpha_2}{\theta}$ とおけば
$$\begin{aligned}r^2 &= r_1^2 + r_2^2 + 2r_1r_2\{\cos(-\alpha_2+\alpha_1)\cos 0 \\ &\quad + \sin(-\alpha_2+\alpha_1)\sin 0\} \\ &= r_1^2 + r_2^2 + 2r_1r_2\cos(\alpha_1-\alpha_2). \end{aligned} \tag{5}$$

これらを比べて，次の等式が得られた：
$$\cos(\alpha_1-\alpha_2) = \cos\alpha_1\cos\alpha_2 + \sin\alpha_1\sin\alpha_2. \tag{6}$$

定理7（加法公式）

(i) $\quad \cos(\alpha+\beta) = \cos\alpha\cos\beta - \sin\alpha\sin\beta,$

(ii) $\quad \cos(\alpha-\beta) = \cos\alpha\cos\beta + \sin\alpha\sin\beta,$

(iii) $\quad \sin(\alpha+\beta) = \sin\alpha\cos\beta + \cos\alpha\sin\beta,$

(iv) $\quad \sin(\alpha-\beta) = \sin\alpha\cos\beta - \cos\alpha\sin\beta.$

証明 (ii)は(6)において，$\alpha_1=\alpha, \alpha_2=\beta$ とすればよい．(i)は(ii)の β のかわりに $-\beta$ とおき，
$$\cos(-\beta) = \cos\beta, \quad \sin(-\beta) = -\sin\beta$$
を用いればよい.

(iii)の証明．§3, 例題2により
$$\sin(\alpha+\beta) = -\cos\left(\alpha+\beta+\frac{\pi}{2}\right) = -\cos\left(\alpha+\left(\beta+\frac{\pi}{2}\right)\right)$$
である．この右辺に(i)を適用すれば
$$\begin{aligned} &= -\cos\alpha\cos\left(\beta+\frac{\pi}{2}\right) + \sin\alpha\sin\left(\beta+\frac{\pi}{2}\right) \\ &= \cos\alpha\sin\beta + \sin\alpha\cos\beta \end{aligned}$$

となり，(iii)が得られた．

(iv)の証明は読者に委ねる．

問 1 (iv)を証明せよ．

系 1(倍角の公式)
$$\cos 2\alpha = 2\cos^2\alpha - 1 = 1 - 2\sin^2\alpha,$$
$$\sin 2\alpha = 2\sin\alpha\cos\alpha.$$

問 2 系1を証明せよ．(ヒント：定理7において，$\alpha=\beta$.)

注意 3倍角，4倍角，…の公式は，ド・モァヴルの公式(→第3章，§4)を用いれば系統的に求めることができる．

系 2(半角の公式)
$$\cos^2\frac{\alpha}{2} = \frac{1+\cos\alpha}{2}, \quad \sin^2\frac{\alpha}{2} = \frac{1-\cos\alpha}{2}.$$

これは系1のはじめの等式の書き変えにすぎない．

系2により $\cos\dfrac{\alpha}{2}, \sin\dfrac{\alpha}{2}$ を定めるには，まず

$$\cos\frac{\alpha}{2} = \pm\sqrt{\frac{1+\cos\alpha}{2}}, \quad \sin\frac{\alpha}{2} = \pm\sqrt{\frac{1-\cos\alpha}{2}}$$

を求め，$\dfrac{\alpha}{2}$ がどの象限に属するかを考えて符号を決定するのである．

例 1 $\alpha = \dfrac{7}{6}\pi$ とすれば

$$\cos\frac{7}{6}\pi = -\frac{\sqrt{3}}{2}$$

であるから

$$\cos\frac{7}{12}\pi = \pm\frac{\sqrt{2-\sqrt{3}}}{2}, \quad \sin\frac{7}{12}\pi = \pm\frac{\sqrt{2+\sqrt{3}}}{2}.$$

しかし，$\dfrac{\alpha}{2} = \dfrac{7}{12}\pi$ は第2象限に属するから，$\cos\dfrac{7}{12}\pi < 0, \sin\dfrac{7}{12}\pi > 0$ でなければならない．よって

§7 円運動の合成と加法公式

$$\cos\frac{7}{12}\pi = -\frac{\sqrt{2-\sqrt{3}}}{2}, \quad \sin\frac{7}{12}\pi = \frac{\sqrt{2+\sqrt{3}}}{2}.$$

問3 半角の公式を用いて $\sin\dfrac{\pi}{8}$ を求めよ.

例題1 次の等式を証明せよ:

$$\tan(\alpha+\beta) = \frac{\tan\alpha+\tan\beta}{1-\tan\alpha\tan\beta}.$$

証明
$$\tan(\alpha+\beta) = \frac{\sin(\alpha+\beta)}{\cos(\alpha+\beta)}$$
$$= \frac{\sin\alpha\cos\beta+\cos\alpha\sin\beta}{\cos\alpha\cos\beta-\sin\alpha\sin\beta}$$
$$= \frac{\tan\alpha+\tan\beta}{1-\tan\alpha\tan\beta}.$$

ここで,第3の等号を得るために,分母,分子を $\cos\alpha\cdot\cos\beta$ で割ったことを注意しておく.

例題1の等式は,tan の加法公式とよばれる.

問4 次の等式を導け.

(i)(加法公式の片われ)　$\tan(\alpha-\beta) = \dfrac{\tan\alpha-\tan\beta}{1+\tan\alpha\tan\beta}$

(ii)(倍角の公式)　$\tan 2\alpha = \dfrac{2\tan\alpha}{1-\tan^2\alpha}$

(iii)(半角の公式)　$\tan^2\dfrac{\alpha}{2} = \dfrac{1-\cos\alpha}{1+\cos\alpha}$

以上, cos, sin についていろいろな公式を導いた. それらのうち, 結果としておぼえておくべきものは,

定理1　$\cos^2\theta + \sin^2\theta = 1$

定理2　(周期性)

定理3　$(\cos(-\theta)=\cos\theta,\ \sin(-\theta)=-\sin\theta)$

定理4　$(\theta=0, \dfrac{\pi}{6}, \dfrac{\pi}{4}, \dfrac{\pi}{3}, \dfrac{\pi}{2}$ に対する $\cos\theta, \sin\theta$ の値$)$

定理7 （加法公式）

である．これらから，たとえば§3, 例題2, 例4などは簡単に導かれる：

例題2については，

$$\cos\left(\theta+\frac{\pi}{2}\right) = \cos\theta\cos\frac{\pi}{2} - \sin\theta\sin\frac{\pi}{2}$$
$$= \cos\theta\cdot 0 - \sin\theta\cdot 1 = -\sin\theta,$$
$$\sin\left(\theta+\frac{\pi}{2}\right) = \sin\theta\cos\frac{\pi}{2} + \cos\theta\sin\frac{\pi}{2}$$
$$= \sin\theta\cdot 0 + \cos\theta\cdot 1 = \cos\theta,$$

例4については

$$\cos\left(\frac{\pi}{2}-\theta\right) = \cos\frac{\pi}{2}\cos\theta + \sin\frac{\pi}{2}\sin\theta = \sin\theta,$$
$$\sin(\theta+\pi) = \sin\theta\cos\pi + \cos\theta\sin\pi = -\sin\theta$$

のように計算される．もちろん，cos, sin の周期性も，加法公式から容易に導かれる．

tan については，それが直線の傾きであることをおさえておき，あと定理6を用いれば，cos, sin の性質に帰着する．

例1でもみたように，加法公式，倍角の公式，半角の公式を利用すれば，定理4以外のいくつかの θ の値に対して $\cos\theta, \sin\theta$ の値を計算することができる．

例題2 $\cos\dfrac{7}{12}\pi$ を求めよ．

解
$$\cos\frac{7}{12}\pi = \cos\left(\frac{\pi}{4}+\frac{\pi}{3}\right)$$
$$= \cos\frac{\pi}{4}\cos\frac{\pi}{3} - \sin\frac{\pi}{4}\sin\frac{\pi}{3}$$
$$= \frac{1}{\sqrt{2}}\cdot\frac{1}{2} - \frac{1}{\sqrt{2}}\cdot\frac{\sqrt{3}}{2} = \frac{1-\sqrt{3}}{2\sqrt{2}}.$$

注意 例1では半角の公式を用いて $\cos\dfrac{7}{12}\pi$ を求めた．結果がみかけ上異なるが，同じ値である．

問5 次の各値を求めよ．

(i) $\cos\dfrac{\pi}{8}$ (ii) $\sin\dfrac{5}{12}\pi$ (iii) $\sin\dfrac{7}{24}\pi$ (iv) $\cos\dfrac{11}{12}\pi$

(v) $\cos\dfrac{\pi}{12}$

§8 単振動の合成

角速度の等しい2つの円運動の合成は，また同じ角速度の円運動であるから，x, y 軸への正射影を考えれば

　角速度の等しい単振動の合成は，また同じ角速度の単振動である．

前節 (1), (2), (3) の $r_1, r_2, \alpha_1, \alpha_2$ と r, α の関係を求めよう．
$$x = x_1 + x_2 = r_1\cos(\theta t + \alpha_1) + r_2\cos(\theta t + \alpha_2)$$
の右辺に加法公式を適用すれば
$$\begin{aligned} &= r_1(\cos\theta t\cos\alpha_1 - \sin\theta t\sin\alpha_1) \\ &\quad + r_2(\cos\theta t\cos\alpha_2 - \sin\theta t\sin\alpha_2) \\ &= \cos\theta t(r_1\cos\alpha_1 + r_2\cos\alpha_2) \\ &\quad - \sin\theta t(r_1\sin\alpha_1 + r_2\sin\alpha_2). \end{aligned}$$
一方，
$$\begin{aligned} x &= r\cos(\theta t + \alpha) \\ &= r\cos\theta t\cos\alpha - r\sin\theta t\sin\alpha \end{aligned}$$
であるから，上の式と比べて
$$r\cos\alpha = r_1\cos\alpha_1 + r_2\cos\alpha_2$$
$$r\sin\alpha = r_1\sin\alpha_1 + r_2\sin\alpha_2$$
を得る．ゆえに

$$\left.\begin{array}{l}\tan\alpha = \dfrac{r_1\sin\alpha_1 + r_2\sin\alpha_2}{r_1\cos\alpha_1 + r_2\cos\alpha_2}\\ r^2 = (r_1\cos\alpha_1 + r_2\cos\alpha_2)^2 + (r_1\sin\alpha_1 + r_2\sin\alpha_2)^2\\ = r_1{}^2 + r_2{}^2 + 2r_1r_2\cos(\alpha_1-\alpha_2).\end{array}\right\} \quad (1)$$

(後者は前節の等式(5)に他ならない.) これらが求める関係式である. よって

2つの単振動

$$x_1 = r_1\cos(\theta t + \alpha_1)$$
$$x_2 = r_2\cos(\theta t + \alpha_2)$$

を合成すれば, 単振動

$$x = r\cos(\theta t + \alpha)$$

が得られる. この r, α は(1)より定められるものである.

ここでは, cos, cos の場合を考えたが, 単振動が cos と sin, sin と sin で与えられる場合も,

$$\sin\alpha = \cos\left(\alpha - \dfrac{\pi}{2}\right)$$

により sin を cos に改めれば, 同様である.

以下, θt のかわりに簡単に θ とかくことにする.

例題1 次の単振動を合成せよ:

$$\cos\theta, \quad \sin\theta.$$

解1 $\sin\theta = \cos\left(\theta - \dfrac{\pi}{2}\right)$ であるから, 上述の一般的な計算において $r_1 = r_2 = 1$, $\alpha_1 = 0$, $\alpha_2 = -\dfrac{\pi}{2}$ とおけばよい. そのとき, (1)において,

$$\tan\alpha = -1$$
$$r^2 = 2$$

であるから

$$\alpha = -\dfrac{\pi}{4}, \quad r = \sqrt{2}.$$

§8 単振動の合成

ゆえに
$$\cos\theta + \sin\theta = \sqrt{2}\cos\left(\theta - \frac{\pi}{4}\right).$$

解2(上のように一般的公式を用いるよりも実用的である.)
$$\cos\theta + \sin\theta = \sqrt{2}\left(\frac{1}{\sqrt{2}}\cos\theta + \frac{1}{\sqrt{2}}\sin\theta\right) \qquad (2)$$

と書き変える. このとき
$$\cos\frac{\pi}{4} = \frac{1}{\sqrt{2}}, \qquad \sin\frac{\pi}{4} = \frac{1}{\sqrt{2}}$$

であるから, 加法公式により
$$(2) = \sqrt{2}\left(\cos\frac{\pi}{4}\cos\theta + \sin\frac{\pi}{4}\sin\theta\right)$$
$$= \sqrt{2}\cos\left(\theta - \frac{\pi}{4}\right).$$

すなわち,
$$\cos\theta + \sin\theta = \sqrt{2}\cos\left(\theta - \frac{\pi}{4}\right)$$

が得られた.

このグラフは図31のようになる.

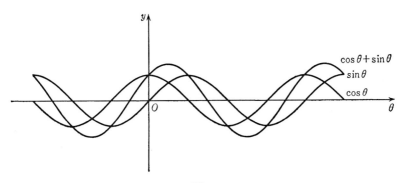

図31

注意 もちろん結果を sin により表してよい．たとえば
$$(2) = \sqrt{2}\left(\sin\frac{\pi}{4}\cos\theta + \cos\frac{\pi}{4}\sin\theta\right)$$
$$= \sqrt{2}\sin\left(\theta + \frac{\pi}{4}\right).$$

問1 $\cos\left(\theta - \frac{\pi}{4}\right) = \sin\left(\theta + \frac{\pi}{4}\right)$ を $\cos\frac{\pi}{4} = \sin\frac{\pi}{4} = \frac{1}{\sqrt{2}}$ を用いずに確めよ．

問2 単振動を合成せよ：

(i) $\cos\left(\frac{\pi}{3}t + \frac{\pi}{4}\right)$ と $\sin\left(\frac{\pi}{3}t + \frac{\pi}{4}\right)$

(ii) $\sqrt{3}\cos\frac{\pi}{6}t$ と $\sin\frac{\pi}{6}t$

例題2 次の単振動を合成せよ：
$$\cos\left(\theta + \frac{\pi}{3}\right), \quad \cos\left(\theta - \frac{\pi}{6}\right)$$

解
$$\cos\left(\theta + \frac{\pi}{3}\right) + \cos\left(\theta - \frac{\pi}{6}\right)$$
$$= \cos\theta\cos\frac{\pi}{3} - \sin\theta\sin\frac{\pi}{3}$$
$$+ \cos\theta\cos\frac{\pi}{6} + \sin\theta\sin\frac{\pi}{6}$$
$$= \cos\theta\left(\cos\frac{\pi}{3} + \cos\frac{\pi}{6}\right) - \sin\theta\left(\sin\frac{\pi}{3} - \sin\frac{\pi}{6}\right)$$
$$= \frac{1+\sqrt{3}}{2}\cos\theta + \frac{1-\sqrt{3}}{2}\sin\theta \qquad (3)$$

において
$$\left(\frac{1+\sqrt{3}}{2}\right)^2 + \left(\frac{1-\sqrt{3}}{2}\right)^2 = 2$$

であるから

§8 単振動の合成

$$(3) = \sqrt{2}\left(\frac{\frac{1+\sqrt{3}}{2}}{\sqrt{2}}\cos\theta + \frac{\frac{1-\sqrt{3}}{2}}{\sqrt{2}}\sin\theta\right).$$

そこで α を

$$\cos\alpha = \frac{1+\sqrt{3}}{2\sqrt{2}}, \quad \sin\alpha = \frac{\sqrt{3}-1}{2\sqrt{2}}$$

にとれば

$$(3) = \sqrt{2}\,(\cos\alpha\cos\theta - \sin\alpha\sin\theta)$$
$$= \sqrt{2}\,\cos(\theta+\alpha).$$

ポケット・コンピュータによれば

$$\frac{\sqrt{3}+1}{2\sqrt{2}} \fallingdotseq 0.965927\cdots, \quad \frac{\sqrt{3}-1}{2\sqrt{2}} \fallingdotseq 0.258819\cdots$$

であるから

$$\alpha \fallingdotseq \frac{\pi}{12}$$

である.実際

$$\cos^2\frac{\pi}{12} = \cos^2\frac{1}{2}\left(\frac{\pi}{6}\right) = \frac{1+\cos\frac{\pi}{6}}{2}$$
$$= \frac{2+\sqrt{3}}{4}$$

であり,$\cos\frac{\pi}{12}>0$ であるから

$$\cos\frac{\pi}{12} = \frac{\sqrt{2+\sqrt{3}}}{2}.$$

ここで

$$\sqrt{2+\sqrt{3}} = \sqrt{x}+\sqrt{y}$$

とおき,これを辺々平方すれば

である.

$$x+y=2, \quad xy=\frac{3}{4}$$

である.よって x, y は 2 次方程式

$$t^2 - 2t + \frac{3}{4} = 0$$

の解であって,

$$x = \frac{3}{2}, \quad y = \frac{1}{2}$$

を得る.ゆえに

$$\sqrt{2+\sqrt{3}} = \sqrt{\frac{3}{2}} + \sqrt{\frac{1}{2}},$$

$$\cos\frac{\pi}{12} = \frac{1+\sqrt{3}}{2\sqrt{2}}$$

である.また

$$\sin\frac{\pi}{12} = \frac{\sqrt{3}-1}{2\sqrt{2}}$$

も同様の計算により得られる.よって

$$\alpha = \frac{\pi}{12}.$$

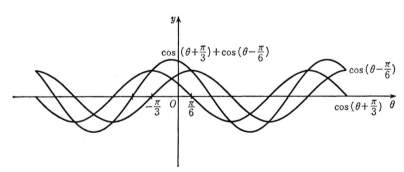

図 32

§8 単振動の合成

(答)　$\cos\left(\theta+\dfrac{\pi}{3}\right)+\cos\left(\theta-\dfrac{\pi}{6}\right)=\sqrt{2}\,\cos\left(\theta+\dfrac{\pi}{12}\right)$

(図 32).

注意　前節問 5(v) の結果をおぼえておれば，ポケット・コンピュータによらなくても，ただちに $\cos\dfrac{\pi}{12}=\dfrac{1+\sqrt{3}}{2\sqrt{2}}$ がわかる．

問 3　次の単振動を合成せよ．
(i)　$\cos\theta$ と $\sqrt{3}\,\sin\theta$　　(ii)　$\sqrt{2}\,\cos\left(\theta+\dfrac{\pi}{4}\right)$ と $2\sin\theta$

例 1　地球の太陽に対する円運動(とみなす)と，月の地球に対する円運動(とみなす)を合成すれば，月の太陽に対する運動が得られる．しかし，両円運動の角速度は異なるから，月は太陽のまわりを円運動するのではない．

O(太陽)のまわりを P(地球)が角速度 θ_1 で，P のまわりを Q(月)が角速度 θ_2 で円運動するとする．$t=0$ において，O, P, Q が一直線上に並ぶとすれば，Q の O に対する運動は
$$x=r_1\cos\theta_1 t+r_2\cos\theta_2 t$$
$$y=r_1\sin\theta_1 t+r_2\sin\theta_2 t$$
で表される．ここで $r_1=\overline{OP},\,r_2=\overline{PQ}$ である．

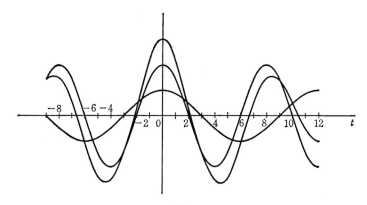

図 33

簡単のため，$r_1=1, r_2=2, \theta_1=\dfrac{\pi}{6}, \theta_2=\dfrac{\pi}{4}$ ととって，合成
$$x = r_1 \cos \theta_1 t + r_2 \cos \theta_2 t$$
のグラフをえがけば，図33のようになる．

練習問題 1

1. 次の各等式を導け：
$$2 \sin \alpha \cos \beta = \sin(\alpha+\beta) + \sin(\alpha-\beta),$$
$$2 \cos \alpha \sin \beta = \sin(\alpha+\beta) - \sin(\alpha-\beta),$$
$$2 \cos \alpha \cos \beta = \cos(\alpha+\beta) + \cos(\alpha-\beta),$$
$$2 \sin \alpha \sin \beta = -\cos(\alpha+\beta) + \cos(\alpha-\beta).$$

2. 次の各等式を導け：
$$\sin x + \sin y = 2 \sin \frac{x+y}{2} \cos \frac{x-y}{2},$$
$$\sin x - \sin y = 2 \cos \frac{x+y}{2} \sin \frac{x-y}{2},$$
$$\cos x + \cos y = 2 \cos \frac{x+y}{2} \cos \frac{x-y}{2},$$
$$\cos x - \cos y = -2 \sin \frac{x+y}{2} \sin \frac{x-y}{2}.$$

(ヒント：$x=\alpha+\beta, y=\alpha-\beta$ とおき加法公式を用いる．)

3. (余弦定理) 次の各公式を導け(図34)：
$$a^2 = b^2 + c^2 - 2bc \cos A,$$
$$b^2 = c^2 + a^2 - 2ca \cos B,$$
$$c^2 = a^2 + b^2 - 2ab \cos C.$$

(ここで，∠A の大きさを α とするとき，$\cos A = \cos \alpha$ と書いた．ヒント：§7(5)の変形である．たとえば $r=a, r_1=b, r_2=c$ ととれ．そのとき ∠$A = \pi-(\alpha_2-\alpha_1)$ である)

4. (加法公式の別証明)
$$\cos(\alpha+\beta) = \cos \alpha \cos \beta - \sin \alpha \sin \beta$$

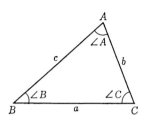

図 34

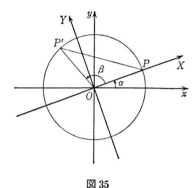

図 35

を，図 35 を参考にして証明せよ．

（ヒント：xy 軸について眺めれば $P' = (\cos(\alpha+\beta), \sin(\alpha+\beta))$ である．一方，XY 軸についていえば，$P = (1, 0)$, $P' = (\cos\beta, \sin\beta)$ である．両座標系について $\overline{PP'}^2$ をそれぞれ計算し比較せよ．そして β を $\beta - \alpha$ でおきかえる．）

5. $x_1 = 3\sin\pi t$, $x_2 = 2\sin\left(\pi t + \dfrac{\pi}{3}\right)$ のとき，$x_1 + x_2$ を $r\sin(\pi t + \alpha)$ の形に表せ．

6. 次の単振動を合成せよ：
$$r_1\sin(\theta + \alpha_1), \quad r_2\sin(\theta + \alpha_2).$$

7. $0 \leq \theta < 2\pi$ の範囲で，次の式を満たす θ の値をそれぞれ求めよ．

(i) $6\sin^2\theta - \sin\theta - 2 = 0$

(ii) $\cos 2\theta + 5\cos\theta + 3 = 0$

（ヒント：(ii) では $\cos$ の倍角の公式を用いて，$\cos\theta$ に関する 2 次方程式に直す．(i), (ii) ともに $\sin\theta, \cos\theta = x$ とおいて，x の 2 次方程式を解くことになるが $|x| \leq 1$ である解のみが必要である．）

8. $-\dfrac{\pi}{2} < \theta < \dfrac{\pi}{2}$ の範囲で，次の式を満たす θ の値を求めよ：
$$3\tan^2\theta - 2\sqrt{3}\tan\theta - 3 = 0$$

9. 図 36 において

(i) $(-1, 0)$ を通り，傾きが t の直線 l と，単位円周 C との交点 P の座標を t で表せ．

(ii) OP が定める角を θ とするとき,
$$\cos\theta, \quad \sin\theta$$
を $\tan\dfrac{\theta}{2}$ で表せ.

10. $P=(x,y)$ とし, OP を O のまわりに θ だけ回転して得られる点を $P'=(x',y')$ とする. x', y' を x, y, θ により表せ(図37).

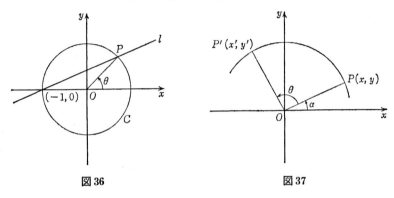

図36　　　　　　　　図37

(ヒント: $\overline{OP}=\overline{OP'}=r$ とし, OP が定める角を α とすれば,
$$x' = r\cos(\theta+\alpha), \quad y' = r\sin(\theta+\alpha)$$
である.)

第2章
複素数の代数的な取り扱い

§1 負の数の '平方根', 複素数

自然数 $1, 2, 3, 4, \cdots$ の全体を $\boldsymbol{N}$ と書き表す. $\boldsymbol{N}$ の中には, 加法と "大きい数から小さい数を引く" 減法が定義されていて,

(1)　　$\boldsymbol{N} \ni a, b \implies a+b \in \boldsymbol{N}$,

(2)　　$\boldsymbol{N} \ni a, b,\ a>b \implies a-b \in \boldsymbol{N}$

である. ところが, (2)の条件 $a>b$ はあまりにも窮屈すぎる. そこで数の範囲をひろげ, その範囲では a, b の大小にかかわらず, 引き算 $a-b$ が自由に行えるようにしたい. そこで人類は負の数 $-1, -2, -3, \cdots$ および 0 を考えついた. ここで '人類は' などというと, いかにも大げさにきこえるが, そうではなく実際それは全くすばらしい発見である. $0, \pm 1, \pm 2, \cdots$ を整数といい, その全体を $\boldsymbol{Z}$ と書く. $\boldsymbol{Z}$ の中では, 加法, 減法を自由に行うことができる. いいかえれば, 1次方程式

$$x+a = b \quad a, b \in \boldsymbol{Z} \qquad (1)$$

は, 常に $\boldsymbol{Z}$ の中に解をもつ.

さて, (1)では x の係数は1であるが, より一般に, 1次方程式

$$ax+b = c \quad a \neq 0,\ a, b, c \in \boldsymbol{Z} \qquad (2)$$

の解はどうなるであろうか. (2)は必ずしも $\boldsymbol{Z}$ の中に解をもたず, 解をもつのは, b が a で割り切れるときだけである. このような制限はやはり窮屈なことである. そこで, (2)が常に解をもつように

数の範囲をひろげようという欲望がおこる.かくして有理数が考えられた.有理数とは(粗雑にいえば)

$$\frac{b}{a} \qquad a \neq 0,\ a, b \in \mathbf{Z}$$

の形の数である[1]).有理数全体の集合を $\mathbf{Q}$ で表す.

$\mathbf{Q}$ の1つの特徴は

$$ax + b = c \qquad a \neq 0,\ a, b, c \in \mathbf{Q} \tag{3}$$

が,常に $\mathbf{Q}$ の中に解をもつ,ということである.

さて,(3)のような1次方程式を考えている限りでは,もはや数の範囲をひろげる必要はない.そこで,もっとも簡単な2次方程式

$$x^2 - a = 0 \qquad a \in \mathbf{Q},\ a > 0$$

を考えよう.これは,$\mathbf{Q}$ の中に解をもつとは限らない.いや,むしろその方がしばしばである.たとえば

$$x^2 - 2 = 0,\quad x^2 - 5 = 0$$

などは $\mathbf{Q}$ の中に解をもたない.しかし,$\mathbf{Q}$ を実数全体の集合である $\mathbf{R}$ まで拡大しておけば

$$x^2 - a = 0 \qquad a > 0,\ a \in \mathbf{R} \tag{4}$$

は $\mathbf{R}$ の中に解をもつ[2]).しかし,やはり $a > 0$ という条件は窮屈である.

(4)の解は,平方すれば a になる数である.ところが,実数の平方はすべて正(または0)であるから,$\mathbf{R}$ の範囲では

$$x^2 + a = 0 \qquad a > 0,\ a \in \mathbf{R}$$

の解は存在しない.

人類はそこで,ふたたび飛躍した.平方すれば負になる'数'を考えようというのである.

---

1) ここでは,厳密な有理数の定義を与えているのではない.
2) 実は,$\mathbf{R}$ はこのような'代数的'な操作ではとらえられない.

§1 負の数の'平方根', 複素数

ふつう, 平方すれば -1 となる'数'を i と書く. すなわち
$$i^2 = -1.$$
このような i をも数と認めようというのである. はじめて i を考えついた数学者は遠慮して, i を虚数(imaginary number, 想像上の数)とよんだ. i は番号や添数に多用されるから区別のために
$$i = \sqrt{-1}$$
とも書く. ($i^2 = -1$ となる数は2つあり, そのうちの1つを i と書く. 他方は $-i$ である.)

i の加法, 減法, 乗法に関する計算規則は, 次のように定める:

i をあたかも変数(文字)とみて, 整式についてのふつうの計算を行い, i^2 があれば -1 でおきかえる.

また, $(\sqrt{-5})^2 = -5, (\sqrt{5}\,i)^2 = -5$ であるから
$$(\sqrt{-5})^2 = (\sqrt{5}\,i)^2.$$
ゆえに
$$\sqrt{-5} = \pm\sqrt{5}\,i$$
であるが
$$\sqrt{-5} = \sqrt{5}\,i$$
と約束する. 一般に $a>0$ に対し
$$\sqrt{-a} = \sqrt{a}\,i.$$

例1 (i) $(\sqrt{2}\,i+3)(\sqrt{5}\,i-7) = \sqrt{2}\,i\sqrt{5}\,i + 3\sqrt{5}\,i$
$\phantom{(\sqrt{2}\,i+3)(\sqrt{5}\,i-7) =} -7\sqrt{2}\,i - 3\cdot 7$
$\phantom{(\sqrt{2}\,i+3)(\sqrt{5}\,i-7)} = \sqrt{2}\sqrt{5}\,i^2 + (3\sqrt{5}-7\sqrt{2})i - 21$
$\phantom{(\sqrt{2}\,i+3)(\sqrt{5}\,i-7)} = -\sqrt{10} - 21 + (3\sqrt{5}-7\sqrt{2})i$

(ii) $\sqrt{5}\sqrt{-7} = \sqrt{5}\sqrt{7}\,i = \sqrt{35}\,i$

(iii) $\sqrt{-5}\sqrt{-3} = \sqrt{5}\,i \cdot \sqrt{3}\,i = \sqrt{5}\cdot\sqrt{3}\,i^2 = -\sqrt{15}$

(iv) $(a+b)^3 = a^3 + 3a^2 b + 3ab^2 + b^3$

であるから

$$(2i+\pi)^3 = (2i)^3 + 3(2i)^2\pi + 3\cdot(2i)\pi^2 + \pi^3$$
$$= -8i - 12\pi + 6\pi^2 i + \pi^3$$

注意 (iii)において
$$\sqrt{-5}\sqrt{-3} = \sqrt{(-5)(-3)} = \sqrt{15}$$
と計算してはならない．一般に
$$\sqrt{a}\sqrt{b} = \sqrt{ab}$$
は必ずしも成り立たない．

例 2

(i)　$(a+bi) \pm (c+di) = (a \pm c) + (b \pm d)i$

(ii)　$(a+bi)(c+di) = ac + bd\cdot i^2 + (bc+ad)i$
$$= ac - bd + (bc+ad)i$$

問 1 次の計算を行え．
(1)　$(a+bi)^3$　　(2)　$(\sqrt{2}-i)^2$

$a>0$ に対して，
$$(\sqrt{a}\,i)^2 = \sqrt{a}^2 i^2 = -a,$$
$$(-\sqrt{a}\,i)^2 = (-\sqrt{a})^2 i^2 = -a$$
であるから，これで任意の負の数の平方根が得られた：

　$-a$ の平方根は 2 つあって，それは $\sqrt{a}\,i, -\sqrt{a}\,i$ である．

<u>2 つしかないこと</u>はあとで説明する．

注意 i は新しい'もの'である．それに対して $\sqrt{a}\,i$ ($\sqrt{a}$ と i との積) とは何か，という疑問がおこるであろう．その疑問は正当である．このことについては第 5 章をみられたい．ここでは $\sqrt{a}\,i$ などは '常識的に' わかったものと考えている．(→第 5 章, §1)

　i を導入したおかげで，2 次方程式
$$x^2 - a = 0 \qquad a \in \boldsymbol{R}$$
は常に解をもつ($\boldsymbol{R}$ に属するとは限らない)ことになった．そこでさらに，2 次方程式
$$ax^2 + bx + c = 0 \qquad a, b, c \in \boldsymbol{R}$$

を解くことを考えよう．次の節はその準備である．

§2 複素数の基本的な計算

$$C = \{x+yi \,;\, x, y \in \boldsymbol{R}\}^{1)}$$

とおき，$\boldsymbol{C}$ の元を**複素数**(complex number)という．単位($=$素)となるものが2つ（1 と i）あるからである．（$x+yi=x\cdot 1+y\cdot i$）

数学では，新たに'数'の集合を考えたとき，その2つの要素が等しいとはどういうことか（相等概念）を定めなければ話は進まない．

$\boldsymbol{C}$ については次の約束をする：

相等　　$x+iy = x'+iy' \Longleftrightarrow x = x', y = y'$

ここで $x, x', y, y' \in \boldsymbol{R}$ である．

加法・減法・乗法について前節で述べた計算規則をまとめておく：

(i)　　加法　$(x+iy)+(x'+iy') = x+x'+i(y+y')$,

(ii)　　乗法　$(x+iy)(x'+iy') = xx'-yy'+i(xy'+x'y)$,

$\boldsymbol{C} \ni \alpha, \beta, \gamma$, に対し

(iii)　　　$(\alpha+\beta)+\gamma = \alpha+(\beta+\gamma)$, 　　$(\alpha\beta)\gamma = \alpha(\beta\gamma)$

(iv)　　　　　$\alpha+\beta = \beta+\alpha$, 　　$\alpha\beta = \beta\alpha$

(v)　　　$\alpha(\beta+\gamma) = \alpha\beta+\alpha\gamma$, 　　$(\alpha+\beta)\gamma = \alpha\gamma+\beta\gamma$.

さらに，$\alpha = x+yi$, $x, y \in \boldsymbol{R}$, に対し

$$\begin{aligned}\alpha-\alpha &= (x+yi)-(x+yi)\\ &= 0+0i\end{aligned}$$

である．ここで

$$0+0i = 0$$

と書く．よって

---

1) 複素数の厳密な構成については第5章をみよ．

(vi) $\quad \alpha - \alpha = 0, \quad 0 + \alpha = \alpha + 0 = \alpha$

である.

例1 $0 \cdot \alpha = 0$ を示そう. $0 = \beta - \beta$ であるから
$$0 \cdot \alpha = (\beta - \beta) \cdot \alpha = \beta\alpha - \beta\alpha = 0.$$

問1 "$x + iy = 0 \Leftrightarrow x = y = 0$" を示せ.

次にいろいろな用語を述べよう. まず
$$\alpha = x + yi, \quad x, y \in \boldsymbol{R}$$
とするとき,
$$x = \mathrm{Re}(\alpha), \quad y = \mathrm{Im}(\alpha)$$
と表し, それぞれ α の**実(数)部**, **虚(数)部**という. Re, Im はそれぞれ real part, imaginary part の略である.

例2 (i) $\alpha = (3 + 2i)(1 - i)$ に対して
$$\alpha = 3 + 2 + 2i - 3i = 5 - i.$$
ゆえに
$$\mathrm{Re}(\alpha) = 5, \quad \mathrm{Im}(\alpha) = -1.$$

(ii) $z = x + yi$ とすれば
$$z^2 = x^2 - y^2 + 2xyi.$$
ゆえに
$$\mathrm{Re}(z^2) = x^2 - y^2 = (\mathrm{Re}(z))^2 - (\mathrm{Im}(z))^2$$
$$\mathrm{Im}(z^2) = 2\,\mathrm{Re}(z)\,\mathrm{Im}(z)$$
である.

問2 (i) $\alpha = (1 + i)\left(\dfrac{1}{2} - i\right)i$ とするとき, $\mathrm{Re}(\alpha)$ および $\mathrm{Im}(\alpha)$ を求めよ.

(ii) $\mathrm{Re}(z^3)$, $\mathrm{Im}(z^3)$ を $\mathrm{Re}(z)$, $\mathrm{Im}(z)$ で表せ.

問3 $\alpha = x + yi \in \boldsymbol{C}$ に対し,

(i) $\alpha^4 \in \boldsymbol{R}$ (ii) $i\alpha^4 \in \boldsymbol{R}$

となる条件をそれぞれ x, y で表せ.

yi ($y \in \mathbf{R}$, $y \neq 0$) の形の複素数を**純虚数**という．(ただし $0 \cdot i = 0$ をも純虚数に含める人もある．) さらに
$$x + yi, \quad y \neq 0$$
である複素数を**虚数**とよぶ習慣である．

さて，除法を考えよう．α で割ることは $\dfrac{1}{\alpha}$ を掛けることである．したがって $\alpha \neq 0$ に対し $\alpha\beta = 1$ を満たす β を求めればよい．この β が $\dfrac{1}{\alpha}$ である．

まず，$\mathbf{C} \ni \alpha = a + bi \neq 0$ ($a, b \in \mathbf{R}$) とすれば
$$a^2 + b^2 \neq 0$$
が成り立つ．何故ならば，問1により
$$a + bi = 0 \iff a = b = 0$$
である．よって対偶をとれば
$$a + bi \neq 0 \iff a \neq 0 \quad \text{または} \quad b \neq 0.$$
ゆえに
$$a + bi \neq 0 \implies a^2 + b^2 \neq 0$$
である．そこで $\alpha = a + bi \neq 0$ に対し，複素数
$$\beta = \frac{a}{a^2 + b^2} - \frac{b}{a^2 + b^2} i$$
を考えることができる．このとき
$$\alpha\beta = (a + bi)\left(\frac{a}{a^2 + b^2} - \frac{b}{a^2 + b^2} i\right) = 1$$
を得るから，結局

(vii) $\alpha \neq 0$ ならば
$$\frac{1}{\alpha} = \beta = \frac{a}{a^2 + b^2} - \frac{b}{a^2 + b^2} i.$$

この β は

$$\frac{1}{a+bi} = \frac{a-bi}{(a+bi)(a-bi)}$$
$$= \frac{a}{a^2+b^2} - \frac{b}{a^2+b^2}i$$

よりみつけたものである．この変形を'分母の実数化'といえば印象的であろう．

例3 複素数
$$\frac{1+3i}{3-2i}$$
を $x+yi$ の形に表そう．そのためには分母の実数化を行えばよい．
$$\frac{1+3i}{3-2i} = \frac{(1+3i)(3+2i)}{(3-2i)(3+2i)} = \frac{3+9i+2i-6}{9+4}$$
$$= \frac{-3+11i}{13}.$$

すなわち
$$\frac{1+3i}{3-2i} = -\frac{3}{13} + \frac{11}{13}i$$
である．

問4 次の複素数を $x+yi$ の形に表せ．

(i) $\dfrac{3-2i}{2+3i}$ (ii) $(2-3i)^3$ (iii) $\dfrac{-4+i}{1+4i}$

問5 次の複素数の Re, Im を Re(z), Im(z) で表せ．

(i) $\dfrac{1}{z}$ (ii) $\dfrac{1}{1-z}$ (iii) $\dfrac{az+b}{cz+d}$ (ただし $ad-bc \neq 0$, $a,b,c,d \in \boldsymbol{R}$)

上述の分母の実数化において
$$a+bi \quad \text{に対し} \quad a-bi$$
を考えることが役立っている．そこで $\boldsymbol{C} \ni \alpha = a+bi$ に対して
$$\bar{\alpha} = a-bi$$
とおき，$\bar{\alpha}$ を α の **共役** (conjugate) という．また

§2 複素数の基本的な計算

$$N(\alpha) = \alpha\bar{\alpha}, \quad S(\alpha) = \alpha+\bar{\alpha}$$

とおき，それぞれ α の**ノルム**，**トレース**という．

トレース(trace)は英語であるが，ドイツ語では Spur という．"新雪にスキーの Spur がえがかれて…" などとなじみの深い言葉である．その頭字をとった．

$\alpha = a+bi$ とすれば

$$N(\alpha) = \alpha\bar{\alpha} = (a+bi)(a-bi) = a^2+b^2$$
$$S(\alpha) = \alpha+\bar{\alpha} = a+bi+(a-bi) = 2a$$

であるから

$$N(\alpha) \in \boldsymbol{R}, \quad N(\alpha) \geqq 0,$$
$$S(\alpha) \in \boldsymbol{R}.$$

また，

$$\bar{\bar{\alpha}} = \alpha, \quad N(\alpha) = N(\bar{\alpha}), \quad S(\alpha) = S(\bar{\alpha})$$

は定義より直ちにわかる．

$N(\alpha)$ を用いれば，上記分母の実数化は

$$\frac{1}{\alpha} = \frac{\bar{\alpha}}{\alpha\bar{\alpha}} = \frac{\bar{\alpha}}{N(\alpha)}$$

と表される．

定理1 $\alpha, \beta \in \boldsymbol{C}$ に対し，次のことが成り立つ：

(i) $\overline{\alpha \pm \beta} = \bar{\alpha} \pm \bar{\beta}$

(ii) $\overline{\alpha\beta} = \bar{\alpha} \cdot \bar{\beta}$

(iii) $\overline{\left(\dfrac{\beta}{\alpha}\right)} = \dfrac{\bar{\beta}}{\bar{\alpha}} \quad (\alpha \neq 0)$

証明 (ii)だけ証明しておこう．

$\alpha = a+bi, \beta = c+di$ とおけば

$$\bar{\alpha} = a-bi, \quad \bar{\beta} = c-di$$

である．このとき，

$$\overline{\alpha\beta} = \overline{(a+bi)(c+di)} = \overline{(ac-bd)+i(ad-bc)}$$
$$= (ac-bd) - i(ad-bc)$$
$$\bar{\alpha}\bar{\beta} = (a-bi)(c-di) = ac-bd-i(ad-bc)$$

であるから，確かに $\overline{\alpha\beta} = \bar{\alpha}\bar{\beta}$.

問 6 (i), (iii) を証明せよ．

問 7 $N(\alpha\beta) = N(\alpha) \cdot N(\beta)$, $N\left(\dfrac{\alpha}{\beta}\right) = \dfrac{N(\alpha)}{N(\beta)}$ を証明せよ．

問 8 $S(\alpha \pm \beta) = S(\alpha) \pm S(\beta)$ を証明せよ．

問 9 "$\alpha \in \boldsymbol{R} \Leftrightarrow \alpha = \bar{\alpha}$" および "$\alpha$：純虚数 $\Leftrightarrow \alpha = -\bar{\alpha}$" を証明せよ．

問 10 $\{N(\alpha)+N(\beta)\}\{N(\gamma)+N(\delta)\} = N(\bar{\alpha}\gamma+\beta\bar{\delta}) + N(\alpha\bar{\delta}-\bar{\beta}\gamma)$ を示せ．

問 11 $(1+i)^n + (1-i)^n$ は実数，$(1+i)^n - (1-i)^n$ は純虚数であることを示せ．

定理 2 $\quad\quad\quad\alpha = 0 \Leftrightarrow N(\alpha) = 0$

証明
$$\alpha = 0 \Longrightarrow N(\alpha) = \alpha\bar{\alpha} = 0.$$

逆に，$\alpha = a+bi, N(\alpha) = 0$ とすれば
$$N(\alpha) = a^2 + b^2 = 0, \quad a, b \in \boldsymbol{R}$$
で，$a^2 \geqq 0, b^2 \geqq 0$ であるから，$a^2 = 0$ かつ $b^2 = 0$ でなければならない．ゆえに $a = b = 0, \alpha = 0$．

定理 3 $\alpha, \beta \in \boldsymbol{C}$ について
$$\alpha\beta = 0 \Longrightarrow \alpha = 0 \quad \text{または} \quad \beta = 0.$$

この対偶は
$$\text{"}\alpha \neq 0 \quad \text{かつ} \quad \beta \neq 0 \Longrightarrow \alpha\beta \neq 0\text{"}$$

である．

証明 $\alpha\beta = 0$ とすれば，定理 2 および問 7 より
$$N(\alpha\beta) = N(\alpha)N(\beta) = 0.$$
$N(\alpha), N(\beta) \in \boldsymbol{R}$ であるから
$$N(\alpha) = 0 \quad \text{または} \quad N(\beta) = 0$$

が成り立つ. ゆえに定理2より

$$\alpha = 0 \quad \text{または} \quad \beta = 0.$$

問12 "$\alpha\beta=0, \alpha\neq 0 \Rightarrow \beta=0$" を証明することにより定理3の別証を与えよ. (ヒント: $\alpha\neq 0$ ならば $\dfrac{1}{\alpha}$ が存在する.)

注意 (少くとも乗法が定義されている集合において) $\alpha\neq 0, \beta\neq 0$ であるにもかかわらず $\alpha\beta=0$ が成り立つならば α または β を**零因子**という. 定理3は $\boldsymbol{C}$ の中には零因子がないことを表明している. 中学校以来

$$\alpha\beta = 0 \implies \alpha = 0 \quad \text{または} \quad \beta = 0$$

という文章には, '目にタコ' ができるほど出会っていることであろう. そして, あたりまえではないか, と考えたに違いない. しかし, 零因子をもつ対象も存在するのである. たとえば, 2次の行列

$$\begin{pmatrix} a & b \\ c & d \end{pmatrix}, \quad a,b,c,d \in \boldsymbol{R}$$

の全体の集合を考えよう. その中の乗法は

$$\begin{pmatrix} a & b \\ c & d \end{pmatrix} \begin{pmatrix} a' & b' \\ c' & d' \end{pmatrix} = \begin{pmatrix} aa'+bc' & ab'+bd' \\ ca'+dc' & cb'+dd' \end{pmatrix}$$

により定義され, 零に相当するものは

$$0 = \begin{pmatrix} 0 & 0 \\ 0 & 0 \end{pmatrix}$$

である. (2次の行列は高校2年で初見参する.) このとき,

$$\begin{pmatrix} 0 & 0 \\ 0 & 1 \end{pmatrix} \neq 0, \quad \begin{pmatrix} 1 & 0 \\ 0 & 0 \end{pmatrix} \neq 0, \quad \begin{pmatrix} 0 & 0 \\ 0 & 1 \end{pmatrix}\begin{pmatrix} 1 & 0 \\ 0 & 0 \end{pmatrix} = 0$$

が成り立つ. 読者は上の定義にしたがって計算してみよ. すなわち, 2次の行列の集合には零因子が存在する. このような事態がおこるために, 定理3を強調するのである. 零因子が存在すれば, 除法の理論が面倒になる. なお, 定理3の証明では, "$\boldsymbol{R}$ は零因子をもたない" 事実を用いている.

§3 一般2次方程式の解法 (I)

以上の準備のもとに, 一般の2次方程式

$$ax^2 + bx + c = 0, \quad a,b,c \in \boldsymbol{R}, \; a\neq 0 \tag{1}$$

を解くことを考えよう．

両辺を a で割り，完全平方をつくり整頓すれば

$$\left(x+\frac{b}{2a}\right)^2-\frac{b^2-4ac}{4a^2}=0$$

となる．因数分解して

$$\left(x+\frac{b}{2a}-\frac{\sqrt{b^2-4ac}}{2a}\right)\left(x+\frac{b}{2a}+\frac{\sqrt{b^2-4ac}}{2a}\right)=0 \qquad (2)$$

を得るが，$b^2-4ac \leqq 0$ であるから，(2)は $\boldsymbol{C}$ の中で考えなければならない．

(1)したがって(2)が解をもつとする．定理3により

$$x+\frac{b}{2a}-\frac{\sqrt{b^2-4ac}}{2a}=0 \quad \text{または} \quad x+\frac{b}{2a}+\frac{\sqrt{b^2-4ac}}{2a}=0$$

が成り立つから，

$$x=\frac{-b\pm\sqrt{b^2-4ac}}{2a} \qquad (3)$$

である．これで，(1)が解をもてば，それは(3)で与えられることがわかった．

逆に(3)により x を定めれば，それは(1)を満たしていることは容易にわかる．これで(1)が解をもつこともわかった．

問1 (3)の x が(1)を満たすことを確かめよ．

以上の論法は大切であるから，ふたたびまとめておこう．

　　上では(1)が $\boldsymbol{C}$ の中に解をもつならば，解は(3)であり，逆に，
　　(3)は(1)の解である

ことを証明した．このことから，(1)は $\boldsymbol{C}$ の中に2つの解をもち，また解は2つだけであることが確定したのである．これで前節に予告した

　　$x^2-a=0$ の解は存在して，ただ2つであることの証明

もおわった.

結果を定理としてまとめておこう.

定理4 2次方程式
$$ax^2+bx+c=0, \quad a,b,c \in \mathbf{R}, \; a \neq 0$$
はただ2つの解をもち,それらは
$$\frac{-b \pm \sqrt{b^2-4ac}}{2a}$$
である.

ここで $b^2-4ac=0$ のときは,解は $\frac{-b}{2a}$ だけであるが,これはたまたま2つの解が一致したものと考えて**2重解**といい,2つにかぞえるのである.こうした方が定理に例外がなくてすっきりする.

数学者は,この'すっきり'という感覚を大切にし,ものごとをすっきりさせようと努力する.何が'すっきり'かは人により異なり,主観によるところが大きいが,その人の'すっきり感覚'(=美的感覚)がすっきりしていればいるほど,魅力ある数学者である,ということになる.

§4 一般2次方程式の解法(Ⅱ)

定理4では,'$a,b,c \in \mathbf{R}$' としてある.$a,b,c \in \mathbf{C}$ の場合も前節の計算は,形式的には全く同様に進行する.したがって
$$b^2-4ac \in \mathbf{C} \implies \sqrt{b^2-4ac} \in \mathbf{C} \tag{1}$$
がわかれば,定理4は,$a,b,c \in \mathbf{C}$ でも成り立つ.

(1)を言葉でいえば

　　複素数の平方根もまた複素数である

ということである.すなわち,記号をあらためて
$$X^2-\alpha=0, \; \alpha \in \mathbf{C}, \; \text{は} \; \mathbf{C} \; \text{の中に解をもつ} \tag{2}$$
ということである.$X^2-\alpha=0, \alpha \in \mathbf{R},$ が $\mathbf{C}$ の中に解をもつように

C をつくったのであるから，(2)が成り立たなければ何にもならない．

例1 $X^2 - i = 0$ を満たす $X \in C$ を求めよう．解を
$$X = x + yi, \quad x, y \in R$$
とすれば，計算して
$$x^2 - y^2 + 2xyi - i = 0.$$
よって §2, 問1 より
$$x^2 - y^2 = 0, \quad 2xy - 1 = 0$$
でなければならない．

この連立方程式は次のように解くことができる：
$$x^2 - y^2 = 0 \quad \text{より} \quad x = \pm y$$
である．

$x = y$ とすれば
$$2x^2 - 1 = 0, \quad x = \pm \frac{\sqrt{2}}{2} = y$$
であるから
$$X = \frac{\sqrt{2}}{2} + \frac{\sqrt{2}}{2}i \quad \text{または} \quad -\left(\frac{\sqrt{2}}{2} + \frac{\sqrt{2}}{2}i\right).$$
$x = -y$ からは実数解 x, y は得られない．

すなわち解はこの X でなければならない．

逆にこの X は $X^2 - i = 0$ の解である．実際
$$X^2 - i = \left\{\pm\left(\frac{\sqrt{2}}{2} + \frac{\sqrt{2}}{2}i\right)\right\}^2 - i = \frac{2}{4} - \frac{2}{4} + 2 \cdot \frac{\sqrt{2}}{2} \cdot \frac{\sqrt{2}}{2}i - i$$
$$= 0$$
であるからである．

問1 (i) $X^2 + i = 0$ を解け．
(ii) $X^2 - 3i = 0$ を解け．
(iii) $X^2 - 1 - i = 0$ を解け．

§4 一般2次方程式の解法（II）

一般に(2)が成り立つことを証明しよう．そのためには
$$\alpha = a+bi, \quad X = x+yi$$
とし，
$$(x+yi)^2 - (a+bi) = 0 \tag{4}$$
が成り立つような $x, y \in \mathbf{R}$ を見いだせばよい．

(4)を
$$x^2 - y^2 + 2xyi - a - bi = 0$$
と変形すれば，§2, 問1より，問題は，連立方程式
$$x^2 - y^2 - a = 0, \quad 2xy - b = 0 \tag{5}$$
を解くことに帰着する．

(5)より
$$(x^2 - y^2)^2 = a^2, \quad 4x^2y^2 = b^2. \tag{6}$$
ここで
$$(x^2+y^2)^2 - 4x^2y^2 = (x^2-y^2)^2$$
に注意すれば(6)より
$$(x^2+y^2)^2 - b^2 = a^2$$
$$(x^2+y^2)^2 = a^2 + b^2$$
を得る．$a^2+b^2 \geqq 0, x^2+y^2 \geqq 0$ であるから
$$x^2+y^2 = \sqrt{a^2+b^2}$$
である．ゆえに x^2, y^2 を2つの解とする2次方程式は
$$t^2 - \sqrt{a^2+b^2}\, t + \frac{b^2}{4} = 0 \tag{7}$$
となる．（2次方程式の解と係数の関係による．）
$$判別式 = (\sqrt{a^2+b^2})^2 - 4 \cdot \frac{b^2}{4} = a^2 \geqq 0$$
であるから，(7)は実数解をもつ．それらを p, q とすれば

$$p+q = \sqrt{a^2+b^2} \geqq 0, \qquad pq = \frac{b^2}{4} \geqq 0.$$

よって(7)は0または正の実数解をもち

$$x^2 = p, \qquad y^2 = q$$

となる．ここで

$$p = \frac{\sqrt{a^2+b^2}+a}{2}, \qquad q = \frac{\sqrt{a^2+b^2}-a}{2}.$$

ゆえに

$$x = \pm\sqrt{p}, \qquad y = \pm\sqrt{q}$$

である．これら x, y の組み合せは4つあるが，x, y は

$$2xy = b$$

を満たすように定めなければならない．したがって，求める x, y の組 (x, y) は

$$b > 0 \quad \text{ならば} \quad (x, y) = \pm(\sqrt{p}, \sqrt{q}),$$
$$b < 0 \quad \text{ならば} \quad (x, y) = \pm(-\sqrt{p}, \sqrt{q}),$$

である．この (x, y) により $X = x+yi$ をつくれば，X は $X^2 - \alpha = 0$ の解である．さらに

$b=0$ のとき，$a \geqq 0$ ならば $p=a, q=0$ であるから平方根は

$$\pm\sqrt{a}$$

$a < 0$ ならば $p=0, q=-a$ であるから平方根は

$$\pm\sqrt{-a}\,i$$

である．

注意 α を実数とするとき，記号 $\sqrt{\alpha}$ を

$\alpha \geqq 0$ ならば $\sqrt{\alpha}$ は正の平方根，

$\alpha < 0$ ならば $\sqrt{\alpha} = \sqrt{|\alpha|}\,i$

により定義した．すなわち，記号 $\sqrt{\alpha}$ により，2つある平方根のうちの一方を指定したのである．しかし，以下では，一般に実数でない複素数 α に対しては，記号 $\sqrt{\alpha}$ は単に α の平方根を意味し，2つあるうちの一方を指

§4 一般2次方程式の解法（Ⅱ）

定するのではない，とする．

実は，$\alpha \in \mathbf{R}, \alpha < 0$, に対して上のように $\sqrt{\alpha}$ を定義したために，$\alpha < 0$, $\beta < 0$ のとき
$$\sqrt{\alpha}\sqrt{\beta} = \sqrt{\alpha\beta}$$
が成り立たなくなったのである．

一般には，等式
$$\sqrt{\alpha}\sqrt{\beta} = \sqrt{\alpha\beta}$$
は，左辺および右辺がともに $\alpha\beta$ の平方根である，という意味で成り立つ．（$\sqrt{\alpha}$ の定め方については第5章，§3をみよ．）

かくして，
$$\sqrt{b^2-4ac}, \quad a,b,c \in \mathbf{C}$$
の意味が確定し，次の定理が証明された．

定理5 2次方程式
$$ax^2+bx+c=0, \quad a,b,c \in \mathbf{C}, \ a \neq 0$$
はただ2つの解（$\in \mathbf{C}$）をもち，それらは
$$\frac{-b \pm \sqrt{b^2-4ac}}{2a}$$
で与えられる．

例2 2次方程式
$$ix^2+2ix-\frac{1}{4}+i=0$$
の解を求めよう．

定理5により，解は
$$x = \frac{-2i \pm \sqrt{(2i)^2-4\cdot i\left(-\frac{1}{4}+i\right)}}{2i}$$
$$= \frac{-2i \pm \sqrt{i}}{2i}$$
である．よって例1により

$$x = \frac{-2i \pm \left(\frac{\sqrt{2}}{2} + \frac{\sqrt{2}}{2}i\right)}{2i} = -1 \pm \left(\frac{-\sqrt{2}}{4}i + \frac{\sqrt{2}}{4}\right)$$

を得るから

$$x = -\frac{4-\sqrt{2}}{4} - \frac{\sqrt{2}}{4}i \quad \text{または} \quad -\frac{4+\sqrt{2}}{4} + \frac{\sqrt{2}}{4}i.$$

問2 これが実際に解になっていることを確めよ.

問3 次の方程式を解け.

(i) $ix^2 + 2ix + \frac{1}{4} + i = 0$

(ii) $\frac{3}{4}ix^2 - \sqrt{3}\,ix + i - 1 = 0$

§5 複素数の意味

ある高校生から質問を受けた:

> x についての3次, 4次, …方程式を解くときに, いきなり $x = a+bi$ とおいて a,b を求めるが, それでよいのか.

すなわち, 高校段階では, 2次方程式が常に解をもつような範囲として C を考えただけである. しかるに, 3次, 4次方程式を解く場合に, $x=a+bi$ とおいて, 解は C の中にあるときめてかかってよいのか, もっと数の範囲をひろげなくてよいのか, というのである. まことにすごい質問であって, 数学的感覚の核心をつくものといえる. このような質問をうけると,

　　君, 是非数学者になりたまえ

といいたくなる.

この質問に対する解答は, 次の定理である.

代数学の基本定理 代数方程式

$$a_0 x^n + a_1 x^{n-1} + \cdots + a_{n-1} x + a_n = 0, \quad a_i \in C,$$

$$(i=0,1,2,\cdots,n) \qquad (1)$$

は必ず C の中に解をもつ.

この定理により, x の3次, 4次, …方程式を解く場合にも $x=a+bi$ とおいてよいのである.

この定理を

 C は代数的に閉じている

といい表せば印象的であろう. 閉じている, という言葉は

 Z は加法に関して閉じている,

 Q は加法, 乗法に関して閉じている

というときの用法と感じが似ている.

さて(1)において $a_0 \neq 0$ のとき, (1)を n 次の代数方程式という. 代数学の基本定理から, 次の重要な結果が得られる:

 n 次代数方程式はちょうど n 個の解をもつ

(ただし, 2重解は2個, 3重解は3個, …とかぞえる. →第5章, §3)

例題 1 次の3次方程式を解け:
$$X^3 - i = 0 \qquad (2)$$

解 $X = x + yi$ と書けば
$$(x+yi)^3 = x^3 - 3x^2 y + 3xy^2 i - y^3 i$$

であるから, (2)は, 連立方程式
$$x^3 - 3xy^2 = 0, \qquad (3)$$
$$3x^2 y - y^3 = 1 \qquad (4)$$

に帰着する. (3)より
$$x(x^2 - 3y^2) = 0.$$

ゆえに
$$x = 0 \quad \text{または} \quad x^2 - 3y^2 = 0$$

を得る.

$x=0$ ならば(4)より
$$y^3+1=0, \quad (y+1)(y^2-y+1)=0.$$
ゆえに
$$y=-1,\ -\omega,\ -\omega^2, \quad \omega=\frac{-1+\sqrt{3}\,i}{2}$$
を得るから
$$X=-i,\ -\omega i,\ -\omega^2 i$$
である．これで3個の解が得られたから，これで与えられた方程式(2)のすべての解が見出された．

問1 $X^3+i=0$ を解け．

問2 $\omega=\dfrac{-1+\sqrt{3}\,i}{2}$ に対し次の等式を証明せよ．
(i) $(1+\omega)^5+\omega=0$
(ii) $(1+4\omega+\omega^2)^3=27$
(ヒント：$\omega^3=1$, $\omega^2+\omega+1=0$ を利用せよ．)

問3 $X^4-i=0$, $X^4+i=0$ を解け．

代数学の基本定理の証明はむずかしい．はじめて証明に成功したのはガウス(C. F. Gauss, 1777-1855)である．ガウス以前，いくつかの'証明'が存在したが，彼はそれらの欠陥を指摘し，自身生涯に4つの証明を与えた．(1つの証明のアイデアを第5章で述べる．)

現在の高校数学では"平方して負になる数を導入すれば実数係数をもつ2次方程式の解の公式を書くことができる"というように，全く複素数を形式的にしか扱っていない．

この代数学の基本定理が成り立つところにこそ，複素数の真の役割がある．さらに，複素数の導入は，整数論，関数論など，全数学に決定的な影響を与え，その進歩の原動力となったのである．

数の範囲を複素数にまで拡張することは…，次元の拡張であって，恰も上空から瞰下するとき，地上の光景が明快に観取せ

られるようなものである．（高木貞治著，"代数学講義"共立出版）

いまや，'虚'数という言葉は空'虚'と化した．虚でなくそれこそ実体である．

ガウス以前(ガウスも含めて)，複素数の導入は極めて慎重であった．新しい概念の導入は，その影響が大なれば大なるほど，容易に受け入れられるものではない．たとえば負の数の導入も，数学に完全に取り入れられるには長年月を要している．複素数もまた同様である．虚数は，16世紀にカルダノ等により，3次，4次方程式を解く上で用いられ，18世紀には大いに利用されるまでになったが，単に計算上の便利なものとしか認められなかった．たとえばライブニッツは，虚数は実に馬鹿気たものであるが，しかし何かわけのわからぬ仕方で役に立つ結果をもたらすと考えていた．

複素数に実体を与えたのは，やはりガウスというべきであろう．このことについてはまた後に触れる．

さて，代数学の基本定理について一言注意を与えておく．定理はCの中に解があるといっているだけで，解を求める手段については何も表明していない．すなわち，定性的(存在定理)であって定量的ではない．"解が存在する"ことと"解を求める"こととは別問題である．

しかし，存在定理は大切である．存在することがわからずに，解を求めようとしても無駄な努力である．一方'求め方'を求めることも，新たな難しさが生ずるのであるが，極めて重要である．両者が解決されて，はじめて数学者は落ち着くのである．

§6 複素数の大小関係

数学の教科書には

複素数については順序関係(大小関係)を考えない

と書かれている．では

　考えることはできないから考えない

のか，

　考えることはできるが，考えない

のか，どちらであろうか．

　その判定のためには，順序関係というとき，どれだけの性質を要請するのかを決めてかからなければならない．

　まず，$\boldsymbol{R}$ の中の順序について簡単に述べる．

(P 1)　$\boldsymbol{R} \ni a$ に対し，次の 3 つの場合のうち，いずれか 1 つの場合だけが必ず起る：
$$a>0, \quad a=0, \quad -a>0.$$

ここで $\boldsymbol{R} \ni a, b$ に対し
$$a-b>0 \Longleftrightarrow a>b$$

と定義すれば，(P 1)は，$\boldsymbol{R}$ のどの 2 つの数も，必ず大小を比較することができる，ということである．すなわち

　$\boldsymbol{R}$ の任意の 2 数 a, b に対して
$$a>b, \quad a=b, \quad a<b$$

のいずれか 1 つだけが必ず起る．

　このほかに，$\boldsymbol{R}$ の中の順序としては，

(P 2)　　　　　$a>0, \ b>0 \Longrightarrow a+b>0$

(P 3)　　　　　$a>0, \ b>0 \Longrightarrow ab>0$

の 2 つが要請される．

　実は $\boldsymbol{R}$ の数 a が正であることを
$$a>0$$

と書けば，この $>$ は(P 1, 2, 3)を満たし，$\boldsymbol{R}$ の数の大小関係に関するすべての性質

(たとえば
$$a > b,\ b > c \Rightarrow a > c$$
$$a > b,\ c > 0 \Rightarrow ac > bc$$
$$a > b,\ c < 0 \Rightarrow ac < bc$$
など.)
は (P 1, 2, 3) から導かれるのである.

いいかえれば, (P 1, 2, 3) を満たして, はじめて順序関係は役に立つものとなる.

定理 6 C の中に, (P 1), (P 2) を満たす順序を定義することができる. しかし, (P 3) を満たし, R における順序関係を保存する順序を定義することはできない.

証明

$C \ni \alpha = a + bi$ に対し

1) $b > 0 \Rightarrow \alpha > 0$
2) $b = 0,\ a > 0 \Rightarrow \alpha > 0$

と定義し, この > が (P 1, 2) を満たすこと, および (P 3) を満たす順序を定義することはできないことを証明する.

(P 1) が成り立つこと. $\alpha = a + bi$ において
$$b > 0,\quad b = 0,\quad -b > 0$$
のいずれか 1 つが必ず起る. $b = 0$ のときは,
$$a > 0,\quad a = 0,\quad -a > 0$$
のいずれか 1 つが必ず起る. このとき

$$b > 0 \Rightarrow \alpha > 0,$$
$$-b > 0 \Rightarrow -\alpha > 0,$$
$$b = 0 \begin{cases} a > 0 \Rightarrow \alpha > 0, \\ a = 0 \Rightarrow \alpha = 0, \\ -a > 0 \Rightarrow -\alpha > 0 \end{cases}$$

であるから，結局 $\alpha>0, \alpha=0, -\alpha>0$ のうちのいずれか1つが必ず起る．

(P 2)が成り立つこと．

$C \ni \alpha_1=a_1+b_1 i, \alpha_2=a_2+b_2 i$ について，$\alpha_1>0, \alpha_2>0$ とする．このとき，

$$\alpha_1 > 0 \Leftrightarrow b_1 > 0 \quad \text{または} \quad {}^`b_1=0 \quad \text{かつ} \quad a_1>0{}^'$$
$$\alpha_2 > 0 \Leftrightarrow b_2 > 0 \quad \text{または} \quad {}^`b_2=0 \quad \text{かつ} \quad a_2>0{}^'.$$

これらの場合の組み合せについて検討すればよい．

$$b_1>0, b_2>0 \Rightarrow b_1+b_2>0 \Rightarrow \alpha_1+\alpha_2>0,$$
$$b_1>0, {}^`b_2=0 \quad \text{かつ} \quad a_1>0{}^' \Rightarrow b_1+b_2>0 \Rightarrow \alpha_1+\alpha_2>0,$$
$$b_2>0, {}^`b_1=0 \quad \text{かつ} \quad a_2>0{}^' \Rightarrow b_1+b_2>0 \Rightarrow \alpha_1+\alpha_2>0.$$

最後に

${}^`b_1=0$ かつ $a_1>0{}^'$ で ${}^`b_2=0$ かつ $a_2>0{}^'$ ならば

$$b_1+b_2=0, \quad a_1+a_2>0 \quad \text{ゆえに} \quad \alpha_1+\alpha_2>0.$$

(P 3)を満たす順序を定義することはできないこと．

仮りに(P 3)を満たす順序 $>$ が定義されたとする．そのとき，

$i>0$ ならば，(P 3)により $i\cdot i>0$．しかし，$i\cdot i=-1$ であるから，$-1>0$ となりおかしい．

$-i>0$ ならば，(P 3)により $(-i)\cdot(-i)>0$．しかし，$(-i)(-i)=-1$ であるから $-1>0$ となりおかしい．

問1 証明中で定義した C の順序が(P 3)を満たさないことを確めよ．

問2 R の順序は，アルキメデスの公理

 "$\alpha>0, \beta>0, \beta-\alpha>0$ のとき，正の整数 N をえらんで
$$\beta-N\alpha<0$$
とすることができる"

を満たす．上の証明中で定義した C の順序は，アルキメデスの公理を満たさないことを示せ．

以上により，結局 C の中に，(役に立つ)順序を定義することはできないのである.

§7 絶対値

前節でみたように，C の中には実質的には順序(大小)は定義されないのであるが，そのかわりに，C の各数に実数を対応させ，その実数の間の順序を利用することができる．

$C \ni z = x+yi$, $x, y \in R$, に対し，
$$N(z) = z\bar{z} = x^2 + y^2 \geqq 0$$
であった．そこで
$$|z| = \sqrt{N(z)} \quad (=\sqrt{z\bar{z}}=\sqrt{x^2+y^2})$$
と定義し，$|z|$ を z の**絶対値**(または長さ，大きさ)という．

定義より，
$$|z| \geqq 0$$
である．

とくに $z \in R$ ならば，上記 $|z|$ はふつうの実数の絶対値と一致する．

問1 このことを確めよ．

定理7 $C \ni z_1, z_2$ に対し
$$|z_1 z_2| = |z_1| \cdot |z_2|, \quad \left|\frac{z_2}{z_1}\right| = \frac{|z_2|}{|z_1|}.$$

このことは，$N(z_1 z_2) = N(z_1) N(z_2)$ (§2, 問7) より容易に導かれる．

問2 定理7を証明せよ．

問3 (i) $|i(1-i)(2+3i)|$ を求めよ． (ii) $\left|\dfrac{3+i}{2-5i}-i\right|$ を求めよ．

問4 $z = x + yi$ とするとき，次の数をそれぞれ x, y で表せ．
(i) $|z^2|$ (ii) $\left|z + \dfrac{1}{z}\right|$

例題1 $C \ni z_1, z_2$ に対して，次の等式を証明せよ：

$$|z_1+z_2|^2 = |z_1|^2+|z_2|^2+2\,\mathrm{Re}(z_1\bar{z}_2)$$

証明

$$\begin{aligned}
|z_1+z_2|^2 &= (z_1+z_2)\overline{(z_1+z_2)} = (z_1+z_2)(\bar{z}_1+\bar{z}_2) \\
&= z_1\bar{z}_1+z_2\bar{z}_2+z_1\bar{z}_2+\bar{z}_1 z_2 \\
&= |z_1|^2+|z_2|^2+z_1\bar{z}_2+\overline{z_1\bar{z}_2} \\
&= |z_1|^2+|z_2|^2+2\,\mathrm{Re}(z_1\bar{z}_2).
\end{aligned}$$

問5 $C \ni \alpha, \beta, u, v$ に対し，次の各等式を証明せよ：

(i) $|\beta u+\alpha v|^2-|\bar{\alpha}u+\bar{\beta}v|^2 = (|\beta|^2-|\alpha|^2)(|u|^2-|v|^2)$

(ii) $|\beta u+\alpha v|^2+|\bar{\alpha}u-\bar{\beta}v|^2 = (|\beta|^2+|\alpha|^2)(|u|^2+|v|^2)$

定理8(三角不等式) $C \ni z_1, z_2$ に対し

$$|z_1|-|z_2| \leqq |z_1+z_2| \leqq |z_1|+|z_2|$$

が成り立つ．

証明 不等式

$$|z_1+z_2| \leqq |z_1|+|z_2| \tag{1}$$

を示すには，両辺を平方した不等式

$$|z_1+z_2|^2 \leqq (|z_1|+|z_2|)^2$$

が成り立つことをいえばよい．

例題1より

$$左辺 = |z_1|^2+|z_2|^2+2\,\mathrm{Re}(z_1\bar{z}_2)$$

であり，一方

$$右辺 = |z_1|^2+|z_2|^2+2|z_1||z_2|$$

である．したがって

$$|z_1||z_2|-\mathrm{Re}(z_1\bar{z}_2) \geqq 0$$

をいえばよい．$z_1=x_1+y_1 i$, $z_2=x_2+y_2 i$ とおけば

$$|z_1||z_2|-\mathrm{Re}(z_1\bar{z}_2) = \sqrt{x_1^2+y_1^2}\sqrt{x_2^2+y_2^2}-(x_1 x_2+y_1 y_2)$$

となる．

$x_1 x_2+y_1 y_2 \leqq 0$ ならば，上式 >0 は明らかである．

§7 絶 対 値

$x_1x_2+y_1y_2>0$ とする. このときは,
$$\sqrt{x_1{}^2+y_1{}^2}\sqrt{x_2{}^2+y_2{}^2} \geqq x_1x_2+y_1y_2$$
の両辺を平方した不等式
$$(x_1{}^2+y_1{}^2)(x_2{}^2+y_2{}^2) \geqq (x_1x_2+y_1y_2)^2$$
を示せばよい.
$$左辺 = x_1{}^2x_2{}^2+x_1{}^2y_2{}^2+x_2{}^2y_1{}^2+y_1{}^2y_2{}^2$$
$$右辺 = x_1{}^2x_2{}^2+2x_1x_2y_1y_2+y_1{}^2y_2{}^2$$
であるから
$$左辺-右辺 = x_1{}^2y_2{}^2+x_2{}^2y_1{}^2-2x_1x_2y_1y_2$$
$$= (x_1y_2-x_2y_1)^2 \geqq 0.$$
これで (1) の証明はおわった.

残りの $|z_1|-|z_2|\leqq|z_1+z_2|$ の証明は読者に委ねる.

問6 残りの不等式を証明せよ. (ヒント: $z_1=(z_1-z_2)+z_2$)

三角不等式の名前については後に明らかとなる.

例題2 $\mathrm{Re}(\alpha)<0$ ならば
$$\mathrm{Re}(z) \leqq 0 \text{ にしたがい } |z-\alpha| \leqq |z+\bar{\alpha}|$$
である.

証明 平方したものの差が $\leqq 0$ であること, すなわち
$$|z-\alpha|^2-|z+\bar{\alpha}|^2 \leqq 0$$
を示せばよい.
$$|z-\alpha|^2-|z+\bar{\alpha}|^2 = (z-\alpha)(\bar{z}-\bar{\alpha})-(z+\bar{\alpha})(\bar{z}+\alpha)$$
$$= -(\alpha+\bar{\alpha})\bar{z}-(\alpha+\bar{\alpha})z$$
$$= -(\alpha+\bar{\alpha})(z+\bar{z})$$
$$= -2\,\mathrm{Re}(\alpha)\cdot 2\,\mathrm{Re}(z).$$
仮定より $-2\,\mathrm{Re}(\alpha)>0$ であるから, この最後の式の $\leqq 0$ は $\mathrm{Re}(z)$ の $\leqq 0$ と一致する.

問7 $\mathrm{Im}(\alpha)>0$ ならば

$$\mathrm{Im}(z) \gtreqless 0 \quad \text{にしたがい} \quad |z-\alpha| \gtreqless |z-\bar{\alpha}|$$

であることを示せ.

問 8 $|\alpha|<1$ のとき

$$|z| \gtreqless 1 \quad \text{にしたがい} \quad |z-\alpha| \gtreqless |\bar{\alpha}z-1|$$

であることを示せ.

例題 3 $C \ni \alpha, \beta, \gamma, \delta$ に対し

$$\frac{\delta-\alpha}{(\alpha-\beta)(\alpha-\gamma)} + \frac{\delta-\beta}{(\beta-\gamma)(\beta-\alpha)} + \frac{\delta-\gamma}{(\gamma-\alpha)(\gamma-\beta)} = 0$$

を示せ.

証明 左辺を通分すれば

$$\frac{-(\delta-\alpha)(\beta-\gamma)-(\delta-\beta)(\gamma-\alpha)-(\delta-\gamma)(\alpha-\beta)}{(\alpha-\beta)(\beta-\gamma)(\gamma-\alpha)}$$

となる. この分子を計算すれば $=0$ である.

問 9 $C \ni \alpha, \beta, \gamma, \delta$ に対して, 次の等式が成り立つことを証明せよ:

$$\frac{(\delta-\beta)(\delta-\gamma)}{(\alpha-\beta)(\alpha-\gamma)} + \frac{(\delta-\gamma)(\delta-\alpha)}{(\beta-\gamma)(\beta-\alpha)} + \frac{(\delta-\alpha)(\delta-\beta)}{(\gamma-\alpha)(\gamma-\beta)} = 1.$$

以上, いくつかの等式を挙げたが, 単なる羅列ではない. 実は, 複素数を平面(ガウス平面)上の点として表すことが可能であり, 複素数のいろいろな性質を幾何学に応用することができる. そして上述の等式の幾何学的な意味が明瞭にとらえられるのである. 三角不等式についても同様である.

次の章で, 複素数を平面上の点として表すことを考える. 複素数と幾何学との結び付きは, 実にすばらしいものである. 複素数ではいろいろな計算をいわば機械的に行うことができる. その結果を平面上に表すことにより幾何学的結果が得られる. 逆に, 幾何学的な考察の結果を複素数の性質へうつしかえることができる. 複素数から幾何学へ, 幾何学から複素数へ, この交錯が数学を内容豊かに育てあげる.

練習問題 2

1. 次の式を簡単にせよ：
$$\frac{(2+3i)(4+5i)}{3+4i}.$$

2. $|z_1+z_2| \leq |z_1|+|z_2|$ において＝が成り立つのはどのような場合か．

3. $x^3+y^3+z^3-3xyz$ を1次式の積で表せ．

4. $\alpha = x+yi \in \boldsymbol{C}$ に対して，
 (i) α^8 が実数となる条件，
 (ii) α^8 が純虚数となる条件
をそれぞれ x, y で表せ．

5. $\zeta^5 = 1$ とするとき
$$\frac{\zeta}{1+\zeta^2}+\frac{\zeta^2}{1+\zeta^4}+\frac{\zeta^3}{1+\zeta}+\frac{\zeta^4}{1+\zeta^3}=2$$
を示せ．$\left(\text{ヒント}: \zeta=1 \text{ または } \zeta^4=\frac{1}{\zeta}, \zeta^3=\frac{1}{\zeta^2}.\right)$

6. $|z|=1$ とする．$\alpha, \beta \in \boldsymbol{C}$ に対し
$$\left|\frac{\alpha z+\beta}{\bar{\beta} z+\bar{\alpha}}\right|=1$$
であることを示せ．

7. $|\alpha|=|\beta|$ ならば任意の γ に対して
$$|\gamma+\alpha|^2+|\gamma-\alpha|^2=|\gamma+\beta|^2+|\gamma-\beta|^2$$
であることを示せ．

8. $\omega^2+\omega+1=0$, $\omega \neq 1$, とする．
 (i) $\boldsymbol{C} \ni x+yi$ を $a+b\omega, a,b \in \boldsymbol{R}$, の形に表せ．
 (ii) $\dfrac{1}{2+3\omega+4\omega^2}$ を $a+b\omega$ の形に表せ．

9. $|\alpha|=|\beta|=|\gamma|=1$ に対して
$$s_1 = \alpha+\beta+\gamma, \quad s_2 = \alpha\beta+\beta\gamma+\gamma\alpha, \quad s_3 = \alpha\beta\gamma$$
とおく．このとき

$$\overline{s_1} = \frac{s_2}{s_3}, \quad \overline{s_2} = \frac{s_1}{s_3}, \quad \overline{s_3} = \frac{1}{s_3}, \quad |s_1| = |s_2|$$

であることを示せ.

10. $|\alpha|=|\beta|=|\gamma|=1$ のとき,
$$z = \frac{(\alpha+\beta)(\beta+\gamma)(\gamma+\alpha)}{\alpha\beta\gamma}$$
は実数であることを示せ.

第3章
複素数の幾何学的側面

§1 ガウス平面

前節で予告したように,本節では複素数を平面上の点として表すことを考える.

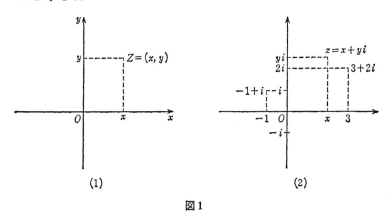

図1

図1(1)に,原点をOとするxy平面をえがいた.すなわち,平面上に直交するx軸(横軸)およびy軸(縦軸)が設定され,それぞれ数直線であって,おのおの右方向,上方向が正の向きである.平面上の点は2つの実数の組(x, y)を定め,逆に2数の組(x, y)は平面上の点を定める.点Zが定める2数の組が(x, y)であるとき,
$$Z = (x, y)$$
と表した.x軸上の単位点は$(1, 0)$であり,y軸上の単位点は$(0, 1)$である.

次に，点 $Z=(x,y)$ は複素数 $z=x+yi$ を表すものと定める．これによって，平面上の各点と，すべての複素数の間に1対1の対応が生ずる．そこで，点 Z と複素数 z とを同じものとみて，点 z ということが多い．

上の対応により，実数 $x=x+0i$ は点 $(x,0)$ に，純虚数 $yi=0+yi$ は点 $(0,y)$ に対応するから，x 軸は実数に，y 軸は純虚数に対応する．そこで，x 軸を**実(数)軸**，y 軸を**虚(数)軸**とよぶ．

とくに i は，y 軸上の単位点 $(0,1)$ に対応するから，i を基準にとって y 軸上の目盛をつけることにする．かくして，実軸，虚軸が設定された平面を**ガウス平面**または**複素(数)平面**とよぶ．

このとき，はじめの xy 平面を，ガウス平面の下敷平面とよぶのが適当であろう．

図1(2)に，点 $3+2i$，$-1+i$ および $-i$ を示した．

問1 ガウス平面上に，点 $-1+2i$，$1-5i$，$\sqrt{2}+i$ をとれ．

このようにして，(一歩ゆずって)想像上の産物とされた複素数が目に見えるものに転化したのである．

ガウス平面をはじめて考察したのはウェッセル(Wessel, デンマーク, 1745-1818)であるとされている．それより以前に，ウォリス(Wallis, イギリス, 1616-1703)がその端緒を示しているらしい．ウェッセルよりややおくれて，アルガン(Argand, スイス, 1768-1822)がガウス平面を再発見した．すなわち，歴史的には，ガウス平面はウェッセルにより発見され，アルガンにより再発見され，ガウスにより再再発見されたということになる．イギリスの書物では，ガウス平面を"アルガンの図表示"(Argand's diagramm)とよんでいる．しかし，複素数を数学の中に真にとり入れたのはガウスであるから，わが国ではガウス平面とよぶ習慣である．因みに，複素数はガウスの命名である．(もちろん，ガウスが日本語を用いたわけではな

い.)

　何故, y 軸を虚数軸に採用したのであろうか. 発見者がどのように考えたのかはわからないが, 次のように自分勝手にその理由をつけることはできる.

　xy 平面において, 原点 O を中心とする単位円周 C を考える. $|i|=1$ であるから, i は C 上にあるはずである. 平面上の点 P の座標を -1 倍すれば, OP は O のまわりを角 π だけ回転する. $(-1)^2$ を乗ずれば, O のまわりの角 2π の回転を生ずる. 一方, $i^2=-1$ であるから, i^2 を乗ずることは角 π の回転であり, i を乗ずることは, その半分の角 $\dfrac{\pi}{2}$ の回転を与えるであろう. とくに $P=(1,0)$ ととれば OP を $\dfrac{\pi}{2}$ 回転することにより, P は y 軸上の単位点 $(0,1)$ にうつる.

　このように, 自分で理由づけを行い, よくわかったと自己催眠をかけることも時には必要である.

§2 $w=z^2$, $w=\sqrt{z}$

　z と w に関する方程式 $f(z,w)=0$, たとえば
$$z-w^2=0, \quad z^2-w=0$$
などが与えられれば, z の値を与えるごとに $f(z,w)=0$ を解いて w の値が定まる. (1つとは限らない.) その意味で, z と w の間の, ある種の対応が定められるわけである. この対応の性質を知るためには, z がある図形をえがくとき, それに応じて w がどのような図形をえがくか, を調べるとよい.

　この場合, z, w が同じガウス平面上を動くと考えてもよいし, また別々のガウス平面上を動くと考えることもできる. 要は考えやすい方を採用することである. 図にえがくときには, 多くの場合, z, w は別の平面を動くとした方が見やすい. そのときは, z, w の動く平面をそれぞれ z 平面, w 平面という.

この節では，とくに簡単な f について図をえがくことにする．その準備として，まず xy 平面における円，楕円，放物線，双曲線についてのいくつかの基本的な知識をまとめておく．

（I） 中心 (p, q)，半径 $r(>0)$ の円周の方程式は
$$(x-p)^2+(y-q)^2=r^2$$
であり，その上の点 (x_0, y_0) における接線の方程式は
$$(x-p)(x_0-p)+(y-q)(y_0-q)=r^2$$
である．
(厳密には円周であるが，以下円と略称する．)

（II） 中心 (p, q)，径の長さが $2a, 2b$ $(a, b>0)$ である楕円の標準方程式は
$$\frac{(x-p)^2}{a^2}+\frac{(y-q)^2}{b^2}=1$$
であり，その上の点 (x_0, y_0) における接線の方程式は
$$\frac{(x-p)(x_0-p)}{a^2}+\frac{(y-q)(y_0-q)}{b^2}=1$$
である．焦点 F, F' は
$$a>b \quad \text{ならば} \quad F=(\sqrt{a^2-b^2}+p,\ q),$$
$$F'=(-\sqrt{a^2-b^2}+p,\ q),$$
$$a<b \quad \text{ならば} \quad F=(p,\ \sqrt{b^2-a^2}+q)$$
$$F'=(p,\ -\sqrt{b^2-a^2}+q)$$
で与えられる (図 2(1), (2))．

（III） 中心 (p, q)，漸近線が $y-q=\varepsilon\dfrac{b}{a}(x-p)$ $(\varepsilon=\pm 1)$ である双曲線の標準方程式は
$$\frac{(x-p)^2}{a^2}-\frac{(y-q)^2}{b^2}=\varepsilon, \quad a>0,\ b>0$$
であり，その上の点 (x_0, y_0) における接線の方程式は

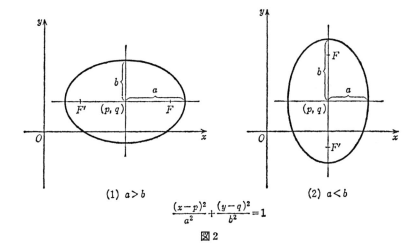

(1) $a>b$ (2) $a<b$

$$\frac{(x-p)^2}{a^2}+\frac{(y-q)^2}{b^2}=1$$

図 2

$$\frac{(x-p)(x_0-p)}{a^2}-\frac{(y-q)(y_0-q)}{b^2}=\varepsilon$$

である.焦点 F, F' は

$\varepsilon=1$ ならば $F=(\sqrt{a^2+b^2}+p,\ q)$,
$F'=(-\sqrt{a^2+b^2}+p,\ q)$,
$\varepsilon=-1$ ならば $F=(p,\ \sqrt{a^2+b^2}+q)$,
$F'=(p,\ -\sqrt{a^2+b^2}+q)$

で与えられる(図 3(1), (2)).

双曲線は

$$xy=k$$

の形で与えられることもある(図 3(3)). その上の点 (x_0, y_0) における接線の方程式は

$$x_0y+y_0x=2k$$

である. またこの双曲線の漸近線は両座標軸である.

(Ⅳ) 放物線の標準方程式は,

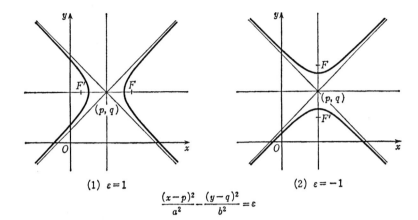

$$\frac{(x-p)^2}{a^2}-\frac{(y-q)^2}{b^2}=\varepsilon$$

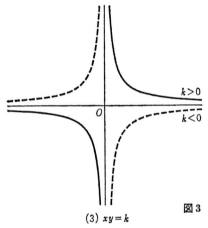

図 3

$$(y-q)^2 = 4c(x-p), \quad 4c(y-q)=(x-p)^2$$

であり，その上の点 (x_0, y_0) における接線の方程式は，それぞれ

$$(y-q)(y_0-q) = 2c(x+x_0), \quad 2c(y+y_0)=(x-p)(x_0-p)$$

焦点は

$$F=(c+p, q) \quad \text{または} \quad F=(p, c+q)$$

である．放物線は

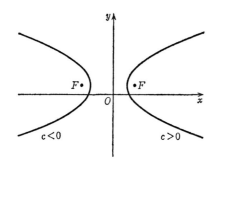
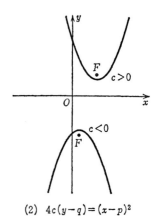

(1) $(y-q)^2 = 4c(x-p)$ (2) $4c(y-q) = (x-p)^2$

図4

$c > 0$ ならば右または上に,

$c < 0$ ならば左または下に開く(図4(1), (2)).

一般に,直線 l が曲線 C の,C 上の点 T における接線であるとは,C と T, P で交わる直線を l_P とするとき,P が限りなく T に近づくならば,l_P は限りなく l に近づくことである(図5).しかし上述の曲線に対しては,このような極限操作をしなくてすむ.直線と,その曲線とが1点で交わるという条件により接線は定まる.

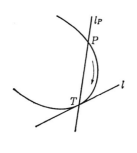

図5

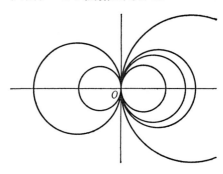

図6

曲線 C_1 と C_2 が点 T で接するとは，T において C_1, C_2 が接線を共有することをいう．たとえば，任意の $r, r' > 0$ に対し，

$$\text{円} \quad (x-r)^2 + y^2 = r^2 \quad \text{と} \quad (x+r')^2 + y^2 = r'^2$$

とは原点において接する(図6)．

曲線 C_1 と C_2 が点 A で交わるとき，A において C_1 と C_2 のなす角とは，A における両曲線への接線がなす角と定義する．角が $\dfrac{\pi}{2}$ のときは C_1 と C_2 は直交するという(図7(1))．

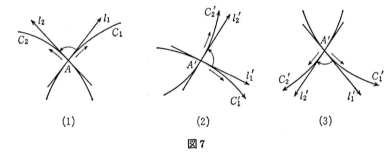

図7

z と w の間にある対応があり，z が曲線 C_1, C_2 上を図7(1)に示された矢印の方向に動くとき，その対応によって，w が図7(2)または(3)に示された矢印の方向に，曲線 C_1', C_2' 上を動くとする．(A は A' に対応する．) このとき，(1)において，C_1 の接線 l_1 を矢印の向きに回転して，C_2 の接線 l_2 に重なったとする．それに対応して，(2)または(3)に示されるように，C_1' の接線 l_1' を矢印の向きに回転して C_2' の接線 l_2' に重なったとする．このとき，(1)と(2)では回転の向きは同じであるが(1)と(3)では逆になっている．そこで，z と w の対応が(1)と(2)で示されるような場合，対応する角の向きは同じであるといい，(1)と(3)のような場合には，対応する角は逆向きであるという．

もう1つ，すでに第1章で述べたことであるが，2つの直線 $y = mx + n, y = m'x + n'$ が直交するための必要十分条件は

$$mm' = -1$$

である，ことを注意しておく．

(V) $w=z^2$　以上の準備の下に，
$$w = z^2 \tag{1}$$
において，z が z 平面上の格子(あるいは網の目．直線群 $x=c, y=d$ ($c, d \in \mathbf{Z}$)から成る図形)を動くとき，w がどのような図形をえがくかを調べよう．単に図形ではなく，動く向きまでもこめて考えたいのである．
$$z = x+yi, \quad w = X+Yi$$
とおけば，(1)より
$$X = x^2-y^2, \quad Y = 2xy$$
を得る．

1° $x=0$ とする．このとき z は虚軸上を動く．
$$X = -y^2 \leqq 0, \quad Y = 0$$
であるから，$w=X+Yi$ は w 平面の負の実軸上を動く．

z が虚軸上を，$-\infty i$ から ∞i まで動くとき，w は実軸上を $-\infty$ から増加して 0 に至り，ふたたび減少して実軸上を $-\infty$ に向かう．

2° $x=c$ ($\neq 0$, 一定)とすれば
$$X = c^2-y^2, \quad Y = 2cy$$
である．y を消去すれば
$$Y^2 = -4c^2 X + 4c^4 \tag{2}$$
となる．よって $w=X+Yi$ は w 平面(の下敷である XY 平面)上で横に開いた放物線をえがく．(X 切片は c^2, Y 切片は $\pm 2c^2$.)

$x=c$ は z 平面上，虚軸に平行な直線である．(2)には c^2, c^4 しか現れていない．したがって，$x=c, -c$ に対して同じ放物線が得られる．z が直線 $x=c$ 上を，下方から上方に向かって動くとする．そのとき $Y=2cy$ であるから，w の虚部は $c>0$ ならば増加する向きに，$c<0$

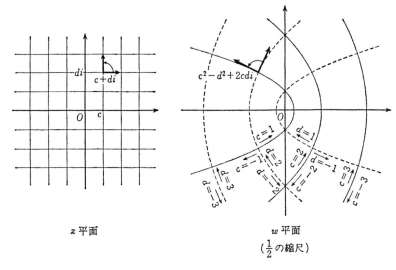

図 8

ならば減少する向きに動く.

図 8 には, $c=\pm 1, \pm 2, \pm 3$ の場合を実線でえがいた.

3° $y=0$ とする. よって z は実軸上を動くのであるが
$$X = x^2, \quad Y = 0$$
であるから, w も実軸上を動く. z が $-\infty$ から ∞ まで動くにしたがい, w は ∞ より減少して 0 に至り, ふたたび増加して ∞ に向かう.

4° $y=d$ ($\neq 0$, 一定) とする.
$$X = x^2 - d^2, \quad Y = 2xd$$
より x を消去して
$$Y^2 = 4d^2 X + 4d^4 \tag{3}$$
を得る. ゆえに z が直線 $y=d$ 上を動くとき, w は w 平面上の, 横にひらいた放物線をえがく. (X 切片は $-d^2$, Y 切片は $\pm 2d^2$.)

(3) には d^2, d^4 しか現れていないから, $d, -d$ に対して放物線は同

じである. z が直線 $y=d$ 上を左から右に動くとする. そのとき, $Y=2xd$ であるから, w の虚部は, $d>0$ ならば増加の向きに, $d<0$ ならば減少の向きに動く.

図8に $d=\pm 1, \pm 2, \pm 3$ の場合を点線でえがいた.

5° 対応する角を調べよう. z 平面において, 直線 $x=c, y=d$ は点 $c+di$ で直交する. その点に対応するのは
$$w = c^2 - d^2 + 2cdi$$
である. この点で, 上記直線に対応する放物線は直交する. 実際

$x=c$ に対する放物線の接線の傾きは
$$\frac{-2c^2}{2cd},$$
$y=d$ に対する放物線の接線の傾きは
$$\frac{2d^2}{2cd}$$
であり, 両者の積は -1 に等しい. しかも点 $c+di$ において, 矢印の向きに接線をひけば, 対応する角は同じ向きである, ことがわかる.

<u>(VI)</u> $w=\sqrt{z}$ 次に, z が z 平面上の格子を動くとき,
$$w^2 = z \tag{4}$$
により定められる w の図をえがいてみる(図9).
$$z = x+yi, \quad w = X+Yi$$
とおけば, (4)により
$$X^2 - Y^2 = x, \quad 2XY = y$$
である. $x=c, y=d$ とおけば,

$X^2 - Y^2 = c$ は, $c>0$ ならば左右に開く双曲線,
$\qquad\qquad\quad c<0$ ならば上下に開く双曲線,
$\qquad\qquad\quad c=0$ ならば2つの直線 $Y=\pm X$

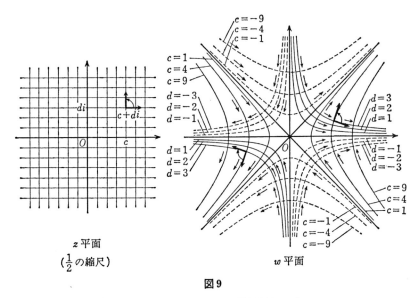

図9

であって,双曲線はすべて $Y=\pm X$ を漸近線にもつ.

$2XY=d$ は,$d>0$ ならば右斜上,左斜下に開く双曲線,
$\qquad d<0$ ならば左斜上,右斜下に開く双曲線,
$\qquad d=0$ ならば2つの直線 $X=0, Y=0$

であって,双曲線はすべて $X=0$ および $Y=0$ を漸近線にもつ.

c が $-\infty$ から0に増加すれば,上,下に開く双曲線 $X^2-Y^2=c$ は,ともに原点に向かって進み,$c=0$ において2直線 $Y=\pm X$ になる.さらに c が0から ∞ に増加すれば,$X^2-Y^2=c$ は左右に開く双曲線となり,原点から遠去かる.

d が $-\infty$ から0に増加すれば,左斜上,右斜下に開く双曲線 $2XY=d$ は原点に向かって進み,$d=0$ において2つの直線 $X=0, Y=0$ (すなわち両座標軸)に合致する.さらに $d=0$ から ∞ まで増加すれば $2XY=d$ は右斜上,左斜下に開く双曲線となり,原点から遠去かる.この様子を図9に矢印で示した.

この場合にも，w 平面上の双曲線は互いに直交していることがわかる．実際 $z=c+di$ に対応する点 $w=X_0+Y_0 i$ は
$$X_0{}^2-Y_0{}^2=c, \quad 2X_0 Y_0=d$$
より定められるが，その点で交わっている2つの双曲線の接線の傾きは，それぞれ
$$\frac{X_0}{Y_0}, \quad -\frac{Y_0}{X_0}$$
であり，両者の積は -1 である．しかも，上に述べた矢印の向きに注目すれば，対応する角は同じ向きであることがわかる．

(VII) 次に
$$w=|z|$$
を考える．$|z|\geqq 0$ であるから，$w\in \boldsymbol{R}$，かつ $w\geqq 0$ である．

$w=r$ が正の実軸上を原点から右の方へ動くとき，z は原点を中心とする円周 $|z|=r$ をえがき，w の動きにともない，半径は増加する(図 10)．

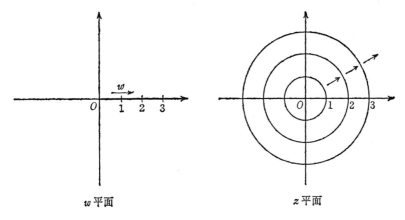

図 10

§3 複素数の和と差

複素数の和と差をガウス平面上に表すためには，複素数をベクトルとみるのが便利である．

平面上の2点 P, Q は線分 PQ を定める．さらにその向きを考えたときには**有向線分**という．**向き**が P から Q へ向かう有向線分を $\overrightarrow{PQ}$ で表す．（向きが Q から P へ向かう有向線分は $\overrightarrow{QP}$ である．線分としては同じであるが，有向線分としては，それは $\overrightarrow{PQ}$ と異なり，向きが逆である．）P, Q をそれぞれ $\overrightarrow{PQ}$ の**始点**，**終点**という．

向きと大きさ（線分の長さ）の等しい2つの有向線分は，位置を無視して，同じものとみなす．（すなわち，図11の $\overrightarrow{PQ}, \overrightarrow{P'Q'}$ のように平行四辺形をなす有向線分は同じものとみなす．）このように考えたとき，有向線分を**ベクトル**という．（図12で，3本の矢線がひいてある．これらは有向線分としては異なるが，すべて同じベクトルを表している．）ベクトルにおいては始点のとり方は自由である．この自由さが，はじめてベクトルを学ぶときの一抹の不安であろうが，応用上では極めて便利である．

次に複素数 $z = x + yi$ を，両軸への正射影が x, y であるベクトルと

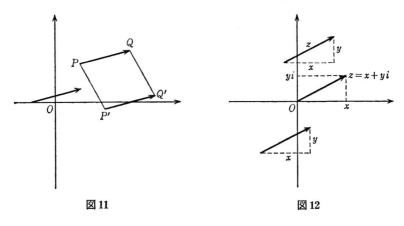

図11　　　　　　　　　　　図12

§3 複素数の和と差

みなす(図12). とくにベクトルの始点を原点にとれば, その終点は複素数 $z=x+yi$ である.

$z=x+yi$ に対し
$$|z| = \sqrt{x^2+y^2}$$
であった. したがってピタゴラスの定理により, $|z|$ は z を表すベクトルの長さに等しい.

複素数の和を考えよう.
$$z_1 = x_1+y_1 i, \qquad z_2 = x_2+y_2 i$$
とすれば
$$z_1+z_2 = (x_1+x_2)+(y_1+y_2)i$$
である. ガウス平面上では, z_1 を表すベクトルを原点を始点としてえがき, その終点を始点として z_2 を表すベクトルをえがけば, その終点が z_1+z_2 である(図13(1)).

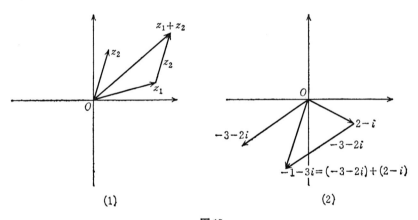

図 13

注意 第2章定理8の名前'三角不等式'の由来は, 図13(1)により明らかであろう. すなわち
$$|z_1|, |z_2|, |z_1+z_2|$$
は三角形の3辺の長さを表し, 一方"三角形の2辺の和は他の辺よりも小

でない"から
$$|z_1+z_2| \leq |z_1|+|z_2|$$
である.

以下, z を始点とし, w を終点とするベクトルを $\overrightarrow{zw}$ と書く. したがって, たとえば
$$z_2 = \overrightarrow{z_1(z_1+z_2)}.$$

z_1 と z_2 を結ぶ線分を $[z_1z_2]$, その長さを $\overline{[z_1z_2]}$ と書く. したがって, ピタゴラスの定理により
$$\overline{[z_1z_2]} = \sqrt{(x_1-x_2)^2+(y_1-y_2)^2} = \overrightarrow{z_1z_2} \text{ の長さ}$$
である.

このように書くのは, 線分を単に z_1z_2, その長さを $\overline{z_1z_2}$ と表すと, それぞれ z_1 と z_2 の積, z_1 と z_2 の積の共役と誤解するおそれがあるからである. ただし, 点 A_1, A_2 と大文字で書くときは, A_1, A_2 は複素数ではない. したがって, 線分を A_1A_2, その長さを $\overline{A_1A_2}$ と書いても誤解のおそれはない.

例1 $z_1=2-i$, $z_2=-3-2i$ に対し, z_1+z_2 を図13(2)に示した.

問1 ガウス平面上で, 次のおのおのの場合に z_1+z_2 を作図せよ.
(i) $z_1=3+i$, $z_2=-1+4i$　　(ii) $z_1=i$, $z_2=-3i$
(iii) $z_1=-3$, $z_2=1+i$　　(iv) $z_1=1$, $z_2=-2$

次に複素数の実数倍を考えよう.
$$z = x+yi \quad \text{および} \quad c \in \boldsymbol{R}$$
に対し,
$$cz = cx+cyi$$
である. よってガウス平面上で, ベクトル z を, $c>0$ ならば z と同じ向きに c 倍し, $c<0$ ならば逆向きに $|c|$ 倍すれば cz が得られる(図14).

とくに

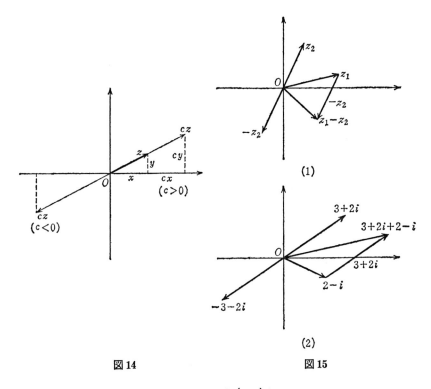

図 14   図 15

$$-z = -x + (-y)i,$$
$$z_1 - z_2 = z_1 + (-z_2)$$

であるから，減法の作図は次のようになる：

　　z_2 の逆向きに，長さ $|z_2|$ だけのばして $-z_2$ を得，原点を始点として，ベクトル z_1 をえがき，その終点を始点としてベクトル $-z_2$ をえがけば，その終点が $z_1 - z_2$ である(図 15(1))．

例 2　$z_1 = 2 - i$, $z_2 = -3 - 2i$ に対し，$z_1 - z_2$ を図 15(2) に示した．

問 2　ガウス平面上で，問 1 のおのおのの場合に，$z_1 - z_2$ を作図せよ．

例 3　$z_1 + z_2$ は，z_1 と z_2 を結ぶ線分 $[z_1 z_2]$ の中点により 2 等分されるから，$[z_1 z_2]$ の中点は

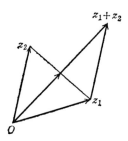

$$\frac{z_1+z_2}{2}$$

である(図 16).

例 4 z_1, z_2 を結ぶ線分 $[z_1z_2]$ を $m:n$ に内分する点 z は

$$z = \frac{nz_1+mz_2}{m+n} \tag{1}$$

で与えられる．(m, n は正の数.) 何故ならば，図 17(2) により，求

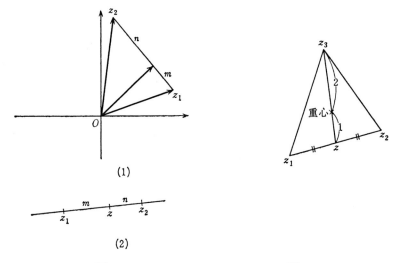

図 17　　　　　　　　　図 18

むる点を z とすれば

$$\frac{z-z_1}{m} = \frac{z_2-z}{n},$$

これを変形して(1)が得られるからである．

問3 z_1, z_2 を結ぶ線分を $m:n$ に外分する点を求めよ．(m, n は正，$m \geqq n$．)

問4 z_1, z_2, z_3 を頂点とする三角形の重心は

$$\frac{z_1+z_2+z_3}{3}$$

であることを示せ．（ヒント：線分 $[z_1z_2]$ の中点を z とすれば，線分 $[z_1z]$ を $2:1$ に内分する点が重心である．図18．)

例5 $z=x+yi$ に対し，$\bar{z}=x-yi$ であるから，$\bar{z}$ は実軸に関して z の対称点である．虚軸に関して z と対称な点は $-\bar{z}$，原点に関して対称な点は $-z$ である（図19）．

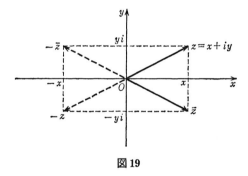

図 19

問5 問1の z_1, z_2 に対して $z_1+\bar{z}_2$ を作図せよ．

α を与えられた複素数とする．z がガウス平面上のある図形 C をえがくとき，$w=z+\alpha$ も1つの図形 C' をえがく．点 z を始点として α の表すベクトルの終点が w である．したがって図形 C' は C を α だけ平行移動したものである．この様子を図20に示した．ただしこの場合には，z, w はともに1つのガウス平面上にあるとした方が

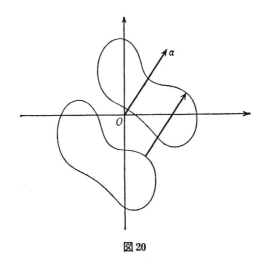

図 20

見やすい.

例 6 $|w-\alpha|=r\ (r>0)$ において $w-\alpha=z$ とおけば $|z|=r$. よって $|w-\alpha|=r$ は,円周 $|z|=r$ を α だけ平行移動したもの,すなわち,中心 α,半径 r の円周である.

以上では,複素数のベクトルとしての性質に注目した.したがって,まだ複素数の本領は発揮されていない.ベクトルには乗法が定義されないが,複素数には乗法が定義されている.複素数の幾何学への応用に際しての真価はそこにある.次の節で乗法を作図することを考えるが,そのためには,複素数の極座標表示を用いると便利である.

§4 複素数の積と商

xy 平面上の点 $P=(x,y)$ に対して,ベクトル $\overrightarrow{OP}$ を考える.$\overrightarrow{OP}$ が正の x 軸となす(一般)角を θ,$\overline{OP}=r$ とすれば
$$x=r\cos\theta,\qquad y=r\sin\theta$$

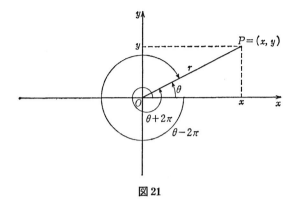

図 21

である(図 21). θ は 2π の整数倍を加えることを除いて定まる. (以下,このことを "θ は $\mathrm{mod}\, 2\pi$ で定まる" といい表す.) $\overrightarrow{OP}$ に対して θ を一意的に定めたいならば

$$0 \leqq \theta < 2\pi$$

と制限すればよい.この意味で, $P=(x,y) \neq (0,0)$ に対し,

$$(r, \theta), \quad r > 0, \quad 0 \leqq \theta < 2\pi$$

が一意的に対応する.逆に,このような (r, θ) を与えれば

$$x = r\cos\theta, \quad y = r\sin\theta$$

とおくことにより (x, y) は一意的に定まる.(このときは, θ には制限は要しない.)

$$(r, \theta)$$

を P の(正の x 軸を基準とした)**極座標**という.ただし, θ には制限を付けない方が融通がきくので,以下とくに断らない限り θ は制限なしとする.この場合にも (r, θ) を極座標とよぶ.

$P=(0,0)$ については $r=0$ であって, θ は考えない.

さて,ガウス平面の下敷である xy 平面に極座標を導入する.そのとき, $z = x + yi \neq 0$ は

$$z = r(\cos\theta + i\sin\theta) \tag{1}$$

と書かれる. $r=|z|$ である. θ を
$$\theta = \arg(z)$$
と表し, z の**偏角**(の1つ)という. $\arg(z)$ はまた $\mathrm{arc}(z)$ とも書かれる. ($\arg(z)$ は $\bmod 2\pi$ で定まるわけである.)

(1)を z の**極座標表示**または**極形式**という.(これに対して $z=x+yi$ を z の**直交座標表示**という.)

極座標についての約束により,複素数 0 の偏角は定めない.しかし,このときは $r=0$ であって,(1)はそのまま 0 の極座標表示をも与えていると考えられる.

例1 $z \in \boldsymbol{C}, z \neq 0$, に対し
$$z \text{ は実数} \Leftrightarrow \arg(z) = n\pi, \quad n \in \boldsymbol{Z},$$
$$z \text{ は純虚数} \Leftrightarrow \arg(z) = \pm\frac{\pi}{2} + 2n\pi, \quad n \in \boldsymbol{Z}.$$

例2

(i) $\quad |1| = 1, \quad \arg(1) = 2n\pi, \quad n \in \boldsymbol{Z},$

(ii) $\quad |i| = 1, \quad \arg(i) = \dfrac{\pi}{2} + 2n\pi, \quad n \in \boldsymbol{Z},$

(iii) $\quad |1+i| = \sqrt{1^2+1^2} = \sqrt{2},$

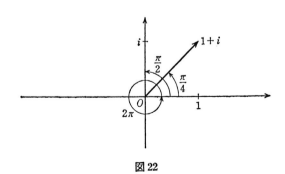

図22

§4 複素数の積と商

$$\arg(1+i) = \frac{\pi}{4} + 2n\pi, \qquad n \in \mathbf{Z}\,(\text{図 22}).$$

問 1 $1-i$, $i-1$ の絶対値,偏角をそれぞれ求めよ.

例 3

$$\omega = \frac{-1+\sqrt{3}\,i}{2}$$

とすれば $\omega \neq 1$, $\omega^3 = 1$,

$$|\omega| = \sqrt{\left(\frac{-1}{2}\right)^2 + \left(\frac{\sqrt{3}}{2}\right)^2} = 1$$

である.一方,$\arg(\omega) = \theta$ とおけば

$$\cos\theta = -\frac{1}{2}, \quad \sin\theta = \frac{\sqrt{3}}{2}$$

であるから

$$\arg(\omega) = \theta = \frac{2\pi}{3} + 2n\pi, \qquad n \in \mathbf{Z}$$

である.また

$$|\overline{\omega}| = 1, \quad \arg(\overline{\omega}) = \frac{4\pi}{3} + 2n\pi, \qquad n \in \mathbf{Z}$$

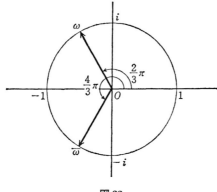

図 23

である(図 23).

問 2 例 3 の ω に対し,$-\omega$, $2+\omega$, $\omega-1$ の絶対値および偏角をそれぞれ求めよ.

問 3 $\arg(\bar{z}) = -\arg z$ を示せ.

複素数の乗法の作図に極座標が便利であるというのは次の定理が成り立つからである.

定理 1
$$z_1 = r_1(\cos\theta_1 + i\sin\theta_1), \quad z_2 = r_2(\cos\theta_2 + i\sin\theta_2)$$
とすれば
$$z_1 z_2 = r_1 r_2 (\cos(\theta_1+\theta_2) + i\sin(\theta_1+\theta_2)).$$
すなわち
$$|z_1 z_2| = |z_1||z_2|$$
$$\arg(z_1 z_2) = \arg z_1 + \arg z_2$$
が成り立つ.

言葉でいえば次の通りである:

2 つの複素数の積の絶対値はそれぞれの絶対値の積に等しく,偏角はそれぞれの偏角の和に等しい.

証明 $|z_1 z_2| = |z_1||z_2|$ はすでに証明した.
加法公式を用いて
$$\begin{aligned}
&(\cos\theta_1 + i\sin\theta_1)(\cos\theta_2 + i\sin\theta_2) \\
&= \cos\theta_1\cos\theta_2 - \sin\theta_1\sin\theta_2 \\
&\quad + i(\sin\theta_1\cos\theta_2 + \cos\theta_1\sin\theta_2) \\
&= \cos(\theta_1+\theta_2) + i\sin(\theta_1+\theta_2)
\end{aligned}$$
を得るから
$$\arg(z_1 z_2) = \arg(z_1) + \arg(z_2).$$

注意 偏角に対する制限 $0 \leq \theta < 2\pi$ を撤廃したのは $\arg(z_1 z_2) = \arg(z_1) \cdot \arg(z_2)$ としたいからである.もし,偏角に制限があれば,たとえば

§4 複素数の積と商

$$z_1 = \cos\frac{7}{4}\pi + i\sin\frac{7}{4}\pi$$

$$z_2 = \cos\frac{3}{4}\pi + i\sin\frac{3}{4}\pi$$

に対して

$$\arg(z_1) = \frac{7}{4}\pi, \quad \arg(z_2) = \frac{3}{4}\pi$$

$$\arg(z_1) + \arg(z_2) = \frac{10}{4}\pi$$

$$\arg(z_1 z_2) = \frac{10}{4}\pi - \frac{8}{4}\pi = \frac{\pi}{2}$$

となり

$$\arg(z_1 z_2) \neq \arg(z_1) + \arg(z_2)$$

である.

系1

$$|z_1 z_2 \cdots z_n| = |z_1||z_2|\cdots|z_n|,$$

$$\arg(z_1 z_2 \cdots z_n) = \arg(z_1) + \arg(z_2) + \cdots + \arg(z_n).$$

系2(ド・モァヴルの公式)

$z = r(\cos\theta + i\sin\theta)$ とすれば,整数 n に対して

$$z^n = r^n(\cos n\theta + i\sin n\theta).$$

すなわち

$$|z^n| = |z|^n, \quad \arg(z^n) = n\arg(z).$$

が成り立つ.

証明 $n = -1$ のときだけ証明しておこう.

$$1 = \cos^2\theta + \sin^2\theta$$

$$= (\cos\theta + i\sin\theta)(\cos\theta - i\sin\theta)$$

の両辺を $r(\cos\theta + i\sin\theta)$ で割れば

$$\frac{1}{r(\cos\theta + i\sin\theta)} = \frac{1}{r}(\cos\theta - i\sin\theta)$$

$$= \frac{1}{r}(\cos(-\theta) + i\sin(-\theta)).$$

すなわち
$$|z^{-1}| = |z|^{-1}, \quad \arg(z^{-1}) = -\arg(z)$$
である.

この計算で,
$$\cos(-\theta) = \cos\theta, \quad \sin(-\theta) = -\sin\theta$$
を用いた.

また,このことから
$$\left|\frac{z_1}{z_2}\right| = \frac{|z_1|}{|z_2|}, \quad \arg\left(\frac{z_1}{z_2}\right) = \arg z_1 - \arg z_2$$
である.

問 4 系 1,系 2 の証明をくわしく行え.

例 4 ド・モァヴルの公式より,正弦,余弦に対する 3 倍角,4 倍角,…の公式を導くことができる.ド・モァヴルの公式を $r=1$ の場合に書けば
$$(\cos\theta + i\sin\theta)^n = \cos n\theta + i\sin n\theta$$
となる.

$n=3$ のとき,
$$\text{左辺} = \cos^3\theta - 3\cos\theta\sin^2\theta$$
$$+ i(3\cos^2\theta\sin\theta - \sin^3\theta)$$
$$\text{右辺} = \cos 3\theta + i\sin 3\theta.$$

よって
$$\cos 3\theta = \cos^3\theta - 3\cos\theta\sin^2\theta,$$
$$\sin 3\theta = 3\cos^2\theta\sin\theta - \sin^3\theta$$
を得る.これが 3 倍角の公式である.

問 5 この方法で 2 倍角の公式を確かめよ.

問6 4倍角の公式(であるべきもの)を導け.

例題1 次の等式を証明せよ:
$$\left|\frac{a+bi}{b+ai}\right| = 1$$

証明1 $\left|\dfrac{a+bi}{b+ai}\right| = \dfrac{|a+bi|}{|b+ai|} = \dfrac{\sqrt{a^2+b^2}}{\sqrt{b^2+a^2}} = 1.$

証明2 ガウス平面(の下敷平面)において,点 (b, a) は点 (a, b) を直線 $y=x$ に関して対称移動したものである.その対称移動により原点からの距離は変らない(図24).

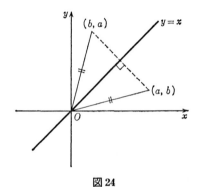

図24

問7 $\arg(a+bi)$ と $\arg(b+ai)$ の関係を求めよ.

問8 $\alpha = \dfrac{1+\sin\theta+i\cos\theta}{1+\sin\theta-i\cos\theta}$ に対し $|\alpha|$, $\arg(\alpha)$ を求めよ.(ヒント:$\beta = \cos\left(\dfrac{\pi}{2}-\theta\right) + i\sin\left(\dfrac{\pi}{2}-\theta\right)$ とすれば

$$\alpha = \frac{1+\beta}{1+\bar{\beta}}$$

である.あと図25を参照せよ.あるいは

$$1+\cos x + i\sin x = 2\cos\frac{x}{2}\left(\cos\frac{x}{2} + i\sin\frac{x}{2}\right)$$

を用いよ.)

例題2 A, B, C, D を平面上の4点とするとき,次の不等式を証

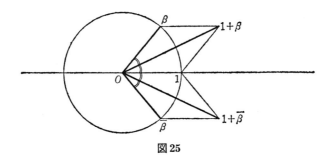

図 25

明せよ：
$$\overline{AD}\cdot\overline{BC} \leqq \overline{BD}\cdot\overline{CA}+\overline{CD}\cdot\overline{AB}.$$
(等号がいつ成り立つかについては後に考える.)

証明 A, B, C, D に対応する複素数をそれぞれ $\alpha, \beta, \gamma, \delta$ とする. (点をガウス平面上にとるわけである.) このとき, $\overrightarrow{AD}=\delta-\alpha$, $\overrightarrow{BC}=\gamma-\beta$, $\overrightarrow{BD}=\delta-\beta$, $\overrightarrow{CA}=\alpha-\gamma$, $\overrightarrow{CD}=\delta-\gamma$, $\overrightarrow{AB}=\beta-\alpha$ であるから, 証明すべき不等式は
$$|(\delta-\alpha)(\gamma-\beta)| \leqq |(\delta-\beta)(\alpha-\gamma)|+|(\delta-\gamma)(\beta-\alpha)|$$
となる. 簡単な計算により, 等式
$$(\alpha-\delta)(\beta-\gamma)+(\beta-\delta)(\gamma-\alpha)+(\gamma-\delta)(\alpha-\beta) = 0$$
が得られるから, 移項して絶対値を考えれば
$$|(\alpha-\delta)(\beta-\gamma)| = |(\beta-\delta)(\gamma-\alpha)+(\gamma-\delta)(\alpha-\beta)|$$
$$\leqq |(\beta-\delta)(\gamma-\alpha)|+|(\gamma-\delta)(\alpha-\beta)|.$$

<u>$z_1\cdot z_2$ の作図</u>　ガウス平面上で, z_1, z_2 が与えられたとする. そのとき, $\triangle O1z_1$ と相似な三角形 $\triangle Oz_2z$ をつくれば(図 26)
$$z = z_1z_2.$$
ただし, $\triangle O1z_1$ を O のまわりに回転して, $\overrightarrow{O1}$ が $\overrightarrow{Oz_2}$ に重なるとき, $\overrightarrow{Oz_1}$ が $\overrightarrow{Oz}$ に重なるようにとる. このとき $\triangle O1z_1$ と $\triangle Oz_2z$ とは, この順(すなわち, 頂点の書き順)に相似である, という.

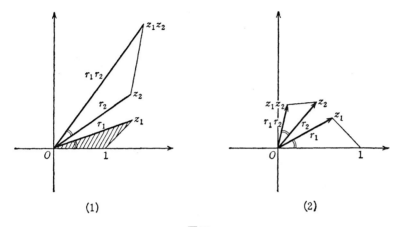

(1)　　　　　　　　　　　(2)

図 26

何故ならば，$1:|z_1|=|z_2|:|z|$ であるから
$$|z|=|z_1||z_2|$$
であり，また $\angle 1Oz_1 = \angle z_2Oz$ より
$$\begin{aligned}\arg(z) &= \angle 1Oz_1 + \angle 1Oz_2 \\ &= \arg(z_1) + \arg(z_2)\end{aligned}$$
であるからである．

例 5　$z_1 = 1+2i$, $z_2 = 3i$ とすれば

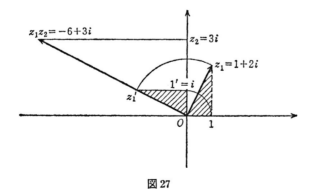

図 27

$$z_1z_2 = (1+2i)3i = -6+3i$$

である.この z_1z_2 の作図は,図 27 に示した通りである.

まず $\triangle O1z_1$ を 1 に対応する点 $1'$ が $\overrightarrow{Oz_2}$ 上に来るように O のまわりに回転して $\triangle O1'z_1'$ をつくる.いまの場合 $1'=i$ である.そのとき $\overrightarrow{Oz_1'}$ の延長と,z_2 から $\overrightarrow{1'z_1'}$ に平行にひいた直線の交点が z_1z_2 である.

問 9 $(1+2i)^2$, $(3i)^2$ をそれぞれ例 5 の方法で作図せよ.また計算結果と合致するかどうか確めよ.

z^{-1} の作図　ガウス平面上に z を与えて z^{-1} を求めるには,次のようにすればよい(図 28).まず

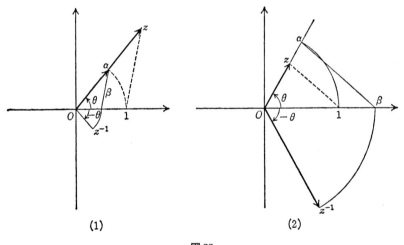

図 28

$$z = r(\cos\theta + i\sin\theta)$$

に対して

$$z^{-1} = \frac{1}{r}(\cos(-\theta) + i\sin(-\theta))$$

である.

$\overrightarrow{Oz}$ またはその延長上に長さ 1 の点 $\alpha(=\cos\theta+i\sin\theta)$ をとる。α より $\overrightarrow{1z}$ に平行な直線をひき，実軸との交点を β とすれば
$$|\alpha|:|z|=1:r=\beta:1$$
であるから
$$\beta=\frac{1}{r}.$$

よって，O のまわりに $\overrightarrow{O\beta}$ を $-\theta$ だけ回転すれば，z^{-1} が得られる。

注意 $\arg(\bar{z})=-\arg(z)=\arg(z^{-1})$ であるから z^{-1} は $\overrightarrow{O\bar{z}}$ またはその延長上にある。

例 6 $\dfrac{1}{1+i}=\dfrac{1}{2}-\dfrac{1}{2}i$ の作図を図 29 に示した。

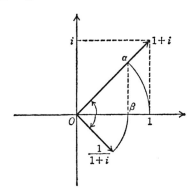

図 29

問 10 $z=-1+i$ に対して，z^{-1} および $\bar{z}^{-1}$ を作図せよ。

問 11 $z_1=2+i$, $z_2=1-i$ に対して
$$\frac{z_1}{z_2}$$
を作図せよ。

§5 1 の n 乗根

原点を中心とする半径 1 の円周――単位円周――は

$$|\zeta| = 1 \qquad (\zeta \in \mathbf{C})$$
で表される.極座標表示を用いれば,これは
$$\zeta = \cos\theta + i\sin\theta$$
と書かれる.

以下,文字 ζ は,とくに断りのない限りこの意味に用いる.すなわち,ζ は単位円周上の点を表す,と約束する.

$z \in \mathbf{C}$ に対して
$$\arg(z\zeta) = \arg(z) + \arg(\zeta)$$
$$|z\zeta| = |z||\zeta| = |z|$$
であるから

z に $\zeta = \cos\theta + i\sin\theta$ を掛けることは,z を原点のまわりに θ だけ回転することを意味する(図30).

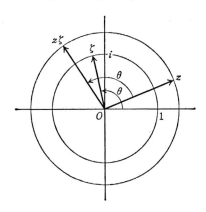

図 30

注意 この回転を,行列とベクトルを用いて表してみよう.
$z = x + iy$ をベクトル $\begin{pmatrix} x \\ y \end{pmatrix}$ とみる.
$$z\zeta = x' + iy'$$
とおき,$z\zeta$ をベクトル $\begin{pmatrix} x' \\ y' \end{pmatrix}$ とみる.そのとき

$$z\zeta = (x+iy)(\cos\theta + i\sin\theta)$$
$$= (x\cos\theta - y\sin\theta) + i(x\sin\theta + y\cos\theta).$$

ゆえに
$$x' = x\cos\theta - y\sin\theta$$
$$y' = x\sin\theta + y\cos\theta$$

である．これを行列を用いて表せば
$$\begin{pmatrix} x' \\ y' \end{pmatrix} = \begin{pmatrix} \cos\theta & -\sin\theta \\ \sin\theta & \cos\theta \end{pmatrix} \begin{pmatrix} x \\ y \end{pmatrix} \tag{1}$$

となり，よく知られた'回転を表す行列'
$$\begin{pmatrix} \cos\theta & -\sin\theta \\ \sin\theta & \cos\theta \end{pmatrix}$$

が得られた．

逆に(1)が成り立つならば
$$x' + iy' = (x+iy)(\cos\theta + i\sin\theta)$$

であるから

$z = x + iy$ に $\zeta = \cos\theta + i\sin\theta$ を掛けること

と

ベクトル $\begin{pmatrix} x \\ y \end{pmatrix}$ に回転の行列 $\begin{pmatrix} \cos\theta & -\sin\theta \\ \sin\theta & \cos\theta \end{pmatrix}$ を掛けること

とは同じことである．

例1 $z = 3 + 2i$ とする．

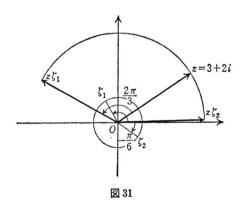

図31

$\zeta_1 = \cos\dfrac{2\pi}{3} + i\sin\dfrac{2\pi}{3}$ のとき，$z\zeta_1$ は z を $\dfrac{2\pi}{3}$ だけ回転して得られる．

$\zeta_2 = \cos\left(-\dfrac{\pi}{6}\right) + i\sin\left(-\dfrac{\pi}{6}\right)$ のとき，$z\zeta_2$ は z を $-\dfrac{\pi}{6}$ だけ回転して得られる(図31)．

例2 $\zeta = \cos\theta + i\sin\theta$ に対して，ζ^2 は ζ を θ だけ回転したものである．さらに θ だけ回転すれば ζ^3 が得られる(図32)．

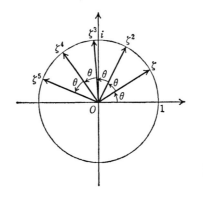

図32

$w = \zeta^2$ とおけば $\arg(w) = 2\arg(\zeta)$ である．$\arg\zeta$ の変化に対する w の変化は次の表のようになる．

$\arg\zeta$	$\dfrac{\pi}{6}$	$\dfrac{\pi}{4}$	$\dfrac{\pi}{3}$	$\dfrac{\pi}{2}$	π
$\arg w$	$\dfrac{\pi}{3}$	$\dfrac{\pi}{2}$	$\dfrac{2}{3}\pi$	π	2π

すなわち，ζ が単位円周上を正の向きに1回転すれば w は正の向きに2回転する．

問1 $z = \dfrac{1}{3} + \dfrac{2\sqrt{2}}{3}i$ に対し，z^2, z^3 を作図せよ．

§5 1のn乗根

例3(回転伸縮) $\alpha = r(\cos\theta + i\sin\theta)$ に対して α^2 は α を θ だけ回転し,長さを r 倍したものである. α^3 は α^2 を θ だけ回転し,長さを r 倍したものである(図33).

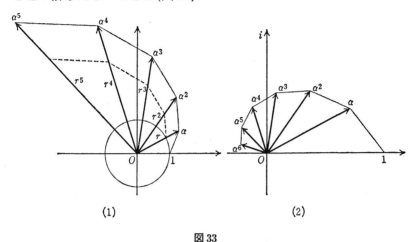

図33

$w = \alpha^2$ とおけば上と同様,α が半径 r の円周上を正の向きに1回転すれば,半直線 Ow は原点のまわりを正の向きに2回転する. ただしこの場合,$\overline{Ow}$ は $r>1$ ならば増加し,$r<1$ ならば減少する(うず巻き状).

問2 $\alpha = 2+i$ に対し,$\alpha^2, \alpha^3, \alpha^4$ を作図せよ.

一般に α を与えられた複素数とし,

$$w = \alpha z$$

とおけば,w は z の関数であり,z がある図形 C をえがくとき,それに応じて w も1つの図形 C' をえがく. C' は C を $\arg(\alpha)$ だけ回転し,さらに $|\alpha|$ 倍して得られる. いわゆる回転伸縮である(図34).

例題1 $z^2 = i$ を満たす z を求めよ.

解 $|i|=1$ であるから,求める z の絶対値は1である. $\arg(z) = \theta$ とすれば $\arg(z^2) = 2\theta$ で

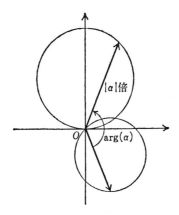

図34

$$\arg(i) = \frac{\pi}{2} + 2n\pi = 2\theta$$

でなければならないから

$$\arg(z) = \frac{\pi}{4} + n\pi, \quad (n=0, \pm 1, \pm 2, \cdots).$$

しかし，方程式は2次であるから解は2つ．よって

$$\arg(z) = \frac{\pi}{4}, \quad \frac{\pi}{4} + \pi$$

ととって

$$z = \cos\frac{\pi}{4} + i\sin\frac{\pi}{4} = \frac{1}{\sqrt{2}} + \frac{1}{\sqrt{2}}i$$

および

$$z = \cos\left(\frac{\pi}{4} + \pi\right) + i\sin\left(\frac{\pi}{4} + \pi\right) = -\frac{1}{\sqrt{2}} - \frac{1}{\sqrt{2}}i$$

が解(のすべて)である．

問3 次の各方程式を解け．
 (i) $z^2 = -i$ (ii) $z^3 = i$ (iii) $z^3 = \omega$,
(ただし $\omega \neq 1, \omega^3 = 1$)

以上を準備として，1の n 乗根，すなわち

§5 1のn乗根

$$z^n = 1 \tag{2}$$

の解を考えよう．代数学の基本定理により，1のn乗根はちょうどn個ある．それらをすべて求めようというのである．

(2)の解zを

$$z = r(\cos\theta + i\sin\theta)$$

と書けば，ド・モァヴルの公式より

$$z^n = r^n(\cos n\theta + i\sin n\theta).$$

ゆえに(2)より

$$r = 1,$$
$$\cos n\theta + i\sin n\theta = 1$$

を得る．したがって

$$n\theta = 2k\pi, \quad \theta = \frac{2k}{n}\pi, \quad k=0, \pm1, \pm2, \cdots.$$

逆に

$$\theta = \frac{2k}{n}\pi, \quad k=0, \pm1, \pm2, \cdots \tag{3}$$

に対して

$$z = \cos\theta + i\sin\theta$$

とおけば，zは(2)を満たす．

(3)によれば，一見無限個のθが，したがって無限個の(2)の解が存在するようであるが，そうではない．そのことを確めよう．

いま，

$$\theta' = \frac{2k'}{n}\pi$$

に対し

$$\cos\theta' + i\sin\theta' = \cos\theta + i\sin\theta$$

とすれば

$$\theta' = \theta + 2l\pi, \qquad l = 0, \pm 1, \pm 2, \cdots.$$

ゆえに両辺を n 倍して

$$2k'\pi = 2k\pi + 2ln\pi$$

を得るから

$$k'-k \text{ は } n \text{ で割り切れる.} \tag{4}$$

逆に，(4)を満たす k, k' に対して

$$k' = k + nl, \qquad l \in \mathbf{Z}$$

とかくことができる．そのとき

$$\theta' = \frac{2k'}{n}\pi, \qquad \theta = \frac{2k}{n}\pi$$

とおけば

$$\theta' = \theta + 2\pi l$$

であるから

$$\cos\theta' + i\sin\theta' = \cos\theta + i\sin\theta.$$

すなわち(4)を満たす k, k' からは(2)の同じ解が得られた．

(4)は，いいかえれば，k, k' を n で割った余りは等しいということである．よって(3)の無限個の k のうち，n で割った余りが異なるもの，たとえば

$$k = 0, 1, \cdots, n-1$$

をとれば，これら n 個の k に対する

$$\cos\frac{2k}{n}\pi + i\sin\frac{2k}{n}\pi$$

が，すべての異なる1の n 乗根を与える．

したがって，ガウス平面上，単位円周に内接し，1つの頂点が1である正 n 角形をえがけば，その n 個の頂点が1の n 乗根のすべてである．

例4 上に述べたことを1の3乗根について繰り返してみる．1

の 3 乗根は

$$\omega_k = \cos\frac{2k}{3}\pi + i\sin\frac{2k}{3}\pi$$

である. $k=0, 1, 2, 3, 4, 5, \cdots$ について計算すれば, cos, sin の周期性より

$$\omega_0 = 1 + 0 \cdot i = \omega_3 = \omega_6 = \omega_9 = \cdots,$$

$$\omega_1 = \cos\frac{2\pi}{3} + i\sin\frac{2\pi}{3} = \omega_4 = \omega_7 = \omega_{10}, \cdots,$$

$$\omega_2 = \cos\frac{4\pi}{3} + i\sin\frac{4\pi}{3} = \omega_5 = \omega_8 = \omega_{11}, \cdots.$$

すなわち, 1 の 3 乗根は $\omega_0, \omega_1, \omega_2$ の 3 個である. これらをガウス平面上にえがけば, 図 35 のようになり, ω_k は $\dfrac{2}{3}\pi$ ずつ回転しながら, 3 つの $\omega_0, \omega_1, \omega_2$ を次々にわたり動くだけである.

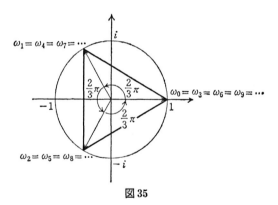

図 35

例 5 単位円周に内接し, 1 つの頂点が 1 である正方形をえがけば, その 4 頂点 $(1, i, -1, -i)$ は 1 の 4 乗根である(図 36).

例 6 単位円周に内接し, 1 つの頂点が 1 である正六角形をえがけば, その 6 頂点は 1 の 6 乗根を表す(図 37).

問 4 1 の 12 乗根をガウス平面上に記せ.

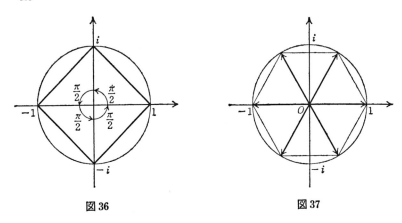

図 36　　　　　　　　　図 37

<u>1の原始n乗根</u>　1のn乗根のうち，n乗してはじめて1に等しくなるものを1の原始n乗根という．

たとえば，1の4乗根は

$$1, \quad i, \quad -1, \quad -i$$

の4つであるが，このうち

$$1^2 = 1, \quad (-1)^2 = 1$$

であるから，1，-1は原始4乗根ではない．一方

$$i^2 = -1, \quad i^3 = -i, \quad i^4 = 1$$
$$(-i)^2 = -1, \quad (-i)^3 = -i, \quad (-i)^4 = 1$$

であるからi，$-i$は1の原始4乗根である．

また，1の6乗根は

$$\zeta_k = \cos\frac{2k}{6}\pi + i\sin\frac{2k}{6}\pi, \quad k = 0, 1, 2, 3, 4, 5$$

の6つであるが，このうち

$$\zeta_0 = 1$$
$$\zeta_2{}^3 = \left(\cos\frac{2}{3}\pi + i\sin\frac{2}{3}\pi\right)^3 = 1$$

であり，

§5 1のn乗根

$$\zeta_3{}^2 = \left(\cos\frac{2\cdot 3}{6}\pi + i\sin\frac{2\cdot 3}{6}\pi\right) = 1$$

$$\zeta_4{}^2 = \left(\cos\frac{2\cdot 4}{6}\pi + i\sin\frac{2\cdot 4}{6}\pi\right) = 1$$

であるから $\zeta_0, \zeta_2, \zeta_3, \zeta_4$ は原始的でない.

問5 1の原始 7, 8 乗根を求めよ.

α の n 乗根

例7 $\alpha = \dfrac{4}{5} + \dfrac{3}{5}i$ の 4 乗根を求める.

$$|\alpha|^2 = \left(\frac{4}{5}\right)^2 + \left(\frac{3}{5}\right)^2 = \frac{25}{25} = 1$$

であるから,求める 4 乗根 z は絶対値 1 である.

$$z = \cos\theta + i\sin\theta$$

とすれば

$$\begin{aligned}z^4 &= \cos 4\theta + i\sin 4\theta \\ &= \cos t + i\sin t, \quad (t = \arg\alpha)\end{aligned}$$

であるから

$$\theta = \frac{t}{4} + \frac{2n}{4}\pi, \quad n = 0, \pm 1, \pm 2, \cdots.$$

よって α の 4 乗根は,1 の 4 乗根を $\dfrac{t}{4}$ だけ回転したものである.(すなわち,単位円周に内接し,1つの頂点が

$$\cos\frac{t}{4} + i\sin\frac{t}{4}$$

である正方形をえがけば,その 4 頂点が α の 4 乗根を表す.)(図 38)

一般に,

$$\alpha = r(\cos\theta + i\sin\theta)$$

の n 乗根を

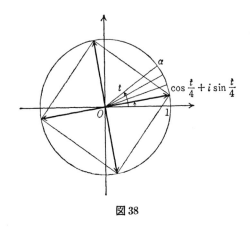

図 38

$$z = R(\cos\Theta + i\sin\Theta)$$

とすれば

$$z^n = R^n(\cos n\Theta + i\sin n\Theta) = r(\cos\theta + i\sin\theta)$$

であるから

$$R = \sqrt[n]{r}, \quad \Theta = \frac{\theta}{n} + \frac{2k\pi}{n}, \quad k = 0, 1, \cdots, n-1.$$

ゆえに，半径 $\sqrt[n]{r}$ の円に内接し，1つの頂点が

$$\cos\frac{\theta}{n} + i\sin\frac{\theta}{n}$$

である正 n 角形をえがけば，その n 個の頂点が α の n 乗根のすべてを表す．

問 6 $\alpha = \dfrac{2}{7} + \dfrac{3\sqrt{5}}{7}i$ の 8 乗根をガウス平面上に記せ．

問 7 $\alpha = -\dfrac{4}{5}\sqrt{6} + \dfrac{2}{5}i$ の 4 乗根をガウス平面上に記せ．

§6 写像の例

ここではいくつかの簡単な写像を図に表してみよう．

例 1 z が，中心 1，半径 1 の円周をえがくとき，

§6 写像の例

$$w = z^2$$

はどのような図形をえがくか.

これを調べるときの, 素朴ではあるが, 絶対確実な方法は, z のなるべく多くの値をとり, それに応ずる w の値を w 平面上に記すことである.

まず, z を $\bar{z}$ でおきかえれば,

$$\bar{w} = \bar{z}^2$$

であるから, w は $\bar{w}$ におきかわる. z がえがく図形は実軸に関して対称であるから, w がえがく図形も実軸に関して対称である.

$\overrightarrow{1z}$ が正の実軸となす角を θ とすれば(図39(i))

$$z = 1 + \cos\theta + i\sin\theta,$$
$$w = (1+\cos\theta)^2 - \sin^2\theta + 2i\sin\theta(1+\cos\theta).$$

そこで $\theta\,(0 \leqq \theta \leqq \pi)$ のいくつかの値に対して, z および w の値の表をつくってみる.

図39(ii)に, これらの w を記し, それらを結んだ曲線をえがいた.

この結果を計算上で求めよう. 図39(i)において

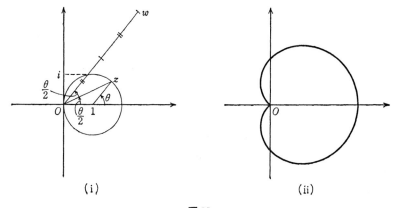

図39

θ	0	$\dfrac{\pi}{6}$	$\dfrac{\pi}{4}$	$\dfrac{\pi}{3}$	$\dfrac{\pi}{2}$	$\dfrac{2}{3}\pi$	$\dfrac{3}{4}\pi$	$\dfrac{5}{6}\pi$	π
z	2	$1+\dfrac{\sqrt{3}}{2}+\dfrac{i}{2}$	$1+\dfrac{1}{\sqrt{2}}+\dfrac{i}{\sqrt{2}}$	$\dfrac{3}{2}+\dfrac{\sqrt{3}}{2}i$	$1+i$	$\dfrac{1}{2}+\dfrac{\sqrt{3}}{2}i$	$1-\dfrac{1}{\sqrt{2}}+\dfrac{i}{\sqrt{2}}$	$1-\dfrac{\sqrt{3}}{2}+\dfrac{i}{2}$	0
Re w	4	$\dfrac{3}{2}+\sqrt{3}$	$1+\sqrt{2}$	$\dfrac{3}{2}$	0	$-\dfrac{1}{2}$	$1-\sqrt{2}$	$\dfrac{3}{2}-\sqrt{3}$	0
Im w	0	$1+\dfrac{\sqrt{3}}{2}$	$1+\sqrt{2}$	$\dfrac{3\sqrt{3}}{2}$	2	$\dfrac{\sqrt{3}}{2}$	$\sqrt{2}-1$	$1-\dfrac{\sqrt{3}}{2}$	0
Re w (小数)	4	3.2320…	2.4142…	1.5	0	-0.5	$-0.4142…$	$-0.2320…$	0
Im w (小数)	0	1.8660…	2.4142…	2.5980…	2	0.8660…	0.4142…	0.1339…	0

$$\arg z = \frac{\theta}{2}$$

であるから

$$|z| = 2\cos\frac{\theta}{2}.$$

ゆえに，$|w|=r$ とおけば

$$r = 4\cos^2\frac{\theta}{2} = 2(1+\cos\theta)$$

となる．この (r,θ) が表す曲線が図 39(ii) にほかならない．

一般に

$$r = a(1+\cos\theta), \quad a > 0$$

の表す曲線は，**心臓形**(cardioid)とよばれている．

問1 $w=2z+z^2$ とする．z が単位円周をえがくとき，w はどのような図形をえがくか．(ヒント: $z+1=u$ とおいてみよ．) また，z が半径 $r\left(r=\frac{1}{2},\frac{3}{2}\right)$ の円周をえがくときを調べよ．(前ページのような表をつくり，w 平面上に点を記せ．)

例2 $w=z^2-1$ とする．w が単位円周をえがくとき z はどのような図形をえがくか．

$w=u+vi$ とおけば

$$u^2+v^2 = 1 \tag{1}$$

である．

$$z = x+yi$$

とおけば，条件より

$$u = x^2-y^2-1, \quad v = 2xy$$

を得る．したがって(1)より

$$(x^2-y^2-1)^2 + (2xy)^2 = 1. \tag{2}$$

(2)は x を $-x$, y を $-y$ でおきかえても変らないからそのグラフ

は実軸およびy軸に関して対称である．よってグラフは第1象限のみを考えればよい．

極座標(r, θ)にうつる．
$$x = r\cos\theta, \quad y = r\sin\theta$$
を(2)に代入して計算すれば
$$r = 0$$
または
$$r^2 = 2\cos 2\theta$$
が得られる．そこで$\theta\left(0\leqq\theta\leqq\dfrac{\pi}{4}\right)$のいくつかの値に対して，$r>0$の値の表をつくってみる．$\left(\dfrac{\pi}{4}<\theta\leqq\dfrac{\pi}{2}\right.$ならば$\cos 2\theta<0$であるから，この場合に適する$r$は存在しない．$\Big)$

θ	0	$\dfrac{\pi}{12}$	$\dfrac{\pi}{8}$	$\dfrac{\pi}{6}$	$\dfrac{\pi}{4}$
r	$\sqrt{2}$	$\sqrt[4]{3}$	$\sqrt[4]{2}$	1	0
r (小数)	1.414…	1.316…	1.189…	1	0

これらの(r, θ)を図に記して曲線でむすび，座標軸に関して対称な部分を補ったものが図40である．

このグラフの意味をみいだすのはむずかしいが，実は点$(1, 0)$, $(-1, 0)$からの距離の積が1に等しいような点の軌跡がこの曲線である．

問2 このことを確めよ．

問3 問1において，wが単位円周をえがくとき，zはどのような図形をえがくか．

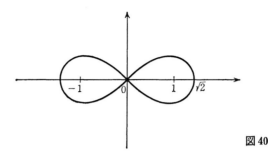

図40

一般に
$$(x^2+y^2+a^2)^2 = 4a^2x^2+b^2, \quad a>0, \ b>0$$
のグラフを**カッシニの卵形**(Cassini's oval)とよんでいる．例2はその特別な場合($a=b=1$)であって，**連珠形**(lemniscate)ともよばれる．

例3 $w=\dfrac{1}{2}\left(z+\dfrac{1}{z}\right)$ とする．z が原点を中心とする円周をえがくとき，w はどのような図形をえがくか．

まず $|z|=1$ とする．
$$w=u+vi, \quad z=x+yi$$
とおけば
$$x^2+y^2=1. \tag{3}$$
ゆえに
$$w=\frac{1}{2}\left(z+\frac{1}{z}\right) = \frac{1}{2}(x+yi+x-yi)$$
$$u=x, \quad v=0$$
を得る．よって，w は実軸上 -1 と 1 の間の線分を往復する．(これを楕円がつぶれたものとみることができる．)

$|z|=k \neq 1 \ (k>0)$ とすれば
$$w=\frac{1}{2}\left(z+\frac{1}{z}\right) = \frac{1}{2}\left(x+yi+\frac{x-yi}{k^2}\right)$$

であるから
$$u = \frac{1}{2}\frac{(k^2+1)x}{k^2}, \quad v = \frac{1}{2}\frac{(k^2-1)y}{k^2}.$$

これより x, y を求め
$$x^2+y^2=k^2$$
に代入すれば
$$\frac{u^2}{\left(\frac{k^2+1}{2k}\right)^2}+\frac{v^2}{\left(\frac{k^2-1}{2k}\right)^2}=1$$

が得られるから，w は焦点が $(0, \pm 1)$ の楕円をえがく．また，円周 $|z|=k$ と $|z|=\dfrac{1}{k}$ に対しては w は同じ楕円をえがく（図 41）．

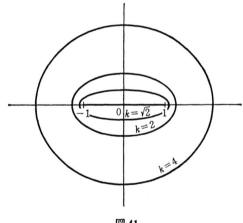

図 41

k	$\sqrt{2}$	2	4	8	16
$\dfrac{k^2+1}{2k}$	1.060⋯	1.25⋯	2.125⋯	4.062⋯	8.031⋯
$\dfrac{k^2-1}{2k}$	0.3535⋯	0.75⋯	1.875⋯	3.937	7.968⋯

問4 $|z|=k$ と $|z|=\dfrac{1}{k}$ に対して，w は同じ楕円をえがくことを確めよ．

問5 z が 0 を通る直線上をうごくとき，w はどのような図形をえがくか．（とくに z が実数軸に関して対称な直線をうごくとき，また実軸上をうごくときに注意せよ．）z 平面において，0 を通る直線と，0 を中心とする円周とは直交する．この直交性は保存されるか，向きはどうか．

例 4
$$w = \frac{1}{z}$$
において，z が格子をうごくとき，w はどのような図形をえがくか．
$$z = x+yi, \quad w = X+iY$$
とおけば
$$w = \frac{1}{z} = \frac{x-yi}{x^2+y^2}$$
であるから
$$X = \frac{x}{x^2+y^2}, \quad Y = \frac{-y}{x^2+y^2} \tag{4}$$
である．このとき
$$X^2+Y^2 = \frac{x^2}{(x^2+y^2)^2} + \frac{y^2}{(x^2+y^2)^2}$$
$$= \frac{1}{x^2+y^2}$$
であるから(4)は
$$X = x(X^2+Y^2), \quad Y = -y(X^2+Y^2)$$
と書かれる．

$x=c$, $y=d$ とおけば，これらは
$$\left(X-\frac{1}{2c}\right)^2 + Y^2 = \left(\frac{1}{2c}\right)^2, \quad X^2 + \left(Y+\frac{1}{2d}\right)^2 = \left(\frac{1}{2d}\right)^2$$
と変形されるから，それぞれ

中心 $\left(\dfrac{1}{2c}, 0\right)$, 半径 $\left|\dfrac{1}{2c}\right|$,

中心 $\left(0, -\dfrac{1}{2d}\right)$, 半径 $\left|\dfrac{1}{2d}\right|$

の円周を表す(図42). これらの円周はすべて原点を通る.

$x=c, -c$ に対応する円は y 軸に関して対称, $y=d, -d$ に対する円は x 軸に関して対称である.

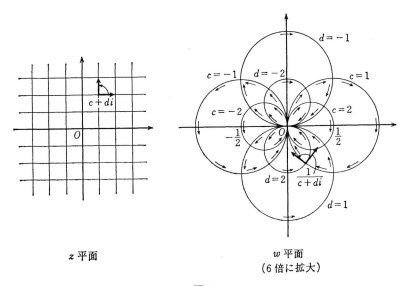

z 平面　　　　　　　　　w 平面
　　　　　　　　　　　（6倍に拡大）

図 42

d が $-\infty$ から 0 まで増加すれば, $y=d$ に対する円の半径は増加する. さらに d が 0 から ∞ まで増加すれば円の半径は減少する. 同様に c が $-\infty$ から 0 まで増加すれば, $x=c$ に対する円の半径は増加し, さらに c が 0 から ∞ まで増加すれば円の半径は減少する. このことから, c, d の増加の向きに対する円周上の点の動きが, 図の矢印で示されるようになることがわかる.

問 6 この写像において, z 平面の格子の直交性は保存されるか. 向き

はどうか.

練習問題 3

1. 次の複素数を $x+yi$ の形に表せ.

(i) $\left(\dfrac{\lambda+\mu i}{\lambda-\mu i}\right)^2+\left(\dfrac{\lambda-\mu i}{\lambda+\mu i}\right)^2 \qquad (\lambda, \mu \in \boldsymbol{R})$

(ii) $\dfrac{a\bar{z}+b}{cz+d} \qquad (a, b, c, d \in \boldsymbol{R},\ ad-bc \neq 0)$

2. (i) $1+\cos\theta+i\sin\theta = 2\cos\dfrac{\theta}{2}\left(\cos\dfrac{\theta}{2}+i\sin\dfrac{\theta}{2}\right)$ を証明せよ.

(ii) $\left(\dfrac{1+\sin\theta+i\cos\theta}{1+\sin\theta-i\cos\theta}\right)^n = \cos n\left(\dfrac{\pi}{2}-\theta\right)+i\sin n\left(\dfrac{\pi}{2}-\theta\right)$ を証明せよ.

3. 次の各等式を証明せよ：

$$\cos\alpha+\cos(\alpha+\beta)+\cos(\alpha+2\beta)+\cdots+\cos(\alpha+(n-1)\beta)$$
$$=\dfrac{\sin\dfrac{n\beta}{2}\cos\left(\alpha+\dfrac{n-1}{2}\beta\right)}{\sin\dfrac{\beta}{2}},$$

$$\sin\alpha+\sin(\alpha+\beta)+\sin(\alpha+2\beta)+\cdots+\sin(\alpha+(n-1)\beta)$$
$$=\dfrac{\sin\dfrac{n\beta}{2}\sin\left(\alpha+\dfrac{n-1}{2}\beta\right)}{\sin\dfrac{\beta}{2}}.$$

(ヒント：(第1式の左辺)$+i$(第2式の左辺)にド・モァヴルの公式を適用せよ.)

4. (i) z_1, z_2, z_3, z_4 を4頂点とする四角形の重心は

$$\dfrac{z_1+z_2+z_3+z_4}{4}$$

であることを示せ.

(ii) 4点のうちの3点を頂点とする4つの三角形の重心を表す複素数により，はじめの4点を表せ．

5. $(1+z)^n = p_0 + p_1 z + \cdots + p_n z^n$
とするとき，次の等式が成り立つことを示せ：
$$p_0 - p_2 + p_4 - \cdots = 2^{\frac{n}{2}} \cos \frac{n\pi}{4},$$
$$p_1 - p_3 + p_5 - \cdots = 2^{\frac{n}{2}} \sin \frac{n\pi}{4}.$$

6. 有理数 a に対して
$$(\cos\theta + i\sin\theta)^a = \cos a\theta + i\sin a\theta$$
を証明せよ．(ここで等号は左辺の値の1つが右辺で与えられるという意味である.)

7. (i) ω を1の原始 n 乗根とするとき
$$x^n - \alpha^n = (x - \omega^0 \alpha)(x - \omega^1 \alpha)(x - \omega^2 \alpha) \cdots (x - \omega^{n-1} \alpha)$$
を証明せよ．
(ヒント：$x^n - 1 = (x - \omega^0)(x - \omega^1)(x - \omega^2) \cdots (x - \omega^{n-1})$)

(ii) $n = (1 - \omega^1)(1 - \omega^2) \cdots (1 - \omega^{n-1})$ を示せ．

(iii) 次の等式を導け：
$$\frac{x^{2n} - \alpha^{2n}}{x^2 - \alpha^2} = \left(x^2 - 2\alpha x \cos \frac{\pi}{n} + \alpha^2\right)\left(x^2 - 2\alpha x \cos \frac{2\pi}{n} + \alpha^2\right)$$
$$\cdots \left(x^2 - 2\alpha x \cos \frac{(n-1)\pi}{n} + \alpha^2\right)$$

$\Big($ヒント：ζ を1の原始 $2n$ 乗根とすれば
$$(x - \alpha\zeta^k)(x - \alpha\zeta^{2n-k}) = x^2 - 2\alpha x \cos \frac{k\pi}{n} + \alpha^2\Big)$$

8. トレミーの定理

'$\square ABCD$ が円に内接すれば $\overline{AC} \cdot \overline{BD} = \overline{BC} \cdot \overline{AD} + \overline{AB} \cdot \overline{CD}$'
を用いて，次のことを証明せよ：

長さ a の線分 AB の中点を M とする．M から AB に垂線を立て，その上に点 K を $\overline{MK} = a$ となるようにとる．次に AK を延長し，その上に点 L

を $\overline{KL}=\dfrac{a}{2}$ となるようにとれば，$\overline{AL}$ は，1辺 a の正五角形の対角線の長さを表す．

9. $\dfrac{4}{w}=(z+1)^2$ とする．z が単位円周をえがくとき，w は放物線をえがくことを示せ．

10. $w=z(z-1)$ とする．z が単位円周をえがくとき，w はどのような図形をえがくか．

11. $w=\dfrac{1}{4}\left(3z+\dfrac{1}{z^3}\right)$ とする．z が単位円周をえがくとき，w はどのような図形をえがくか．（この w のえがく曲線は **星芒形** (asteroid) とよばれる．）

第4章
幾何学への応用

§1 三角形の問題

ここで本書の主題である'複素数の幾何学への応用'に入る．複素数は単にベクトルではなく，乗法が定義されていることが大切である．幾何学への応用としては，この乗法を十分に活用しなければならない．しかしながら，複素数を用いればすべてが簡単になり明瞭になるというわけではない．初等幾何学的に簡単に証明できることでも，複素数を用いれば複雑になることもある．複素数を用いる利点は

1. 幾何学的な性質を，数の演算にうつしかえること，
2. 問題の本質がどこにあるのかがみやすいこと，
3. （したがって）問題の一般化を計りやすいこと，
4. 対応するものの'向き'を考察することが容易であり，理解が精密になること，
5. 他の分野との関係がわかりやすいこと

などといえばよいであろうか．もちろん問題によりけりである．

以下では，複素数を用いる，という一種のゲームといった気分があるのである．

さて，初等幾何学では，三角形の幾何学が基本であり'2つの三角形の相似・合同'が主題である．まず，複素数を用いて，相似・合同の条件を表すことから考えよう．

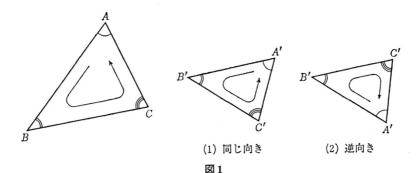

(1) 同じ向き　　(2) 逆向き

図1

△ABC と △A'B'C' が相似(△ABC∽△A'B'C' と書き表す)であるためには，次の3条件のうちの1つが成り立つことが必要かつ十分である(図1):

1° 3辺の長さの比が等しい,
$$\overline{AB}:\overline{A'B'}=\overline{BC}:\overline{B'C'}=\overline{CA}:\overline{C'A'}$$

2° 2辺の長さの比と夾角が等しい,
たとえば，$\angle BAC=\angle B'A'C'$, $\overline{AB}:\overline{A'B'}=\overline{AC}:\overline{A'C'}$

3° 3つの角が等しい,
$$\angle BAC=\angle B'A'C',\ \angle ACB=\angle A'C'B',\ \angle CBA=\angle C'B'A'.$$

また，△ABC と △A'B'C' が合同(△ABC≡△A'B'C' と書く)であるためには，次の3条件のうちの1つが成り立つことが必要かつ十分である:

1° 3辺の長さが等しい,
$$\overline{AB}=\overline{A'B'},\ \overline{BC}=\overline{B'C'},\ \overline{CA}=\overline{C'A'}$$

2° 2辺夾角が等しい,
たとえば，$\overline{AB}=\overline{A'B'},\ \overline{AC}=\overline{A'C'},\ \angle BAC=\angle B'A'C'$

3° 2角夾辺が等しい,
たとえば，$\overline{AB}=\overline{A'B'},\ \angle BCA=\angle B'C'A',\ \angle ABC=\angle A'B'C'.$

これらのことは良く知られているが，ここではさらに三角形の向きを考えた相似，合同を考えよう．

$\triangle ABC \backsim \triangle A'B'C'$, $\angle A = \angle A'$ とする．いま，蟻が A を出発し，$\triangle ABC$ の内部を左手(または右手)に見ながら B, C を通って A にもどるとする．それに応じて蟻' が A' を出発し，同じく $\triangle A'B'C'$ の内部を左手(または右手)に見ながら B', C' を通って A' にもどるとする．このとき，$\triangle ABC$ と $\triangle A'B'C'$ は同じ向きに相似であるといい，
$$\triangle ABC \backsim \triangle A'B'C' \quad (\text{同})$$
と書き表す．(図1(1)．'左手'にとった．) そうでないとき，すなわち，蟻が $\triangle ABC$ の内部を左手(または右手)に見ながら一周するときに，蟻' が $\triangle A'B'C'$ の内部を右手(または左手)に見ながら一周するならば，$\triangle ABC$ と $\triangle A'B'C'$ とは逆向きに相似であるといい
$$\triangle ABC \backsim \triangle A'B'C' \quad (\text{逆})$$
と書き表す．(図1(2)．'左手'と'右手'にとった．) この場合，$\triangle ABC$ を1つの直線に関して対称移動(おりまげ)したものを $\triangle A^*B^*C^*$ とすれば
$$\triangle A^*B^*C^* \backsim \triangle A'B'C' \quad (\text{同})$$
である(図2)．

同じ向きに合同，逆向きに合同の意味も同様であり，それぞれ
$$\triangle ABC \equiv \triangle A'B'C' \quad (\text{同})$$
$$\triangle ABC \equiv \triangle A'B'C' \quad (\text{逆})$$
と書き表す．

以下，ふつう幾何学で用いられるように，2つの線分(直線またはベクトル)が平行であること，直交することをそれぞれ記号 $/\!/$, $\perp$ で示す．

複素数と図形の性質との対応を調べよう．

例題1 $\alpha, \beta, \gamma \in \mathbf{C}$, $\alpha \neq \beta \neq \gamma$, に対し

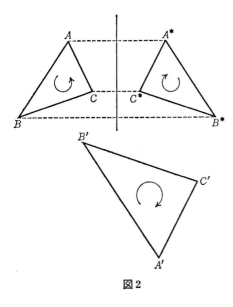 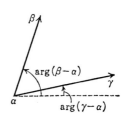

図 2　　　　　　　　図 3

$$\arg\frac{\beta-\alpha}{\gamma-\alpha}$$

は何か.

解 $\beta-\alpha, \gamma-\alpha$ はそれぞれベクトル $\overrightarrow{\alpha\beta}, \overrightarrow{\alpha\gamma}$ を表す(図3). ゆえに

$$\arg\frac{\beta-\alpha}{\gamma-\alpha} = \arg(\beta-\alpha) - \arg(\gamma-\alpha)$$
$$= \overrightarrow{\alpha\gamma} \text{ と } \overrightarrow{\alpha\beta} \text{ のなす角.}$$

例題 2 'α, β, γ は一直線上にある $\Leftrightarrow \dfrac{\beta-\alpha}{\gamma-\alpha} \in \boldsymbol{R}$' を証明せよ.

証明 α, β, γ は一直線上にある

$$\Leftrightarrow \arg\frac{\beta-\alpha}{\gamma-\alpha} = 2n\pi \quad \text{または} \quad \pi+2n\pi, \ n \in \boldsymbol{Z}$$

$$\Leftrightarrow \frac{\beta-\alpha}{\gamma-\alpha} \in \boldsymbol{R}.$$

注意 $\arg\dfrac{\beta-\alpha}{\gamma-\alpha}=2n\pi$ のときは $\dfrac{\beta-\alpha}{\gamma-\alpha}$ は正の実数であり, α, β, γ の順に一

直線上に並ぶ. $\arg\dfrac{\beta-\alpha}{\gamma-\alpha}=\pi+2n\pi$ のときは $\dfrac{\beta-\alpha}{\gamma-\alpha}$ は負の実数であり，β, α, γ の順に一直線上に並ぶ.

系　　$|\alpha|+|\beta|=|\alpha+\beta| \Leftrightarrow \dfrac{\alpha}{\beta}$ は正の実数.

証明　　$|\alpha|+|\beta|=|\alpha+\beta| \Leftrightarrow O, \alpha, \beta$ はこの順に一直線上に並ぶ
$$\Leftrightarrow \dfrac{\alpha}{\beta}\in\boldsymbol{R} \quad \text{かつ} \quad \dfrac{\alpha}{\beta}>0.$$

問 1　　'$\overrightarrow{\alpha\beta}\perp\overrightarrow{\alpha\gamma} \Leftrightarrow \dfrac{\beta-\alpha}{\gamma-\alpha}$ は純虚数' を示せ.

問 2　　平面上の 4 点 A, B, C, D を表す複素数を $\alpha, \beta, \gamma, \delta$ とすれば，次のことが成り立つ. 証明せよ.

(i)　　$AB//CD \Leftrightarrow \dfrac{\beta-\alpha}{\gamma-\delta}\in\boldsymbol{R}$,　　　　(ii)　　$AB\perp CD \Leftrightarrow \dfrac{\beta-\alpha}{\gamma-\delta}$ は純虚数.

定理 1　　$\alpha, \beta, \gamma, \alpha', \beta', \gamma' \in \boldsymbol{C}\ (\alpha\neq\beta\neq\gamma,\ \alpha'\neq\beta'\neq\gamma')$ に対して次のことが成り立つ:
$$\dfrac{\beta-\alpha}{\gamma-\alpha}=\dfrac{\beta'-\alpha'}{\gamma'-\alpha'} \Leftrightarrow \triangle\alpha\beta\gamma \backsim \triangle\alpha'\beta'\gamma' \quad (\text{同}).$$

証明　　$\triangle\alpha\beta\gamma$ の各辺の長さは
$$|\beta-\gamma|, \quad |\beta-\alpha|, \quad |\gamma-\alpha|$$
であり
$$\angle\gamma\alpha\beta = \gamma-\alpha \text{ と } \beta-\alpha \text{ のなす角}$$
$$= \arg\dfrac{\beta-\alpha}{\gamma-\alpha}$$
であるから
$$\triangle\alpha\beta\gamma \backsim \triangle\alpha'\beta'\gamma' \quad (\text{同})$$
$$\Leftrightarrow \dfrac{|\beta-\alpha|}{|\gamma-\alpha|}=\dfrac{|\beta'-\alpha'|}{|\gamma'-\alpha'|} \quad \text{かつ} \quad \arg\dfrac{\beta-\alpha}{\gamma-\alpha}=\arg\dfrac{\beta'-\alpha'}{\gamma'-\alpha'}$$
$$\Leftrightarrow \dfrac{\beta-\alpha}{\gamma-\alpha}=\dfrac{\beta'-\alpha'}{\gamma'-\alpha'}.$$

系1 $\dfrac{\beta-\alpha}{\gamma-\alpha}=\dfrac{\bar{\beta}'-\bar{\alpha}'}{\bar{\gamma}'-\bar{\alpha}'}\Leftrightarrow \triangle\alpha\beta\gamma\backsim\triangle\alpha'\beta'\gamma'$ （逆）．

証明 $\triangle\bar{\alpha}'\bar{\beta}'\bar{\gamma}'$ は $\triangle\alpha'\beta'\gamma'$ を実軸に関して対称移動したものである．ゆえに

$$\triangle\bar{\alpha}'\bar{\beta}'\bar{\gamma}'\backsim\triangle\alpha'\beta'\gamma' \quad (\text{逆}).$$

よって

$$\dfrac{\beta-\alpha}{\gamma-\alpha}=\dfrac{\bar{\beta}'-\bar{\alpha}'}{\bar{\gamma}'-\bar{\alpha}'}\Leftrightarrow \triangle\alpha\beta\gamma\backsim\triangle\bar{\alpha}'\bar{\beta}'\bar{\gamma}' \quad (\text{同})$$
$$\Leftrightarrow \triangle\alpha\beta\gamma\backsim\triangle\alpha'\beta'\gamma' \quad (\text{逆}).$$

系2 $\triangle\alpha\beta\gamma$ は正三角形 $\Leftrightarrow \alpha^2+\beta^2+\gamma^2-\beta\gamma-\gamma\alpha-\alpha\beta=0$．

証明1

$$\triangle\alpha\beta\gamma \text{ は正三角形}\Leftrightarrow \triangle\alpha\beta\gamma\backsim\triangle\beta\gamma\alpha \quad (\text{同})$$

であるから，定理1より

$$\Leftrightarrow \dfrac{\beta-\alpha}{\gamma-\alpha}=\dfrac{\gamma-\beta}{\alpha-\beta}$$
$$\Leftrightarrow \alpha^2+\beta^2+\gamma^2-\beta\gamma-\gamma\alpha-\alpha\beta=0.$$

証明2 $\omega\neq 1$ を1の3乗根とすれば

$$\omega^2+\omega+1=0 \quad (1)$$

であり，$\triangle 1\omega\omega^2$ は正三角形をなす．そのとき

$$\triangle\alpha\beta\gamma \text{ は正三角形}\Leftrightarrow \triangle\alpha\beta\gamma\backsim\triangle 1\omega\omega^2$$

であるから，定理1により

$$\triangle\alpha\beta\gamma\backsim\triangle 1\omega\omega^2 \quad (\text{同})$$
$$\Leftrightarrow \dfrac{\beta-\alpha}{\gamma-\alpha}=\dfrac{\omega-1}{\omega^2-1}=\dfrac{1}{\omega+1}$$
$$\Leftrightarrow \beta\omega+\beta-\alpha\omega-\alpha=\gamma-\alpha$$
$$\Leftrightarrow \alpha\omega+\beta\omega^2+\gamma=0, \quad ((1)\text{による})$$
$$\triangle\alpha\beta\gamma\backsim\triangle 1\omega\omega^2 \quad (\text{逆})$$

$$\Leftrightarrow \frac{\beta-\alpha}{\gamma-\alpha} = \frac{\omega^2-1}{\omega-1} = \omega+1$$
$$\Leftrightarrow \beta-\alpha = \gamma\omega+\gamma-\alpha\omega-\alpha$$
$$\Leftrightarrow \alpha\omega+\beta+\gamma\omega^2 = 0 \quad ((1)\text{による}).$$

これらをまとめれば

$$\triangle\alpha\beta\gamma \backsim \triangle\alpha'\beta'\gamma'$$
$$\Leftrightarrow \alpha\omega+\beta\omega^2+\gamma = 0 \quad \text{または} \quad \alpha\omega+\beta+\gamma\omega^2 = 0$$
$$\Leftrightarrow (\alpha\omega+\beta\omega^2+\gamma)(\alpha\omega+\beta+\gamma\omega^2) = 0$$
$$\Leftrightarrow \alpha^2+\beta^2+\gamma^2-\alpha\beta-\beta\gamma-\gamma\alpha = 0 \quad ((1)\text{による}).$$

注意 証明2より

$\triangle\alpha\beta\gamma$ は正三角形 $\Leftrightarrow$ 1の3乗根 $\omega \neq 1$ に対し
$$\alpha+\beta\omega+\gamma\omega^2 = 0$$

が成り立つ.

問3 $\triangle\alpha\beta\gamma$ は正三角形 $\Leftrightarrow \gamma = \dfrac{\alpha+\beta}{2} \pm \dfrac{\sqrt{3}}{2}(\alpha-\beta)i$

を証明せよ.(上の結果を用いることにより,あるいは初等幾何学的考察により.)

問4 $\triangle ABC$ の3辺 BC, CA, AB をそれぞれ $m:n$ に内分する点を A', B', C' とする.このとき,次を証明せよ:

$\triangle A'B'C'$ は正三角形 $\Leftrightarrow \triangle ABC$ は正三角形.

問5 $\triangle ABC, \triangle A'B'C'$ はともに正三角形とする.このとき,線分 AA', BB', CC' をそれぞれ $m:n$ に内分する点を A'', B'', C'' とすれば,$\triangle A''B''C''$ も正三角形であることを示せ.

定理2 $\triangle\alpha\beta\gamma$ の面積を S とすれば

$$S = \frac{1}{2}\left|\mathrm{Im}(\bar{\alpha}\beta+\bar{\beta}\gamma+\bar{\gamma}\alpha)\right|.$$

証明 $\triangle O\beta'\gamma'$ の面積を S とする.$\beta'=x_1+y_1i$,$\gamma'=x_2+y_2i$ とし,第1章,図30のように図形を分割して計算すれば

$$S = \frac{1}{2}\left| x_1 y_2 - x_2 y_1 \right|$$
$$= \frac{1}{2}\left| \frac{(\beta'+\bar{\beta}')}{2}\frac{(\gamma'-\bar{\gamma}')}{2i} - \frac{(\beta'-\bar{\beta}')}{2i}\frac{(\gamma'+\bar{\gamma}')}{2} \right|$$

である.平行移動により面積は変らないから,$\beta'=\beta-\alpha$, $\gamma'=\gamma-\alpha$ ととれば,求める $\triangle\alpha\beta\gamma$ の面積が得られる.すなわち計算して

$$S = \frac{1}{2}\left| \frac{\beta-\alpha+\overline{\beta-\alpha}}{2}\frac{\gamma-\alpha-\overline{\gamma-\alpha}}{2i} - \frac{\beta-\alpha-\overline{\beta-\alpha}}{2i}\frac{\gamma-\alpha+\overline{\gamma-\alpha}}{2} \right|$$
$$= \frac{1}{2}\left| \mathrm{Im}(\bar{\alpha}\beta+\bar{\beta}\gamma+\bar{\gamma}\alpha) \right|.$$

注意 三角形の面積にも向きを定義することができる.すなわち,$\triangle\alpha\beta\gamma$ において,$\alpha\to\beta\to\gamma\to\alpha$ と進むとき,三角形の内部を左手(右手)に見るならば

$$\triangle\alpha\beta\gamma \text{ の面積} > 0 \quad (<0)$$

とする.そのときは定理2は絶対値記号がとれて

$$S = \frac{1}{2}\mathrm{Im}(\bar{\alpha}\beta+\bar{\beta}\gamma+\bar{\gamma}\alpha)$$

となる.

問6 定理2の応用として例題2を解け.

§2 四角形の問題,非調和比

平面上の4点 $\alpha, \beta, \gamma, \delta\ (\in C)$ は一般には四角形をつくる.4点 $\alpha, \beta, \gamma, \delta$ について,いつそれらが同一円周上に並ぶか(すなわち,□$\alpha\beta\gamma\delta$ はいつ円に内接するか)あるいはいつ同一直線上に並ぶか,を判定することが基本的に大切である.

まず4点 $\alpha, \beta, \gamma, \delta$ の並び順を区別しよう.円周上の4点 $\alpha, \gamma, \beta, \delta$ がこの順に四角形をつくるとき,α, β は γ, δ を隔離するという.そうでないとき,たとえば $\alpha, \beta, \gamma, \delta$ がこの順に四角形をつくるとき,α, β は γ, δ を隔離しないという(図4).

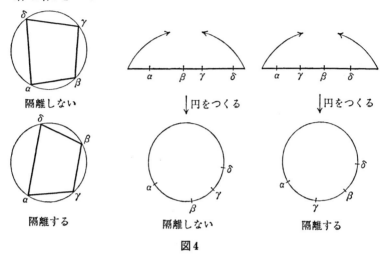

図4

　直線上の4点についても同様である．4点を含む線分をとり，その両端を合わせて円周をつくる．そのとき，4点が円周上に並ぶ状態に応じて，直線上の4点の'隔離する，しない'を定義する(図4)．

　まず，$[\overline{\alpha\beta}]$ は線分 $[\alpha\beta]$ の長さを表すことを思い出そう．

定理3 平面上の4点 $\alpha, \beta, \gamma, \delta$ に対して

$$[\overline{\alpha\gamma}]\cdot[\overline{\beta\delta}]+[\overline{\alpha\delta}]\cdot[\overline{\beta\gamma}] \geqq [\overline{\alpha\beta}]\cdot[\overline{\gamma\delta}] \qquad (1)$$

が成り立つ．ここで等号が成り立つのは，$\alpha, \beta, \gamma, \delta$ が同一円周上または同一直線上にあって α, β が γ, δ を隔離するときに限る．

　不等式(1)はすでに第3章，§4，例題2において証明した．（ただし，やや記号が異なる．そこの β, δ は，いまは δ, β である．）よって等号の場合のみを考える．

$$[\overline{\alpha\gamma}]\cdot[\overline{\beta\delta}]+[\overline{\alpha\delta}]\cdot[\overline{\beta\gamma}] = [\overline{\alpha\beta}]\cdot[\overline{\gamma\delta}]$$
$$\Leftrightarrow |(\alpha-\gamma)(\beta-\delta)|+|(\alpha-\delta)(\gamma-\beta)|=|(\alpha-\beta)(\gamma-\delta)|$$

§2 四角形の問題,非調和比

$$\Leftrightarrow 1+\left|\frac{(\alpha-\delta)(\gamma-\beta)}{(\alpha-\gamma)(\beta-\delta)}\right|=\left|\frac{(\alpha-\beta)(\gamma-\delta)}{(\alpha-\gamma)(\beta-\delta)}\right|$$

であるから,§1,例題2,系より

$$\Leftrightarrow \frac{(\alpha-\delta)(\gamma-\beta)}{(\alpha-\gamma)(\beta-\delta)}>0$$

$$\Leftrightarrow \frac{\alpha-\gamma}{\beta-\gamma}\bigg/\frac{\alpha-\delta}{\beta-\delta}<0 \tag{2}$$

が成り立つ. このとき,

$$\arg\left(\frac{\alpha-\gamma}{\beta-\gamma}\bigg/\frac{\alpha-\delta}{\beta-\delta}\right)=\arg\frac{\alpha-\gamma}{\beta-\gamma}-\arg\frac{\alpha-\delta}{\beta-\delta}$$
$$=\angle\beta\gamma\alpha-\angle\beta\delta\alpha$$

であり,

$$\text{負の実数の偏角}=(2k+1)\pi, \quad k\in \mathbf{Z}$$

であるから,(2)と合わせて

$$\angle\beta\gamma\alpha-\angle\beta\delta\alpha=(2k+1)\pi. \tag{3}$$

よって,円周角を考えて(図5)

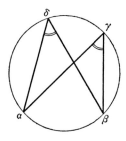
α,β は γ,δ を隔離しない

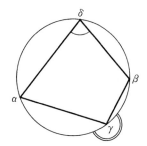
α,β は γ,δ を隔離する

図 5

(1)の等号が成立
　　$\Leftrightarrow \alpha,\beta,\gamma,\delta$ が同一円周(または同一直線)上にあって, α,β は, γ,δ を隔離する

を得る．

≧はオイラー(1707-1783)の定理，＝はトレミー(Ptolemy, A. D. 150頃)の定理とよばれる．複素数を応用することにより，両者が'何でもなく'証明されたのである．

> プトレミーとオイラーとの間の一千年が一呼吸の間に短縮されているのもおもしろい．（高木貞治）

トレミーはプトレミーとも発音される．さらに Ptolemy は Ptolemaios のことである．

後にトレミーの定理を，他の観点から導くことにする．

注意 (2)において
$$\frac{\alpha-\gamma}{\beta-\gamma}\bigg/\frac{\alpha-\delta}{\beta-\delta} > 0$$
のときは，(3)のかわりに
$$\angle\beta\gamma\alpha - \angle\beta\delta\alpha = 2k\pi, \quad k \in \mathbf{Z}$$
が成り立つ．よって $\alpha, \beta, \gamma, \delta$ は同一円周（または同一直線）上にあるが，α, β は γ, δ を隔離しない．

系 $\alpha, \beta, \gamma, \delta$ は同一円周（同一直線）上にある
$$\Leftrightarrow \frac{\alpha-\gamma}{\beta-\gamma}\bigg/\frac{\alpha-\delta}{\beta-\delta} \in \mathbf{R}.$$

これは，上記定理の証明中の結果と注意とをまとめて書いたものにすぎない．

問1 次のことを証明せよ：
$$\alpha, \beta, \gamma, \delta \text{ はこの順に平行四辺形} \Leftrightarrow \frac{\alpha-\delta}{\beta-\gamma} = 1.$$
(ヒント：§1, 問2)

問2 次のことを証明せよ：
$$|\alpha| = |\beta| = |\gamma| = |\delta|, \quad \alpha+\beta+\gamma+\delta = 0$$
$$\Rightarrow \square\alpha\beta\gamma\delta \text{ は長方形}.$$
(ヒント：円に内接する平行四辺形は長方形)

§2 四角形の問題,非調和比

上記(2)に現れた比を $D(\alpha,\beta;\gamma,\delta)$ と書く.すなわち
$$\frac{\alpha-\gamma}{\beta-\gamma}\bigg/\frac{\alpha-\delta}{\beta-\delta}=D(\alpha,\beta;\gamma,\delta).$$
これを $\alpha,\beta,\gamma,\delta$ の**非調和比**,**複比**または**交比**という.この記号を用いて上記結果を表せば次のようになる:

(i) $\alpha,\beta,\gamma,\delta$ は同一円周(または直線)上にあり,α,β は γ,δ を隔離する
$$\Leftrightarrow D(\alpha,\beta;\gamma,\delta)<0$$
$$\Leftrightarrow [\overline{\alpha\gamma}]\cdot[\overline{\beta\delta}]+[\overline{\alpha\delta}]\cdot[\overline{\beta\gamma}]=[\overline{\alpha\beta}]\cdot[\overline{\gamma\delta}]$$

(ii) $\alpha,\beta,\gamma,\delta$ は同一円周(または直線)上にあり α,β は γ,δ を隔離しない
$$\Leftrightarrow D(\alpha,\beta;\gamma,\delta)>0$$

問3 $D(\alpha,\beta;\gamma,\delta)>0$
$$\Leftrightarrow [\overline{\alpha\beta}][\overline{\gamma\delta}]+[\overline{\alpha\delta}][\overline{\beta\gamma}]=[\overline{\alpha\gamma}][\overline{\beta\delta}]$$
を証明せよ.

4点 $\alpha,\beta,\gamma,\delta$ に対し
$$D(\alpha,\beta;\gamma,\delta)=-1$$
が成り立つとき,$[\alpha\beta]$ は γ,δ により調和に分けられる,または,$\alpha,\beta,\gamma,\delta$ は同一円周(または直線)上で**調和点列**をなす,という.

このとき,
$D(\alpha,\beta;\gamma,\delta)=-1$
$\Leftrightarrow \alpha,\beta,\gamma,\delta$ は同一円周(または直線)上にあって α,β は γ,δ を隔離し,かつ $[\overline{\alpha\gamma}]\cdot[\overline{\beta\delta}]=[\overline{\beta\gamma}]\cdot[\overline{\alpha\delta}]$

が成り立つ.

問4 このことを証明せよ.

問5 次のことを証明せよ:

(i) $[\alpha\beta]$ は γ,δ により調和に分けられる
$$\Leftrightarrow [\overline{\mu\alpha}]\cdot[\overline{\mu\beta}]=[\overline{\mu\gamma}]^2=[\overline{\mu\delta}]^2.$$

ただし $\mu = \dfrac{\gamma+\delta}{2}$ である.

(ii) $[\alpha\beta]$ は γ,δ により調和に分けられる

$\Leftrightarrow [\gamma\delta]$ は α,β により調和に分けられる

非調和比についてはまた後に触れる.

§3 直線, 円

この節では, ガウス平面上の直線および円の方程式に関する一般的な結果をまとめておこう. それらを, 複素変数に関する方程式として求めたいのであるが, 原理的には, ガウス平面の下敷である xy 平面における直線, 円の方程式——これは良く知られたことである——の x, y の代りに

$$x = \frac{z+\bar{z}}{2}, \quad y = \frac{z-\bar{z}}{2i}$$

を代入すればよい. しかし, これでは複素数としての味も素気もない. われわれはなるべく複素数独自の立場からそれらを求めようというのである.

(I) <u>2点を通る直線</u> $\alpha \neq \beta \in \mathbf{C}$ を与えて, それらを通る直線の(複素)方程式を求めよう.

1° 求める直線上の点を z として, α, β, z が一直線上にある条件を書けばよい. §1, 例題2により, その条件は

$$\frac{z-\alpha}{\beta-\alpha} \in \mathbf{R}$$

と表されるが, これは

$$\frac{z-\alpha}{\beta-\alpha} - \frac{\bar{z}-\bar{\alpha}}{\bar{\beta}-\bar{\alpha}} = 0$$

と同値である. 書き直して次を得る:

定理4 $\alpha \neq \beta$ を通る直線の方程式は

$$(\bar{\alpha}-\bar{\beta})z - (\alpha-\beta)\bar{z} + \alpha\bar{\beta} - \bar{\alpha}\beta = 0 \tag{1}$$

である.

注意 (1)の両辺の共役をとり，両辺に -1 を乗ずれば(1)にもどる．このとき，(1)は自己共役であるという．$z, \bar{z}$ に関する1次方程式がすべて直線を表すわけではない，自己共役でなければならない．

もし，$z, \bar{z}$ に関する1次方程式が自己共役でなければ，それを満たす点 z は存在しないか，または1点である．何故ならば，$z = x + yi$ をその1次方程式に代入するとき，実部，虚部を考えて，x, y に関する2つの1次方程式が得られ，その共通解(があれば)が z を与えるからである．

問1 $\triangle \alpha \beta z$ の面積が0であると考えて(1)を導け．

問2 実軸および虚軸の(複素)方程式を求めよ．

例1 2点 $\alpha = 2 - i$, $\beta = -1 + 7i$ を通る直線の方程式は
$$\bar{\alpha} = 2+i, \quad \bar{\beta} = -1-7i, \quad \alpha\bar{\beta} = -9-13i, \quad \bar{\alpha}\beta = -9+13i$$
であるから
$$(3+8i)z - (3-8i)\bar{z} - 26i = 0.$$

問3 2点 $3i, i-1$ を通る直線の方程式を求めよ．

とくに，α が実軸上に，β が虚軸上にあれば
$$\alpha = a \in \mathbf{R}, \quad \beta = bi, \quad b \in \mathbf{R}$$
と書くとき，(1)は
$$\operatorname{Im}\left\{\left(\frac{1}{b}+\frac{i}{a}\right)z\right\} = 1 \qquad (2)$$
と変形される．これは，xy 平面において，x 切片が a, y 切片が b である直線の，良く知られた方程式
$$\frac{x}{a}+\frac{y}{b} = 1 \qquad (3)$$
の複素形である．

例2 実軸と3, 虚軸と $-i$ で交わる直線の方程式は
$$\operatorname{Im}\left\{\left(-1+\frac{i}{3}\right)z\right\} = 1$$

である.

問4 (i) (3)より(2)を導け.
(ii) (1)より(2)を導け.

2° 試みとして，下敷平面における方程式を利用してみよう．
$$\alpha = x_1 + y_1 i, \qquad \beta = x_2 + y_2 i$$
とすれば，点(x_1, y_1)および点(x_2, y_2)を通る直線の方程式は，良く知られたように

$$y - y_1 = \frac{y_2 - y_1}{x_2 - x_1}(x - x_1) \tag{4}$$

である．そこで

$$x_1 = \frac{\alpha + \bar{\alpha}}{2}, \quad x_2 = \frac{\beta + \bar{\beta}}{2}, \quad x = \frac{z + \bar{z}}{2},$$

$$y_1 = \frac{\alpha - \bar{\alpha}}{2i}, \quad y_2 = \frac{\beta - \bar{\beta}}{2i}, \quad y = \frac{z - \bar{z}}{2i}$$

を代入すればよいが，(1)の形に直すのはやや面倒である．

問5 (4)を(1)の形に直す計算を実行せよ．

(1)を一般的な形に改めよう．まず変形して

$$z = \frac{\alpha - \beta}{\bar{\alpha} - \bar{\beta}} \bar{z} + \frac{\bar{\alpha}\beta - \alpha\bar{\beta}}{\bar{\alpha} - \bar{\beta}} \tag{1}'$$

と書く．ここで

$$\lambda' = \frac{\alpha - \beta}{\bar{\alpha} - \bar{\beta}}, \qquad \mu = \frac{\bar{\alpha}\beta - \alpha\bar{\beta}}{\bar{\alpha} - \bar{\beta}}$$

とおけば

$$\lambda' \bar{\lambda}' = 1, \qquad \mu = \beta - \bar{\beta}\lambda'$$

が成り立ち，(1)′は

$$z = \lambda' \bar{z} + \mu \tag{1}''$$

となる．

このλ', μの意味を考えよう．

$$\arg \lambda' = \arg \frac{\alpha-\beta}{\bar{\alpha}-\bar{\beta}} = \arg(\alpha-\beta) - \arg(\bar{\alpha}-\bar{\beta})$$
$$= 2\arg(\alpha-\beta)$$

において，$\arg(\alpha-\beta)=\theta$ は，直線(1)が正の実軸となす角である．すなわち

$$\arg \lambda' = 2\theta.$$

ゆえに，$\overrightarrow{\beta\alpha}$ と同じ向きの，長さ1のベクトルを表す複素数を λ とすれば，

$$\lambda = \cos\theta + i\sin\theta, \quad \lambda' = \lambda^2$$

である．

次に μ の意味を考えるために，直線(1)と虚軸との交点 b（純虚数）を求めよう．そのためには(1)″において

$$z = iy$$

とおき，iy を求めればよい．計算を実行すれば

$$b = \frac{\mu}{1+\lambda^2} \tag{5}$$

が得られる．ゆえに

$$\mu = b(1+\lambda^2)$$

が成り立つ．これを(1)″に代入して次の定理が得られた．

定理5 $\lambda\bar{\lambda}=1$ を満たす λ と，純虚数 b により

$$z = \lambda^2 \bar{z} + b(1+\lambda^2) \tag{6}$$

と書けば，これは正の実軸となす角が

$$\arg \lambda$$

で，虚軸を切る点が b である直線の方程式である．

問6 $\lambda'\bar{\lambda'}=1$ を確かめよ．

問7 (5)の b は純虚数であることを確かめよ．

例3 直線 l が虚軸と $3i$ で交わり，l が正の実軸となす角が $\dfrac{\pi}{6}$ な

らば
$$\lambda = \cos\frac{\pi}{6} + i\sin\frac{\pi}{6} = \frac{\sqrt{3}+i}{2},$$
$$b = 3i$$

であるから，l の方程式は
$$z = \left(\frac{\sqrt{3}+i}{2}\right)^2 \bar{z} + 3i\left(1 + \left(\frac{\sqrt{3}+i}{2}\right)^2\right),$$

すなわち
$$z = \frac{1+\sqrt{3}\,i}{2}\bar{z} - \frac{3}{2}(\sqrt{3}-3i)$$

である．

問 8 虚軸との交点が $-i$ で，正の実軸となす角が $\dfrac{\pi}{3}$ である直線の方程式を求めよ．

直線(1)と，直線
$$(\bar{\alpha}'-\bar{\beta}')z - (\alpha'-\beta')\bar{z} + \alpha'\bar{\beta}' - \bar{\alpha}'\beta' = 0$$
との交点を求めるには，(1)と上式から $\bar{z}$ を消去すればよい．ただし，両者が平行でない，すなわち
$$\frac{\bar{\alpha}-\bar{\beta}}{\bar{\alpha}'-\bar{\beta}'} \neq \frac{\alpha-\beta}{\alpha'-\beta'}$$

としての話である．

例 4 2つの直線
$$(3-2i)z - (3+2i)\bar{z} = -4i$$
$$(i+1)z + (i-1)\bar{z} = 2i$$
の交点を求めよう．第1式に $i-1$ を，第2式に $3+2i$ を掛けて辺々相加えれば $\bar{z}$ は消去され
$$((i-1)(3-2i) + (3+2i)(i+1))z = -4i(i-1) + 2i(3+2i)$$
となる．ゆえに交点は

$$z = \frac{10i}{10i} = 1.$$

問9 次の2直線の交点を求めよ.
$$\begin{cases} (7-5i)z+(7+5i)\bar{z} = 2 \\ (1-i)z-(1+i)\bar{z} = 4i \end{cases}$$

3° α, β を通る直線上の点を z とすれば,ベクトル $\overrightarrow{\alpha z} = z - \alpha$ はベクトル $\overrightarrow{\alpha\beta} = \beta - \alpha$ の実数倍である.その実数を t とすれば
$$z - \alpha = t(\beta - \alpha), \quad t \in \boldsymbol{R}.$$
これを,α, β を通る直線の**パラメーター表示**という.t を**パラメーター**(助変数)という.

上式より
$$\bar{z} - \bar{\alpha} = t(\bar{\beta} - \bar{\alpha})$$
を得るから,これら2つの式から t を消去すれば(1)が得られる.

4° 求める直線を
$$z + \lambda \bar{z} = \mu, \quad \lambda, \mu \in \boldsymbol{C}$$
とする.これが α, β を通るように λ, μ を定めればよい.その条件は
$$\alpha + \lambda \bar{\alpha} = \mu$$
$$\beta + \lambda \bar{\beta} = \mu.$$
この連立1次方程式を解いて
$$\lambda = -\frac{\alpha - \beta}{\bar{\alpha} - \bar{\beta}}, \quad \mu = \frac{\bar{\alpha}\beta - \alpha\bar{\beta}}{\bar{\alpha} - \bar{\beta}}$$
を得るから,もとの式に代入し,両辺に $\bar{\alpha} - \bar{\beta}$ を掛ければ(1)となる.

(Ⅱ) 線分の垂直2等分線 $\alpha \neq \beta \in \boldsymbol{C}$ を与えて,線分 $[\alpha\beta]$ の垂直2等分線の(複素)方程式を求めよう.それには $-\beta$ だけ平行移動し,線分 $[O(\alpha - \beta)]$ の垂直2等分線を求め,それを β だけ平行移動すればよい(図6).

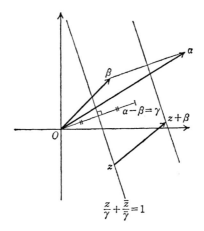

図 6

$\gamma = \alpha - \beta$ とおく.求める垂直 2 等分線上に z をとれば,2 点 $\dfrac{\gamma}{2}, z$ を通る直線と,2 点 O, γ を通る直線は直交する.その条件は

$$\dfrac{z - \dfrac{\gamma}{2}}{\gamma} \text{ は純虚数}$$

により与えられる.すなわち

$$\dfrac{z - \dfrac{\gamma}{2}}{\gamma} + \dfrac{\bar{z} - \dfrac{\bar{\gamma}}{2}}{\bar{\gamma}} = 0.$$

これを書き直せば

$$\dfrac{z}{\gamma} + \dfrac{\bar{z}}{\bar{\gamma}} = 1 \tag{7}$$

が得られる.

この γ に $\alpha - \beta$ を,z に $z - \beta$ を代入すれば,線分 $[\alpha\beta]$ の垂直 2 等分線が得られる:

定理 6 線分 $[\alpha\beta]$ の垂直 2 等分線の方程式は

$$\dfrac{z - \beta}{\alpha - \beta} + \dfrac{\bar{z} - \bar{\beta}}{\bar{\alpha} - \bar{\beta}} = 1 \tag{8}$$

例5 (i) 原点と $3+i$ を結ぶ線分の垂直2等分線の方程式は
$$\frac{z}{3+i}+\frac{\bar{z}}{3-i}=1,$$
(ii) 2点 $-1-2i$, $3+i$ を結ぶ線分の垂直2等分線の方程式は
$$\frac{z+1+2i}{4+3i}+\frac{\bar{z}+1-2i}{4-3i}=1$$
である.

問10 $\triangle\frac{\gamma}{2}\gamma z \infty \triangle\frac{\gamma}{2}Oz$ (逆)を利用して(7)を導け.

(7)において,とくに
$$\gamma = 2p(\cos\theta+i\sin\theta), \quad p\in\boldsymbol{R}$$
とおけば次の定理となる(図7).

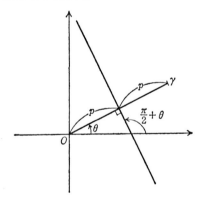

図7

定理7 原点 O からの距離が p で,正の実軸となす角が $\frac{\pi}{2}+\theta$ である直線の方程式は
$$\frac{z}{\zeta}+\zeta\bar{z}=2p, \quad \zeta=\cos\theta+i\sin\theta.$$

この定理は,xy 平面でいえば,'直線の標準形'
$$x\cos\theta+y\sin\theta=p$$

に相当する.

例 6 原点からの距離が 3 で，正の実軸となす角が $\frac{2}{3}\pi$ である直線の方程式は，$p=3, \theta=\frac{2}{3}\pi-\frac{\pi}{2}=\frac{\pi}{6}, \zeta=\cos\frac{\pi}{6}+i\sin\frac{\pi}{6}=\frac{\sqrt{3}+i}{2}$ であるから，

$$\frac{z}{\frac{\sqrt{3}+i}{2}}+\frac{\sqrt{3}+i}{2}\bar{z}=6,$$

すなわち

$$z+\frac{1+\sqrt{3}i}{2}\bar{z}=3(\sqrt{3}+i)$$

である.

問 11 原点からの距離が 1 で，正の実軸となす角が $\frac{\pi}{3}$ である直線の方程式を求めよ．また，この直線と，例 6 の直線との交点を求めよ．

(III) **通る点と，正の実軸となす角が与えられた直線** 点 $\alpha \in C$ を通り，正の実軸となす角が φ である直線の(複素)方程式を求めよう．平行移動しても φ は変らないから，まず原点を通る直線を求め，後に α だけ平行移動すればよい(図 8(1))．

求める(原点を通る)直線上の点を z' とすれば

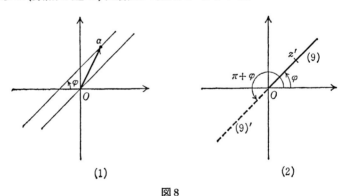

図 8

§3 直線，円

$$z' = r(\cos\varphi + i\sin\varphi) \tag{9}$$

である．ここで φ は一定で，r だけが変化する．しかしこのままでは $r \geqq 0$ であるから(9)は原点を端点とする半直線を表すにすぎない．したがって，$r \geqq 0$ とする限り，(半直線ではなく)直線の方程式としては(9)のほかに

$$\begin{aligned} z' &= r(\cos(\pi+\varphi) + i\sin(\pi+\varphi)) \\ &= -r(\cos\varphi + i\sin\varphi) \end{aligned} \tag{9}'$$

を合わせて考えなければならない．((9)′は(9)の逆方向にのびた半直線である．(図 8(2)))

(9), (9)′を1つの方程式で表すために，次の約束をする：

(P) 極座標 $(-r, \varphi)$ $(r \geqq 0)$，は点 $(r, \pi+\varphi)$ を表す．

すなわち，r が負の場合にも'極座標'を定義したのである．たとえば

$$\left(-3, \frac{\pi}{4}\right) \quad \text{は} \quad \left(3, \pi+\frac{\pi}{4}\right)$$

$$\left(-2, \frac{5}{6}\pi\right) \quad \text{は} \quad \left(2, \pi+\frac{5}{6}\pi\right)$$

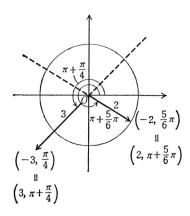

図 9

を表す．図9に $\left(-3, \dfrac{\pi}{4}\right)$ および $\left(-2, \dfrac{5}{6}\pi\right)$ を記した．

問12 ガウス平面上に，極座標 (r, φ) が次で与えられる点を記せ．

(i) $\left(-2, \dfrac{\pi}{3}\right)$ (ii) $\left(-1, \dfrac{-\pi}{3}\right)$ (iii) $(-1, \pi)$

この約束(P)の下で，(9), (9)′ は次のように1つの式で表される:
$$z' = r(\cos\varphi + i\sin\varphi), \quad r \in \boldsymbol{R}.$$

ここで，$z' = z - \alpha$ を代入すれば，点 α を通り，正の実軸となす角が φ である直線の，パラメーター r による表示が得られる．そして，その表示式の共役をとり，両者から r を消去すれば，次の定理が得られる：

定理8 点 α を通り，正の実軸となす角が φ である直線の方程式は
$$\bar{\zeta}z - \zeta\bar{z} = \alpha\bar{\zeta} - \bar{\alpha}\zeta, \quad \zeta = \cos\varphi + i\sin\varphi$$
である．

(IV) <u>角の2等分線</u>　$\alpha, \beta, \gamma \in \boldsymbol{C}$ とする．2点 α, β を通る直線と，2点 γ, β を通る直線の間の角の2等分線を求めよう．それらは2つある(図10)．

まず

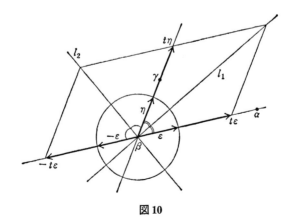

図10

$$\varepsilon = \frac{\alpha-\beta}{|\alpha-\beta|}, \qquad \eta = \frac{\gamma-\beta}{|\gamma-\beta|}$$

とおく． ε, η はそれぞれベクトル $\overrightarrow{\beta\alpha}, \overrightarrow{\beta\gamma}$ 方向の長さ1のベクトルである．このとき，

$$t\varepsilon + t\eta = t(\varepsilon+\eta), \qquad t \in \boldsymbol{R}$$

および

$$t(-\varepsilon) + t\eta = t(-\varepsilon+\eta), \qquad t \in \boldsymbol{R}$$

はそれぞれ $\overrightarrow{\beta\alpha}$ と $\overrightarrow{\beta\gamma}$, $-\overrightarrow{\beta\alpha}$ と $\overrightarrow{\beta\gamma}$ の間の角の2等分線 l_1, l_2 上にある．ゆえに

$$l_1 : z - \beta = t(\varepsilon+\eta), \qquad t \in \boldsymbol{R}$$

$$l_2 : z - \beta = t(-\varepsilon+\eta), \qquad t \in \boldsymbol{R}$$

は，それぞれ l_1, l_2 のパラメーター表示である． l_1, l_2 の方程式はそれぞれ共役をとって t を消去することにより得られる：

$$l_1 : z - \beta = \frac{\varepsilon+\eta}{\bar{\varepsilon}+\bar{\eta}}(\bar{z}-\bar{\beta}),$$

$$l_2 : z - \beta = \frac{-\varepsilon+\eta}{-\bar{\varepsilon}+\bar{\eta}}(\bar{z}-\bar{\beta}),$$

$$\varepsilon = \frac{\alpha-\beta}{|\alpha-\beta|}, \qquad \eta = \frac{\gamma-\beta}{|\gamma-\beta|}.$$

問 13 $\alpha = \frac{8}{5} + \frac{9}{5}i$, $\beta = 1+i$, $\gamma = \frac{7}{4} + \left(1+\frac{\sqrt{7}}{4}\right)i$ とするとき，α, β を通る直線と，γ, β を通る直線の間の角の2等分線を求めよ．

(V) <u>点と直線の距離</u>　まず，直線が

$$\frac{z}{\alpha} + \frac{\bar{z}}{\bar{\alpha}} = 1 \tag{10}$$

の形で与えられたとして，点 z_0 を通り，(10)に垂直な直線 l の方程式を求めよう．

(10)は線分 $[O\alpha]$ の垂直2等分線の方程式である．よって，O, α を通る直線は(10)に直交する．それは(1)より

$$\bar{\alpha}z - \alpha\bar{z} = 0.$$

この z に $z-z_0$ を代入すれば l の方程式が得られる:

$$l: \frac{z}{\alpha} - \frac{\bar{z}}{\bar{\alpha}} = \frac{z_0}{\alpha} - \frac{\bar{z}_0}{\bar{\alpha}}. \tag{11}$$

さて, 点 z_0 と直線(10)の距離を求めよう. (10)と(11)の交点を z_1 とすれば

$$\frac{z_1}{\alpha} + \frac{\bar{z}_1}{\bar{\alpha}} = 1, \quad \frac{z_1}{\alpha} - \frac{\bar{z}_1}{\bar{\alpha}} = \frac{z_0}{\alpha} - \frac{\bar{z}_0}{\bar{\alpha}}$$

でなければならない. これより $\bar{z}_1$ を消去して

$$z_1 = \frac{\alpha}{2}\left(1 + \frac{z_0}{\alpha} - \frac{\bar{z}_0}{\bar{\alpha}}\right)$$

$$= \frac{1}{2}\left(\alpha + z_0 - \frac{\alpha}{\bar{\alpha}}\bar{z}_0\right)$$

を得る. よって求める距離の平方は

$$|z_0 - z_1|^2 = \frac{1}{4}\left|z_0 - \alpha + \frac{\alpha}{\bar{\alpha}}\bar{z}_0\right|^2$$

$$= \frac{(\bar{\alpha}z_0 + \alpha\bar{z}_0 - \alpha\bar{\alpha})^2}{4\alpha\bar{\alpha}}$$

である.

定理9 点 z_0 と直線

$$\frac{z}{\alpha} + \frac{\bar{z}}{\bar{\alpha}} = 1$$

との距離は

$$\frac{|\bar{\alpha}z_0 + \alpha\bar{z}_0 - \alpha\bar{\alpha}|}{2\sqrt{\alpha\bar{\alpha}}} \tag{12}$$

に等しい.

注意 $\bar{\alpha}z_0 + \alpha\bar{z}_0 - \alpha\bar{\alpha}$ は実数である.

例7 点 $1+i$ と直線

$$(1-i)z - (1+i)\bar{z} = 4i$$

との距離 s は，上式を

$$\frac{z}{\dfrac{4i}{1-i}} + \frac{\bar{z}}{\dfrac{-4i}{1+i}} = 1$$

と書き直せば，定理9において $z_0 = 1+i$, $\alpha = \dfrac{4i}{1-i}$, $\alpha\bar{\alpha} = 8$, $\bar{\alpha}z_0 = -4i$ の場合であるから

$$s = \frac{|-4i+4i-8|}{2\sqrt{8}} = \sqrt{2}.$$

問14 直線 l が

(i) $\qquad (\bar{\alpha}-\bar{\beta})z - (\alpha-\beta)\bar{z} + \alpha\bar{\beta} - \bar{\alpha}\beta = 0,$

(ii) $\qquad \dfrac{z}{\zeta} + \zeta\bar{z} = 2p, \quad \zeta\bar{\zeta} = 1, \quad \boldsymbol{R} \ni p > 0,$

で与えられたとして，点 z_0 と l との距離を表す式をそれぞれ求めよ．

問15 点 $-1+2i$ と，2点 $i+1, 5i+1$ を通る直線との距離を求めよ．

円については，すでに

中心 O, 半径 r の円周は $|z| = r$,

中心 α, 半径 r の円周は $|z-\alpha| = r$

で与えられることを学んだ．このほかにも円周を表すいくつかの形の方程式がある．

(VI) <u>$z^2, \bar{z}^2$ が現れない $z, \bar{z}$ の2次式</u>　円周の方程式 $|z-\alpha| = r$ を平方すれば

$$(z-\alpha)(\bar{z}-\bar{\alpha}) = r^2.$$

よって

$$z\bar{z} - \bar{\alpha}z - \alpha\bar{z} - r^2 + \alpha\bar{\alpha} = 0$$

である．これは

$$az\bar{z} + \bar{\beta}z + \beta\bar{z} + c = 0 \qquad (13)$$

$$\beta\bar{\beta} - ac > 0, \quad a, c \in \boldsymbol{R}, \quad \beta \in \boldsymbol{C}$$

$$a \neq 0,$$

の特別な場合と考えられる．

逆に(13)は円周を表すことを示そう．(13)の両辺を a で割り，次のように変形することができる：

$$\left(z+\frac{\beta}{a}\right)\left(\bar{z}+\frac{\bar{\beta}}{a}\right)=\frac{\beta\bar{\beta}-ac}{a^2}.$$

これより

$$\left|z-\left(\frac{-\beta}{a}\right)\right|=\sqrt{\frac{\beta\bar{\beta}-ac}{a^2}}$$

を得るが，これは，中心 $-\dfrac{\beta}{a}$, 半径 $\sqrt{\dfrac{\beta\bar{\beta}-ac}{a^2}}$ の円周の方程式である．

定理10 方程式
$$az\bar{z}+\bar{\beta}z+\beta\bar{z}+c=0$$
$$\beta\bar{\beta}-ac>0, \quad a,c\in \boldsymbol{R}, \quad a\neq 0, \quad \beta\in \boldsymbol{C}$$

は

$$\text{中心}\quad -\frac{\beta}{a}, \quad \text{半径}\quad \sqrt{\frac{\beta\bar{\beta}-ac}{a^2}}$$

の円周を表す．

注意 とくに $ac<0$ ならば $\beta\bar{\beta}-ac>0$ は成り立つ．また直線を，半径が ∞ の円とみなすならば $a=0$ でもよい．

例8 2次方程式

$$3z\bar{z}+(6-i)z+(6+i)\bar{z}-\frac{1}{3}=0 \tag{14}$$

において，

$$ac=3\cdot\left(-\frac{1}{3}\right)<0$$

であるから，(14)は円周を表す．

その中心は $-\dfrac{\beta}{a} = -\dfrac{6+i}{3} = -2-\dfrac{1}{3}i$,

その半径は $\sqrt{\dfrac{\beta\bar{\beta}-ac}{a^2}} = \dfrac{\sqrt{38}}{3}$

である.

問 16 2次方程式
$$3z\bar{z}+(6-i)z+(6+i)\bar{z}+\dfrac{1}{3}=0$$
が表す曲線は何か.

例 9(アポロニウスの円) $\alpha, \beta \in \mathbf{C}$, $c>0$ に対して
$$\left|\dfrac{z-\alpha}{z-\beta}\right| = c \tag{15}$$
を満たす点 z は円周をえがく.すなわち,与えられた2点からの距離の比が一定である点の軌跡は円周である.この円をアポロニウスの円とよぶ.

ただし,$c=1$ の場合は(15)は直線を表すが,直線を半径が ∞ の円周と考える.

実際,(15)の分母をはらい,平方して計算すれば
$$(1-c^2)z\bar{z}+(c^2\bar{\beta}-\bar{\alpha})z+(c^2\beta-\alpha)\bar{z}+\alpha\bar{\alpha}-c^2\beta\bar{\beta}=0$$
が得られる.ここで

$z\bar{z}$ の係数 および $\alpha\bar{\alpha}-c^2\beta\bar{\beta}$ は実数,

$z, \bar{z}$ の係数は互いに共役,

さらに
$$(c^2\bar{\beta}-\bar{\alpha})(c^2\beta-\alpha)-(1-c^2)(\alpha\bar{\alpha}-c^2\beta\bar{\beta})$$
$$=c^2(\alpha-\beta)(\bar{\alpha}-\bar{\beta})>0$$
であるから,定理 10 により(15)は

中心 $-\dfrac{c^2\beta-\alpha}{1-c^2}$, 半径 $c\sqrt{\dfrac{(\alpha-\beta)(\bar{\alpha}-\bar{\beta})}{(1-c^2)^2}}$

の円周を表す.

$\alpha=1, \beta=-1$ のとき，いくつかの c について，アポロニウスの円の中心と半径は次のようになる.

c	$\dfrac{1}{2}$	$\dfrac{1}{\sqrt{3}}$	$\dfrac{1}{\sqrt{2}}$	1	$\sqrt{2}$	$\sqrt{3}$	2
中心	$\dfrac{5}{3}$	2	3	直線	-3	-2	$-\dfrac{5}{3}$
半径	$\dfrac{4}{3}$	$\sqrt{3}$	$2\sqrt{2}$		$2\sqrt{2}$	$\sqrt{3}$	$\dfrac{4}{3}$

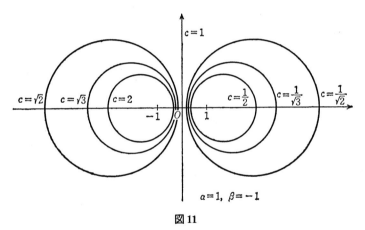

図 11

図 11 にこれらの円をえがいた.

問 17 2 点 $1+i, -(1+i)$ からの距離の比が $c \left(c=1, \sqrt{2}, \dfrac{1}{\sqrt{2}}, \sqrt{3}, \dfrac{1}{\sqrt{3}}, 2, \dfrac{1}{2} \right)$ である点の軌跡をえがけ．

(Ⅶ) <u>3 点を通る円の方程式</u>　3 点 α, β, γ を通る円周の方程式を求めよう．$\triangle \alpha\beta\gamma$ の外心(外接円の中心)を求めるという観点は後にゆずり，ここでは $\square \alpha\beta\gamma z$ が同一円周上に並ぶ条件から求める．そ

§3 直線，円

の条件は定理 3, 系により
$$\frac{\alpha-\gamma}{\beta-\gamma}\Big/\frac{\alpha-z}{\beta-z} \in \mathbf{R}$$
である．よって
$$\frac{\alpha-\gamma}{\beta-\gamma}\Big/\frac{\alpha-z}{\beta-z} - \frac{\bar{\alpha}-\bar{\gamma}}{\bar{\beta}-\bar{\gamma}}\Big/\frac{\bar{\alpha}-\bar{z}}{\bar{\beta}-\bar{z}} = 0.$$
これは次のように整理することができる．

定理 11 3 点 α, β, γ を通る円の方程式は
$$az\bar{z} + \bar{\lambda}z + \lambda\bar{z} + c = 0,$$
$$a = 2\,\mathrm{Im}\,(\alpha\bar{\beta} + \beta\bar{\gamma} + \gamma\bar{\alpha}),$$
$$\lambda = \frac{1}{i}\{\alpha\bar{\alpha}(\beta-\gamma) + \beta\bar{\beta}(\gamma-\alpha) + \gamma\bar{\gamma}(\alpha-\beta)\},$$
$$c = 2\{\alpha\bar{\alpha}\,\mathrm{Im}\,(\bar{\beta}\gamma) + \beta\bar{\beta}\,\mathrm{Im}\,(\bar{\gamma}\alpha) + \gamma\bar{\gamma}\,\mathrm{Im}\,(\bar{\alpha}\beta)\}$$
である．

例 10 3 点 $1+i, -1-i, i$ を通る円周の方程式は
$$a = 2\,\mathrm{Im}\,((1+i)(-1+i) + (-1-i)(-i) + i(1-i)) = 4,$$
$$\lambda = \frac{1}{i}\{(1+i)(1-i)(-1-2i) + (-1-i)(-1+i)(-1)$$
$$+ i(-i)(2+2i)\} = 2i-2,$$
$$c = 2\{(1+i)(1-i)\,\mathrm{Im}\,((-1+i)i)$$
$$+ (-1-i)(-1+i)\,\mathrm{Im}\,(-i(1+i))$$
$$+ i(-i)\,\mathrm{Im}\,((1-i)(-1-i))\} = -8$$
であるから
$$4z\bar{z} + (-2-2i)z + (-2+2i)\bar{z} - 8 = 0.$$
これは
$$\text{中心}\quad \frac{1-i}{2}, \quad \text{半径}\quad \frac{\sqrt{10}}{2}$$
の円周を表す．

問 18 3 点 $1, 5+2i, 3-4i$ を通る円周の方程式,中心,および半径を求めよ.

(Ⅷ) <u>弦と円周角が与えられた円周</u>　線分 $[\alpha\beta]$ を弦とし,その上に立つ円周角が θ である円周の方程式を求めよう.ただし,θ の向きは図 12 のようにとる.

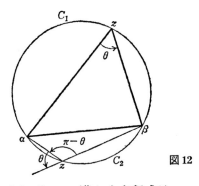

図 12

円周上の点を z とすれば,z の満たす方程式は
$$\arg\left(\frac{\beta-z}{\alpha-z}\right) = \theta$$
である.よって
$$r = \left|\frac{\beta-z}{\alpha-z}\right|, \quad r \geqq 0$$
とおけば
$$\frac{\beta-z}{\alpha-z} = r(\cos\theta + i\sin\theta), \quad r \geqq 0 \qquad (16)$$
が成り立つ.しかしこれだけでは,図 12 の円弧 C_1 が与えられるだけである.円弧 C_2 をも求めなければならない.C_2 に対しては弦 $[\alpha\beta]$ の上に立つ円周角は $\pi-\theta$ であるから
$$\frac{\alpha-z}{\beta-z} = \frac{1}{r}(\cos(\pi-\theta) + i\sin(\pi-\theta)),$$
すなわち

$$\frac{\beta-z}{\alpha-z} = r(\cos(\theta-\pi)+i\sin(\theta-\pi))$$

$$= -r(\cos\theta+i\sin\theta)$$

が C_2 を表す方程式である．最後の式は

$$= r(\cos(\pi+\theta)+i\sin(\pi+\theta))$$

と書かれるから，極座標の約束(P)の下で，上式と(16)とを1つの式にまとめて

$$\frac{\beta-z}{\alpha-z} = r(\cos\theta+i\sin\theta), \quad r \in \boldsymbol{R}$$

と表すことができる．この両辺の共役をとり，両者から r を消去すれば次の定理となる．

定理 12 弦 $[\alpha\beta]$ の上に立つ(一方の)円周角が θ である円周の方程式は

$$\bar{\zeta}\frac{\beta-z}{\alpha-z} - \zeta\frac{\bar{\beta}-\bar{z}}{\bar{\alpha}-\bar{z}} = 0, \quad \zeta = \cos\theta+i\sin\theta$$

である．

問 19 $\alpha=1+i, \beta=-1-i$ とする．$[\alpha\beta]$ を直径とする円の方程式を求めよ．

注意 このような幾何学的に結果が明白な例を考えることは定理の一般公式が正しいかどうかの吟味に役立つ．

(IX) **円の接線** 円といえばその接線はどうかとたずねるのは自然である．その方程式を求める手段はいろいろあるが，ここでは円周上の 2 点 z_1, z_2 を通る直線の方程式をまず求め，その 2 点が一致する場合として接線を定めることにする．その際一般的な曲線に対しては極限操作が必要であるが，円の場合には，z_1-z_2 で割ってから $z_1=z_2$ とおくという代数的な計算ですませることができる．

中心が α，半径が r の円周は

$$|z-\alpha| = r$$

で与えられるが，これを
$$z = \alpha + r\zeta, \quad \zeta = \cos\theta + i\sin\theta$$
と書くことができる．よって円周上の2点は
$$z_1 = \alpha + r\zeta_1, \quad \zeta_1 = \cos\theta_1 + i\sin\theta_1,$$
$$z_2 = \alpha + r\zeta_2, \quad \zeta_2 = \cos\theta_2 + i\sin\theta_2$$
である．これら2点を通る直線の方程式は，(1)より
$$(\bar{z}_1 - \bar{z}_2)z - (z_1 - z_2)\bar{z} + z_1\bar{z}_2 - \bar{z}_1 z_2 = 0$$
であるが，$\alpha, \zeta_1, \zeta_2, r$ を用いて表せば，
$$(\bar{\zeta}_1 - \bar{\zeta}_2)z - (\zeta_1 - \zeta_2)\bar{z} - \alpha(\bar{\zeta}_1 - \bar{\zeta}_2)$$
$$+ \bar{\alpha}(\zeta_1 - \zeta_2) + r(\zeta_1\bar{\zeta}_2 - \bar{\zeta}_1\zeta_2) = 0$$
となる．両辺を $\bar{\zeta}_1 - \bar{\zeta}_2$ で割り
$$\bar{\zeta}_1 = \frac{1}{\zeta_1}, \quad \bar{\zeta}_2 = \frac{1}{\zeta_2}$$
を用いて計算すれば，上式は
$$z + \zeta_1\zeta_2\bar{z} - \alpha - \bar{\alpha}\zeta_1\zeta_2 - r(\zeta_1 + \zeta_2) = 0$$
となる．そこで $\zeta_1 = \zeta_2$ とおけば，次の定理が得られる．

定理 13 中心 α，半径 r の円周
$$z = \alpha + r\zeta, \quad \zeta = \cos\theta + i\sin\theta$$
の上の点 $z_1 = \alpha + r\zeta_1$, $\zeta_1 = \cos\theta_1 + i\sin\theta_1$, における接線の方程式は
$$z + \zeta_1^2 \bar{z} = \alpha + \zeta_1^2 \bar{\alpha} + 2r\zeta_1$$
である．

例 11 中心 i，半径 1 の円周の，点 0 および点 $2i$ における接線は明らかに，直線 $y = 0$ および $y = 2$ である．計算上では，点 0 に対しては $\zeta_1 = -i$，点 $2i$ に対しては $\zeta_1 = i$ であり，$\alpha = i, r = 1$ であるから，それぞれの場合，定理13により接線の方程式は
$$z - \bar{z} = i + i - 2i = 0,$$
$$z - \bar{z} = i + i + 2i = 4i$$

となり，確かに $y=0, y=2$ である．($z=x+yi$)

問20 直線 $z+\bar{z}=2c$ ($c \in \mathbf{R}$) と円 $|z|=1$ が接する条件は何か．

注意 結果は幾何学的に明らかであるが，定理の応用として計算せよというのである．公式が正しいことの確認である．

§4 いろいろな問題

余勢を駆って，本節では幾何学における古来有名ないくつかの問題を複素数の立場から眺めてみよう．ふたたび強調するが，複素数はベクトルの性格をもっている上に，乗法が定義されているところにすばらしさがある．前節までに蓄積した '乗法' の '情報' を大いに活用しよう．なかでも次に再記する '情報' は基本的であり，本節でしばしば用いられるものである：

1° $\quad \dfrac{\beta-\alpha}{\gamma-\delta} \in \mathbf{R} \Leftrightarrow \dfrac{\beta-\alpha}{\gamma-\delta} = \dfrac{\bar{\beta}-\bar{\alpha}}{\bar{\gamma}-\bar{\delta}} \Leftrightarrow \overrightarrow{\alpha\beta} /\!/ \overrightarrow{\delta\gamma}$

とくに

$\quad \dfrac{\beta-\alpha}{\gamma-\alpha} \in \mathbf{R} \Leftrightarrow \alpha, \beta, \gamma$ は一直線上に並ぶ

2° $\quad \dfrac{\beta-\alpha}{\gamma-\delta}$ は純虚数 $\Leftrightarrow \dfrac{\beta-\alpha}{\gamma-\delta} = -\dfrac{\bar{\beta}-\bar{\alpha}}{\bar{\gamma}-\bar{\delta}} \Leftrightarrow \overrightarrow{\alpha\beta} \perp \overrightarrow{\gamma\delta}$

3° $\quad \dfrac{\alpha-\gamma}{\beta-\gamma} \Big/ \dfrac{\alpha-\delta}{\beta-\delta} \in \mathbf{R} \Leftrightarrow \dfrac{\alpha-\gamma}{\beta-\gamma} \Big/ \dfrac{\alpha-\delta}{\beta-\delta} = \dfrac{\bar{\alpha}-\bar{\gamma}}{\bar{\beta}-\bar{\gamma}} \Big/ \dfrac{\bar{\alpha}-\bar{\delta}}{\bar{\beta}-\bar{\delta}}$

$\quad \Leftrightarrow \alpha, \beta, \gamma, \delta$ は同一円周上（または同一直線上）に並ぶ．

<u>三角形の重心</u>（図13） $\triangle \alpha\beta\gamma$ の各頂点 α, β, γ からそれぞれ対辺の中点にひいた中線は1点で交わる．その点を $\triangle \alpha\beta\gamma$ の**重心**という．重心を表す複素数は

(I) $\qquad \dfrac{\alpha+\beta+\gamma}{3}$

である．

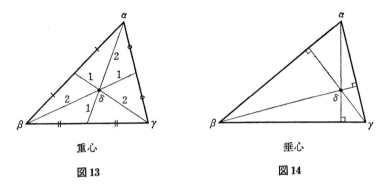

重心　　　　　　　　垂心
図 13　　　　　　　　図 14

このことはすでに学んだ．3中線が1点で交わることは，3中線をそれぞれ(頂点の方から)2:1に内分する点が同一点 $(\alpha+\beta+\gamma)/3$ であることをみればよい．

計算は全くベクトル的であって複素数の乗法を登場させるにはおよばない．まとめの意味でここに挙げた．

<u>三角形の垂心</u>(図 14)　$\triangle \alpha\beta\gamma$ の各頂点からそれぞれ対辺におろした垂線は，1点 δ で交わる．点 δ を $\triangle \alpha\beta\gamma$ の**垂心**という．垂心を表す複素数は

(II)
$$\delta = \frac{(\gamma-\alpha)(\gamma-\beta)(\bar{\alpha}-\bar{\beta}) + (\gamma-\alpha)(\bar{\gamma}-\bar{\beta})\alpha - (\gamma-\beta)(\bar{\gamma}-\bar{\alpha})\beta}{(\gamma-\alpha)(\bar{\gamma}-\bar{\beta}) - (\gamma-\beta)(\bar{\gamma}-\bar{\alpha})}$$

である．

3垂線が1点で交わることを示すには，α, β からおろした2垂線の交点を δ とするとき，
$$\vec{\gamma\delta} \perp \vec{\alpha\beta}$$
を証明すればよい．したがって 2° により，条件

$$\frac{\gamma-\beta}{\delta-\alpha}+\frac{\bar{\gamma}-\bar{\beta}}{\bar{\delta}-\bar{\alpha}}=0 \quad (\Leftrightarrow \vec{\beta\gamma} \perp \vec{\alpha\delta}) \tag{1}$$

および

§4 いろいろな問題

$$\frac{\gamma-\alpha}{\delta-\beta}+\frac{\bar{\gamma}-\bar{\alpha}}{\bar{\delta}-\bar{\beta}}=0 \qquad (\Leftrightarrow \overrightarrow{\alpha\gamma}\perp\overrightarrow{\beta\delta}) \tag{2}$$

の下で

$$\frac{\beta-\alpha}{\delta-\gamma}+\frac{\bar{\beta}-\bar{\alpha}}{\bar{\delta}-\bar{\gamma}}=0$$

が成り立つことをいえばよい.それぞれ計算すれば

$$\gamma\bar{\delta}-\bar{\alpha}\gamma-\beta\bar{\delta}+\bar{\alpha}\beta+\bar{\gamma}\delta-\alpha\bar{\gamma}-\bar{\beta}\delta+\alpha\bar{\beta}=0 \tag{1}'$$

$$\gamma\bar{\delta}-\bar{\beta}\gamma-\alpha\bar{\delta}+\alpha\bar{\beta}+\bar{\gamma}\delta-\beta\bar{\gamma}-\bar{\alpha}\delta+\bar{\alpha}\beta=0 \tag{2}'$$

より

$$\beta\bar{\delta}-\beta\bar{\gamma}-\alpha\bar{\delta}+\alpha\bar{\gamma}+\bar{\beta}\delta-\bar{\beta}\gamma-\bar{\alpha}\delta+\bar{\alpha}\gamma=0$$

を導くことになるが,最後の式はちょうど(2)′−(1)′になっている.

δ を求めるには(1), (2)(あるいは(1)′, (2)′)より $\bar{\delta}$ を消去すればよい.計算を実行して

$$\{(\gamma-\alpha)(\bar{\gamma}-\bar{\beta})-(\gamma-\beta)(\bar{\gamma}-\bar{\alpha})\}\delta$$
$$=(\gamma-\alpha)(\gamma-\beta)(\bar{\alpha}-\bar{\beta})+(\bar{\gamma}-\bar{\beta})(\gamma-\alpha)\alpha-(\bar{\gamma}-\bar{\alpha})(\gamma-\beta)\beta \tag{3}$$

を得る.ここで

$$(\gamma-\alpha)(\bar{\gamma}-\bar{\beta})-(\gamma-\beta)(\bar{\gamma}-\bar{\alpha})\neq 0 \tag{4}$$

であることがわかる.よって(3)の両辺を(4)で割れば,δ の式(II)が得られる.

(4)を証明しよう.もしそうでないとすれば移項して

$$(\gamma-\alpha)(\bar{\gamma}-\bar{\beta})=(\gamma-\beta)(\bar{\gamma}-\bar{\alpha}). \tag{5}$$

一方,(3)の右辺も $=0$ でなければならないから

$$(\gamma-\alpha)(\gamma-\beta)(\bar{\alpha}-\bar{\beta})+(\bar{\gamma}-\bar{\beta})(\gamma-\alpha)\alpha-(\bar{\gamma}-\bar{\alpha})(\gamma-\beta)\beta=0 \tag{6}$$

である.この $(\bar{\gamma}-\bar{\beta})(\gamma-\alpha)$ に(5)の右辺を代入し,$\gamma-\beta\,(\neq 0)$ で両辺を割れば

$$(\gamma-\alpha)(\bar{\alpha}-\bar{\beta})+(\bar{\gamma}-\bar{\alpha})(\alpha-\beta) = 0$$

となる．これは

$$(\gamma-\alpha)(\bar{\alpha}-\bar{\beta}) は純虚数$$

であることを示す．したがって，実数 $(\alpha-\beta)(\bar{\alpha}-\bar{\beta})$ で割って

$$\frac{\gamma-\alpha}{\alpha-\beta} は純虚数．$$

ゆえに

$$\overrightarrow{\alpha\gamma} \perp \overrightarrow{\alpha\beta}. \tag{7}$$

同様に，(6) の $(\bar{\gamma}-\bar{\alpha})(\gamma-\beta)$ に (5) の左辺を代入して計算すれば

$$\overrightarrow{\beta\gamma} \perp \overrightarrow{\alpha\beta} \tag{8}$$

が得られる．しかし (7), (8) が同時に成り立つことはあり得ない．矛盾．これで (4) が成り立つことが示された．

問1 δ の式 (II) が，α, β, γ に関して対称 (α, β, γ をどのようにおき換えても不変) であることを確めよ．

注意 垂心の定義において，α, β, γ の役割は平等である．したがって，α, β, γ をどのようにおきかえても，同じ δ が得られるべきである．このような対称性をあらかじめ心得ておけば，(II) の式が正しいかどうかの判定に役立つ．

<u>三角形の外心</u>(図15)　$\triangle\alpha\beta\gamma$ の各辺の垂直2等分線は1点 δ で交わる．δ を $\triangle\alpha\beta\gamma$ の**外心**という．δ を表す複素数は

$$\text{(III)} \quad \delta = \frac{(\beta-\gamma)\alpha\bar{\alpha}+(\gamma-\alpha)\beta\bar{\beta}+(\alpha-\beta)\gamma\bar{\gamma}}{(\bar{\gamma}-\bar{\alpha})(\gamma-\beta)-(\gamma-\alpha)(\bar{\gamma}-\bar{\beta})}$$

である．

δ を外心とよぶのは，それが $\triangle\alpha\beta\gamma$ の外接円の中心であるからである．

α, β, γ の対辺の中点を λ, μ, ν とすれば

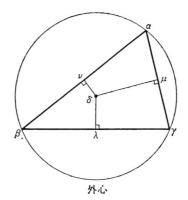

図 15

外心

$$\lambda = \frac{\beta+\gamma}{2}, \quad \mu = \frac{\gamma+\alpha}{2}, \quad \nu = \frac{\alpha+\beta}{2} \tag{9}$$

である。λ, μ, ν から立てた3つの垂線が1点δで交わることを示すには，λ, μ から立てた2垂線の交点をδとするとき，$\overrightarrow{\delta\nu} \perp \overrightarrow{\alpha\beta}$ を証明すればよい。したがって2°に注意して

$$\frac{\delta-\mu}{\gamma-\alpha}+\frac{\bar{\delta}-\bar{\mu}}{\bar{\gamma}-\bar{\alpha}}=0, \quad \frac{\delta-\lambda}{\gamma-\beta}+\frac{\bar{\delta}-\bar{\lambda}}{\bar{\gamma}-\bar{\beta}}=0 \tag{10}$$

$$\Rightarrow \frac{\delta-\nu}{\alpha-\beta}+\frac{\bar{\delta}-\bar{\nu}}{\bar{\alpha}-\bar{\beta}}=0$$

を証明すればよい。

δ を表す式を求めるには，(10)の2つの条件式より$\bar{\delta}$を消去すればよい。以上の計算の実行は読者にまかせることとする。

問2 上の計算を行え。（δ の式を導く際に，その係数が0でないことを確めなければならない。それには垂心の場合と同様の論法を用いよ。）

例題1 $|\alpha|=|\beta|=|\gamma|$ ならば $\triangle\alpha\beta\gamma$ の垂心は

$$\alpha+\beta+\gamma$$

であることを示せ。

証明1 $|\alpha|=|\beta|=|\gamma|$ より $\triangle\alpha\beta\gamma$ の外心は原点Oである。ゆえに

外心を表す公式(III)の分子を書きかえて
$$(\gamma-\alpha)(\gamma-\beta)(\bar{\alpha}-\bar{\beta})+(\gamma+\alpha)(\bar{\gamma}-\bar{\alpha})(\gamma-\beta)$$
$$-(\gamma+\beta)(\gamma-\alpha)(\bar{\gamma}-\bar{\beta})=0$$
が成り立つ.これより
$$(\gamma-\alpha)(\gamma-\beta)(\bar{\alpha}-\bar{\beta})$$
$$=(\gamma+\beta)(\gamma-\alpha)(\bar{\gamma}-\bar{\beta})-(\gamma+\alpha)(\bar{\gamma}-\bar{\alpha})(\gamma-\beta)$$
を得るから,垂心を表す式(II)の分子の第1項にこの右辺を代入して計算すれば
$$(\text{II})\text{の分子}=(\alpha+\beta+\gamma)\{(\gamma-\alpha)(\bar{\gamma}-\bar{\beta})-(\gamma-\beta)(\bar{\gamma}-\bar{\alpha})\}.$$
ゆえに,この場合
$$(\text{II})\text{の}\delta=\alpha+\beta+\gamma.$$
これが証明したかったことである.

証明2
$$\delta=\alpha+\beta+\gamma \quad \text{とおき},$$
$$\vec{\delta\alpha}\perp\vec{\beta\gamma},\quad \vec{\delta\beta}\perp\vec{\gamma\alpha},\quad \vec{\delta\gamma}\perp\vec{\alpha\beta}$$
を証明すればよいが,条件と結論は対称な形になっているから$\vec{\delta\alpha}\perp\vec{\beta\gamma}$をいえば十分である.そのためには,2°により
$$\frac{\delta-\alpha}{\gamma-\beta}+\frac{\bar{\delta}-\bar{\alpha}}{\bar{\gamma}-\bar{\beta}}=0$$
をいえばよい.この式の左辺を,条件$\delta=\alpha+\beta+\gamma$および$\gamma\bar{\gamma}=\beta\bar{\beta}$を用いて計算すれば
$$\frac{\delta-\alpha}{\gamma-\beta}+\frac{\bar{\delta}-\bar{\alpha}}{\bar{\gamma}-\bar{\beta}}=\frac{\beta+\gamma}{\gamma-\beta}+\frac{\bar{\beta}+\bar{\gamma}}{\bar{\gamma}-\bar{\beta}}$$
$$=\frac{\beta\bar{\gamma}-\beta\bar{\beta}+\gamma\bar{\gamma}-\gamma\bar{\beta}+\gamma\bar{\beta}+\gamma\bar{\gamma}-\beta\bar{\beta}-\beta\bar{\gamma}}{(\gamma-\beta)(\bar{\gamma}-\bar{\beta})}$$
$$=0.$$

証明3 図をみながら証明する(図16).

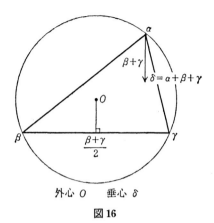

図 16

$\delta = \alpha + \beta + \gamma$ とおけば,δ は α を始点とするベクトル $\beta + \gamma$ の終点である.条件 $|\alpha| = |\beta| = |\gamma|$ より $\triangle \alpha \beta \gamma$ の外心は原点 O である.外心の意味から

$$\overrightarrow{O\frac{\beta+\gamma}{2}} \perp \overrightarrow{\beta\gamma}.$$

一方

$$\overrightarrow{O\frac{\beta+\gamma}{2}} /\!/ \overrightarrow{\alpha\delta}$$

であるから

$$\overrightarrow{\beta\gamma} \perp \overrightarrow{\alpha\delta}.$$

対称性により,同様に考えて

$$\overrightarrow{\gamma\alpha} \perp \overrightarrow{\beta\delta}, \quad \overrightarrow{\alpha\beta} \perp \overrightarrow{\gamma\delta}$$

を得る.よって δ は $\triangle \alpha \beta \gamma$ の垂心である.

<u>三角形の内心,傍心</u>(図 17) $\triangle \alpha \beta \gamma$ の各頂角の 2 等分線は 1 点 δ_1 で交わる.$\overrightarrow{\alpha\beta}, \overrightarrow{\alpha\gamma}$ を延長して,その上にそれぞれ点 β', γ' をとる.α の頂角,$\angle \beta'\beta\gamma$,$\angle \gamma'\gamma\beta$ の 2 等分線は 1 点 δ_2 で交わる.δ_1 を $\triangle \alpha \beta \gamma$ の**内心**,δ_2 を α に対する**傍心**という.(β, γ に対する傍心も同様に

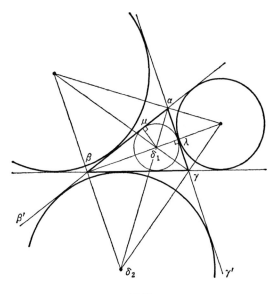

図 17

定義される.) δ_1, δ_2 を表す複素数は

(IV) $\quad \delta_1 = \dfrac{f_1}{(\bar{\varepsilon}_1+\bar{\eta}_1)(\varepsilon_2+\eta_2)-(\varepsilon_1+\eta_1)(\bar{\varepsilon}_2+\bar{\eta}_2)}$

(V) $\quad \delta_2 = \dfrac{f_2}{(-\bar{\varepsilon}_1+\bar{\eta}_1)(-\varepsilon_2+\eta_2)-(-\varepsilon_1+\eta_1)(-\bar{\varepsilon}_2+\bar{\eta}_2)}$

である.ただし,記号の意味は次の通りである:

$$\varepsilon_1 = \frac{\alpha-\beta}{|\alpha-\beta|}, \quad \eta_1 = \frac{\gamma-\beta}{|\gamma-\beta|}, \quad \varepsilon_2 = \frac{\alpha-\gamma}{|\alpha-\gamma|}, \quad \eta_2 = -\eta_1,$$

$$f_1 = (\bar{\varepsilon}_1+\bar{\eta}_1)(\varepsilon_2+\eta_2)\beta - (\varepsilon_1+\eta_1)(\bar{\varepsilon}_2+\bar{\eta}_2)\gamma$$
$$\quad + (\varepsilon_1+\eta_1)(\varepsilon_2+\eta_2)(\bar{\gamma}-\bar{\beta}),$$

$$f_2 = (-\bar{\varepsilon}_1+\bar{\eta}_1)(-\varepsilon_2+\eta_2)\beta - (-\varepsilon_1+\eta_1)(-\bar{\varepsilon}_2+\bar{\eta}_2)\gamma$$
$$\quad + (-\varepsilon_1+\eta_1)(-\varepsilon_2+\eta_2)(\bar{\gamma}-\bar{\beta}).$$

δ_1, δ_2 を内心,傍心とよぶのは,それぞれ $\triangle\alpha\beta\gamma$ の内接円,傍接円の中心であるからである.

§4 いろいろな問題

さて，β, γ の頂角の2等分線の交点を δ_1 とする．δ_1 から辺 $[\alpha\gamma]$，$[\alpha\beta]$ におろした垂線の足を λ, μ とすれば

$$\triangle \delta_1 \lambda \alpha \equiv \triangle \delta_1 \mu \alpha \quad (逆).$$

(このことは，もちろん複素数を用いても証明されるが複雑である．初等幾何学的考察による方が簡明である．) ゆえに $\overrightarrow{\alpha\delta_1}$ は α の頂角の2等分線である．傍心 δ_2 についても証明は同様である．

δ_1, δ_2 を求めるには，§3, (IV) を用いる．そこの結果によれば，β の角の2等分線は

$$z - \beta = \frac{\varepsilon_1 + \eta_1}{\bar{\varepsilon}_1 + \bar{\eta}_1}(\bar{z} - \bar{\beta}), \tag{11}$$

$\angle \beta'\beta\gamma$ の2等分線は

$$z - \beta = \frac{-\varepsilon_1 + \eta_1}{-\bar{\varepsilon}_1 + \bar{\eta}_1}(\bar{z} - \bar{\beta}), \tag{12}$$

γ の角の2等分線は

$$z - \gamma = \frac{\varepsilon_2 + \eta_2}{\bar{\varepsilon}_2 + \bar{\eta}_2}(\bar{z} - \bar{\gamma}), \tag{13}$$

$\angle \gamma'\gamma\beta$ の2等分線は

$$z - \gamma = \frac{-\varepsilon_2 + \eta_2}{-\bar{\varepsilon}_2 + \bar{\eta}_2}(\bar{z} - \bar{\gamma}) \tag{14}$$

である．δ_1 は (11) と (13)，δ_2 は (12) と (14) の交点であるから，それぞれ $\bar{z}$ を消去すればよい．

(11), (13) の分母をはらい，それぞれに $\varepsilon_2 + \eta_2$, $\varepsilon_1 + \eta_1$ を乗じて差をとれば

$$\begin{aligned}
\delta_1 \{ & (\bar{\varepsilon}_1 + \bar{\eta}_1)(\varepsilon_2 + \eta_2) - (\varepsilon_1 + \eta_1)(\bar{\varepsilon}_2 + \bar{\eta}_2) \} \\
= & (\bar{\varepsilon}_1 + \bar{\eta}_1)(\varepsilon_2 + \eta_2)\beta - (\varepsilon_1 + \eta_1)(\bar{\varepsilon}_2 + \bar{\eta}_2)\gamma \\
& + (\varepsilon_1 + \eta_1)(\varepsilon_2 + \eta_2)(\bar{\gamma} - \bar{\beta})
\end{aligned} \tag{15}$$

が得られる．ここで δ_1 の係数は 0 ではない．すなわち

$$(\bar{\varepsilon}_1+\bar{\eta}_1)(\varepsilon_2+\eta_2) \neq (\varepsilon_1+\eta_1)(\bar{\varepsilon}_2+\bar{\eta}_2). \tag{16}$$

よって(15)の両辺を(16)で割って，(IV)を得る．

　δ_2 の計算は同様であるから読者にまかせる．

　(16)を証明しよう．もし $=$ が成り立つとすれば，
$$(15)\text{の右辺} = 0$$
でなければならない．この等式の $(\bar{\varepsilon}_1+\bar{\eta}_1)(\varepsilon_2+\eta_2)$ の代りに(16)の右辺を代入して計算すれば，$\varepsilon_1+\eta_1 \neq 0$ に注意して
$$(\bar{\varepsilon}_1+\bar{\eta}_1)(\beta-\gamma) + (\varepsilon_2+\eta_2)(\bar{\gamma}-\bar{\beta}) = 0$$
が得られる．すなわち
$$(\bar{\varepsilon}_1+\bar{\eta}_1)(\beta-\gamma) \text{は純虚数．}$$
ゆえに実数 $(\varepsilon_1+\eta_1)(\bar{\varepsilon}_1+\bar{\eta}_1)$ で割って
$$\frac{\beta-\gamma}{\varepsilon_1+\eta_1} \text{は純虚数}$$
であり
$$\overrightarrow{\beta\gamma} \perp \overrightarrow{\varepsilon_1(-\eta_1)}. \tag{17}$$

また，"(15)の右辺$=0$" の $(\varepsilon_1+\eta_1)(\bar{\varepsilon}_2+\bar{\eta}_2)$ の代りに(16)の左辺を代入すれば，上と同様な計算により
$$\overrightarrow{\beta\gamma} \perp \overrightarrow{\varepsilon_2(-\eta_2)}.$$
しかし，これが(17)と同時に成り立つことはない．矛盾．

問3 δ_2 の式(V)を求めよ．

　以上考えた $\triangle\alpha\beta\gamma$ の重心，垂心，外心，内心，傍心をその五心という．

　九点円(図18)　これは三角形に対して'無理なく'定義された9個の点が同一円周上に並ぶ，という見事な結果である．最近では，高校までの教科課程において幾何学が軽視され，ユークリッドの幾何学は殆んど影を失っている．上述の三角形の五心についても，扱うのは重心，外心ぐらいであろうか．九点円とは昔なつかしい名前

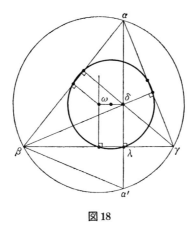

図 18

である．

さて，$\triangle \alpha\beta\gamma$ の外心と垂心 δ を結ぶ線分の中心を ω とする．そのとき，辺 $[\alpha\beta]$, $[\beta\gamma]$, $[\gamma\alpha]$ の各中点(3個)，$[\alpha\delta]$, $[\beta\delta]$, $[\gamma\delta]$ の中点(3個)および α, β, γ から各対辺へおろした垂線の足(3個)の9個の点は，ω を中心とする同一円周上にある．この円を**九点円**という．

証明 平行移動および伸縮(相似変換)を行っても事情は変らないから，$\triangle \alpha\beta\gamma$ の外心を原点，外接円の半径を1としてよい．そうすれば $|\alpha|=|\beta|=|\gamma|=1$ であるから，例題1により，垂心 δ は
$$\delta = \alpha + \beta + \gamma$$
で与えられる．ゆえに
$$\omega = \frac{\alpha+\beta+\gamma}{2}$$
である．

次に α から辺 $[\beta\gamma]$ におろした垂線の足を λ とする．(λ を α に対する垂足という．) λ を求めるために，まずその垂線の延長が外接円にふたたび交わる点 α' を求めよう．

α' は，条件

$$\alpha \neq \alpha', \quad \overrightarrow{\alpha\alpha'} \perp \overrightarrow{\beta\gamma}$$

および

$$|\alpha| = |\beta| = |\gamma| = |\alpha'| = 1 \tag{18}$$

より定められる．実際

$$\overrightarrow{\alpha\alpha'} \perp \overrightarrow{\beta\gamma} \Leftrightarrow \frac{\alpha-\alpha'}{\beta-\gamma} + \frac{\bar{\alpha}-\bar{\alpha}'}{\bar{\beta}-\bar{\gamma}} = 0$$

であるから

$$\Leftrightarrow (\alpha-\alpha')(\bar{\beta}-\bar{\gamma}) + (\beta-\gamma)(\bar{\alpha}-\bar{\alpha}') = 0. \tag{19}$$

一方，(18) より得られる

$$\bar{\alpha} = \frac{1}{\alpha}, \quad \bar{\beta} = \frac{1}{\beta}, \quad \bar{\gamma} = \frac{1}{\gamma}, \quad \bar{\alpha}' = \frac{1}{\alpha'}$$

を用いて (19) の ¯ (共役) をすべて消去すれば，α' の 2 次式が得られる．それは $\alpha'-\alpha$ を因子にもつべきであるから，それに注意して因数分解すれば

$$(\alpha'-\alpha)\left(\alpha'+\frac{\beta\gamma}{\alpha}\right) = 0.$$

ゆえに

$$\alpha' = -\frac{\beta\gamma}{\alpha}.$$

そこで，

$$[\overline{\beta\alpha'}] = [\overline{\beta\delta}] \tag{20}$$

を証明すれば，λ は線分 $\delta\alpha'$ の中点であることがわかる．すなわち

$$\lambda = \frac{\delta+\alpha'}{2} = \frac{\alpha+\beta+\gamma-\dfrac{\beta\gamma}{\alpha}}{2}. \tag{21}$$

(20) の証明は読者にまかせる．

β, γ に対する垂足についても計算は同様である．

さて，9 個の点が，ω を中心とする同一円周上に並ぶことを示す

には，ω とそれらの点との距離がすべて等しいことをいえばよい．
まず

ω と $[\alpha\beta]$ の中点との距離
$$= \left|\frac{\alpha+\beta}{2}-\omega\right| = \left|\frac{\alpha+\beta}{2}-\frac{\alpha+\beta+\gamma}{2}\right| = \frac{|\gamma|}{2} = \frac{1}{2}.$$

これと同様にして

ω と $[\beta\gamma]$ の中点との距離
$$= \omega \text{ と } [\gamma\alpha] \text{ の中点との距離} = \frac{1}{2}$$

がわかる．
次に

ω と $[\alpha\delta]$ の中点との距離
$$= \left|\frac{\alpha+\delta}{2}-\omega\right| = \left|\frac{\alpha+\alpha+\beta+\gamma}{2}-\frac{\alpha+\beta+\gamma}{2}\right| = \frac{|\alpha|}{2} = \frac{1}{2}.$$

これと同様にして

ω と $[\beta\ \delta]$ の中点との距離
$$= \omega \text{ と } [\gamma\delta] \text{ の中点との距離} = \frac{1}{2}$$

もわかる．
さらに

ω と λ の距離 $= \left|\dfrac{\alpha'+\delta}{2}-\dfrac{\delta}{2}\right| = \dfrac{|\alpha'|}{2} = \dfrac{1}{2}\left|\dfrac{\beta\gamma}{\alpha}\right| = \dfrac{1}{2}.$

ω と，β,γ に対する垂足との距離も同様に $\dfrac{1}{2}$ であることがわかる．
これで ω と，問題の 9 個の点との距離はすべて $\dfrac{1}{2}$ に等しいことがわかった．

問4 (20)を証明せよ．

問5 $\triangle\alpha\beta\gamma$ の各辺の中点と λ とが同一円周上に並ぶことを 3° を用いて証明せよ．（他の垂足についても同様である．）

問6 △αβγ の各辺の中点と，線分 [αδ] の中点とが同一円周上に並ぶことを，3° を用いて証明せよ．([βδ], [γδ] の中点についても同様である．)

注意 問5, 問6により ω を知る必要のない'九点円'の別証明が得られたことになる．

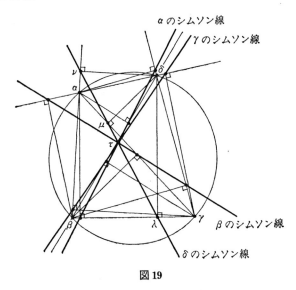

図 19

シムソン線(図 19) $\alpha, \beta, \gamma, \delta$ は同一円周上にあるとする．δ から △αβγ の各辺 [βγ], [γα], [αβ] またはその延長上におろした垂線の足を λ, μ, ν とすれば，λ, μ, ν は同一直線上に並ぶ．この直線を δ に対する**シムソン線**という．さらに次の等式が成り立つ：

$$\frac{[\alpha\delta][\beta\gamma]}{[\mu\nu]} = \frac{[\alpha\gamma][\beta\delta]}{[\nu\lambda]} = \frac{[\alpha\beta][\gamma\delta]}{[\lambda\mu]} = 直径. \qquad (22)$$

δ の代りに α, β, γ を用いて結局 4 本のシムソン線が得られるが，それら 4 本のシムソン線は 1 点 τ で交わる：

$$\tau = \frac{1}{2}(\alpha+\beta+\gamma+\delta).$$

証明 平行移動，伸縮(相似変換)を行っても事情は変らないから，

$\alpha, \beta, \gamma, \delta$ は半径 1 の円周上にあり，その円の中心(結局 4 点 $\alpha, \beta, \gamma, \delta$ のうちから 3 点をえらんでできる 4 つの三角形の外心でもある)は原点であるとしてよい．よって九点円の場合と同様にして

$$\left.\begin{aligned}\lambda &= \frac{1}{2}\left(\beta+\gamma+\delta-\frac{\beta\gamma}{\delta}\right) \\ \mu &= \frac{1}{2}\left(\gamma+\alpha+\delta-\frac{\gamma\alpha}{\delta}\right) \\ \nu &= \frac{1}{2}\left(\alpha+\beta+\delta-\frac{\alpha\beta}{\delta}\right)\end{aligned}\right\} \qquad (23)$$

を得る．このとき，

$$\left.\begin{aligned}\nu-\mu &= -\frac{1}{2\delta}(\beta-\gamma)(\alpha-\delta) \\ \lambda-\nu &= -\frac{1}{2\delta}(\gamma-\alpha)(\beta-\delta) \\ \mu-\lambda &= -\frac{1}{2\delta}(\alpha-\beta)(\gamma-\delta)\end{aligned}\right\} \qquad (24)$$

であるから

$$\frac{\nu-\mu}{\lambda-\nu} = \frac{(\beta-\gamma)(\alpha-\delta)}{(\gamma-\alpha)(\beta-\delta)}.$$

ところで，$\alpha, \beta, \gamma, \delta$ は同一円周上にあるから 3° により

$$\text{上式の右辺} = -\frac{\beta-\gamma}{\alpha-\gamma}\bigg/\frac{\beta-\delta}{\alpha-\delta} \in \boldsymbol{R}$$

である．よって

$$\frac{\nu-\mu}{\lambda-\nu} \in \boldsymbol{R}$$

であり，1° により，λ, μ, ν は同一直線上にある．この直線が δ のシムソン線である．

(22) は (24) より容易に導かれる．($|\delta|=1$ に注意)

次に

$$\tau = \frac{1}{2}(\alpha+\beta+\gamma+\delta)$$

とおき，4つのシムソン線がすべて τ を通ることを示そう．(23) より

$$\lambda = \frac{1}{2}\left(\beta+\gamma+\delta+\alpha-\frac{\alpha\delta+\beta\gamma}{\delta}\right) = \tau - \frac{\alpha\delta+\beta\gamma}{2\delta},$$

$$\mu = \tau - \frac{\beta\delta+\gamma\alpha}{2\delta},$$

$$\nu = \tau - \frac{\gamma\delta+\alpha\beta}{2\delta}.$$

一方，$|\alpha|=|\beta|=|\gamma|=|\delta|=1$ であるから

$$\bar{\alpha} = \frac{1}{\alpha}, \quad \bar{\beta} = \frac{1}{\beta}, \quad \bar{\gamma} = \frac{1}{\gamma}, \quad \bar{\delta} = \frac{1}{\delta}$$

である．これを用いて

$$\frac{\tau-\lambda}{\tau-\mu} = \frac{\bar{\tau}-\bar{\lambda}}{\bar{\tau}-\bar{\mu}}, \quad \frac{\tau-\lambda}{\tau-\nu} = \frac{\bar{\tau}-\bar{\lambda}}{\bar{\tau}-\bar{\nu}}, \quad \frac{\tau-\mu}{\tau-\nu} = \frac{\bar{\tau}-\bar{\mu}}{\bar{\tau}-\bar{\nu}}$$

が得られるから，τ, λ, μ, ν は一直線上に並ぶ．したがって δ のシムソン線は τ を通る．

同様に，他のシムソン線も τ を通る．(対称性による．)

問7 α, β から $[\gamma\delta]$ への垂足，および γ, δ から $[\alpha\beta]$ への垂足の計4点は τ から等距離にあることを示せ．

問8 $|\alpha|=|\beta|=|\gamma|=|\delta|=1$ の場合，δ のシムソン線の方程式は次の形に書かれることを示せ：

$$\delta z - s_3 \bar{z} = \frac{1}{2\delta}(\delta^3 + s_1\delta^2 - s_2\delta - s_3).$$

ただし

$$s_1 = \alpha+\beta+\gamma, \quad s_2 = \alpha\beta+\beta\gamma+\gamma\alpha, \quad s_3 = \alpha\beta\gamma.$$

<u>パスカルの定理</u>(図20) 6個の点 ζ_i ($i=1,2,3,4,5,6$) が番号順に同一円周上に並んでいるとする．

§4 いろいろな問題

ζ_1, ζ_2 および ζ_4, ζ_5 を通る2直線の交点を α,
ζ_2, ζ_3 および ζ_5, ζ_6 を通る2直線の交点を β,
ζ_3, ζ_4 および ζ_6, ζ_1 を通る2直線の交点を γ

とすれば，α, β, γ は同一直線上に並ぶ．この直線を**パスカル線**とよぶことがある．

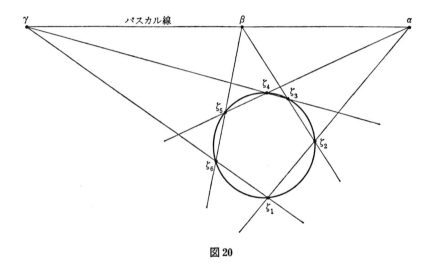

図 20

もちろん，以上の各交点が存在するとしての話である．

証明の概略を述べる．円周は原点を中心とする単位円周としてよい．したがって

$$|\zeta_i| = 1, \quad i = 1, 2, 3, 4, 5, 6.$$

ζ_1, ζ_2 を通る直線の方程式は

$$(\bar{\zeta}_1 - \bar{\zeta}_2)z - (\zeta_1 - \zeta_2)\bar{z} = \bar{\zeta}_1\zeta_2 - \zeta_1\bar{\zeta}_2$$

であるが，これを次のように変形することができる：

$$z + \zeta_1\zeta_2\bar{z} = \zeta_1 + \zeta_2.$$

同様に ζ_4, ζ_5 を通る直線は
$$z + \zeta_4 \zeta_5 \bar{z} = \zeta_4 + \zeta_5$$
であって，これらの交点は $\bar{z}$ を消去して
$$\alpha = \frac{\zeta_1\zeta_2(\zeta_4+\zeta_5) - \zeta_4\zeta_5(\zeta_1+\zeta_2)}{\zeta_1\zeta_2 - \zeta_4\zeta_5} = \frac{\zeta_4 + \zeta_5 - \zeta_1 - \zeta_2}{\overline{\zeta_4\zeta_5} - \overline{\zeta_1\zeta_2}}$$
である．同様に計算して，β, γ を求めれば
$$\frac{\alpha - \gamma}{\beta - \gamma} \in \mathbf{R}$$
がわかる．

問9 証明をくわしく行え．

以上に挙げた例でもわかるように，直交，平行，同一円周（または直線）上にある，同一点を通る，という型の問題に対して，複素数はとくに効力を発揮する．

さて，複素数の効用を述べた際に，'一般化'を挙げた．その比較的簡単な例として，クーリッジ・大上の問題を考えよう．話は九点円にもどるが，もう一度くり返しておく．

原点を中心とする単位円周上に 3 点 $\alpha_1, \alpha_2, \alpha_3$ をとる．$\triangle \alpha_1\alpha_2\alpha_3$ の各辺の中点，各頂点から対辺におろした垂足および垂心と各頂点を結ぶ線分の中点の計 9 個の点は

$$\text{中心} \quad \frac{\alpha_1 + \alpha_2 + \alpha_3}{2}, \quad \text{半径} \quad \frac{1}{2} \qquad (25)$$

の円周上に並ぶ．

この円が $\triangle \alpha_1\alpha_2\alpha_3$ に対する九点円であった．なお，$\triangle \alpha_1\alpha_2\alpha_3$ の外心は原点になっていることを注意しておく．

一般化の 1 つの指向として，単位円周上に 4 点 $\alpha_1, \alpha_2, \alpha_3, \alpha_4$ をとってみよう．これら 4 個の点から 3 個をえらんで 4 つの三角形がつくられる．（それらの三角形の外心はすべて原点と一致している．）

§4 いろいろな問題

そのとき,各三角形に対する九点円の中心は,(25)より

$$\tau_1 = \frac{\alpha_1+\alpha_2+\alpha_3}{2}, \quad \tau_2 = \frac{\alpha_1+\alpha_2+\alpha_4}{2},$$

$$\tau_3 = \frac{\alpha_1+\alpha_3+\alpha_4}{2}, \quad \tau_4 = \frac{\alpha_2+\alpha_3+\alpha_4}{2}$$

で与えられる.これらの4点は'きれいな'形をしているから,同一円周上にあるのではないかと考えるのは自然であろう.そのことを確かめるには3°を用いればよい.しかし,ここでは(25)の中心を与える式の'きれいさ'に注目して,

$$\text{中心} \quad \tau = \frac{\alpha_1+\alpha_2+\alpha_3+\alpha_4}{2}$$

の円周上に並ぶのではないか,と予想してみよう.このような予想をたてることができるのは,複素数の幾何学への応用における最大の効用であり魅力であろう.

実際,容易な計算により

$$|\tau-\tau_1| = |\tau-\tau_2| = |\tau-\tau_3| = |\tau-\tau_4| = \frac{1}{2}$$

が示されるから,上記予想は正しい.この τ を,仮りに4点中心,τ を中心とする半径 $\frac{1}{2}$ の円を4点中心円とよぶことにしよう(図21).また各三角形の九点円は,それぞれ $\tau_1, \tau_2, \tau_3, \tau_4$ を中心とする半径 $\frac{1}{2}$ の円周であるから,τ はどの九点円の上にもある.すなわち4つの九点円は,4点中心で交わることもわかった.

それでは次に,単位円周上に5点 $\alpha_1, \alpha_2, \alpha_3, \alpha_4, \alpha_5$ をとればどうなるであろうか.上記の類似を考えるならば与えられた5点から4点をえらぶ方法は5通りある.その4点の組に対して,それぞれ4点中心を考えることができるが,

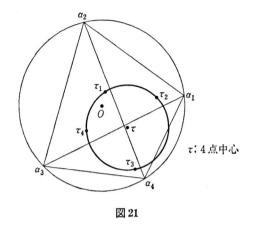

図 21

5個の4点中心は，中心 $\tau=\dfrac{\alpha_1+\alpha_2+\alpha_3+\alpha_4+\alpha_5}{2}$, 半径 $\dfrac{1}{2}$ の円周上に並び，5つの4点中心円は τ で交わる

という予想が立つ．

実はこの予想は正しい．しかもこのような操作を6点，7点，… と無限に続けることができる．（クーリッジ・大上の定理）

問10 (26)を証明せよ．また，6点に対して同様のことを予測し，証明せよ．

このような"操作が無限に続く"型の定理はほかにもいくつか知られているが，その証明はやや複雑になる．本書の程度としては，これ以上の深入りは避けて，ここらあたりで駒を止めなければならない．しかし，問題のおもしろさを理解していただくために，もう一つだけ見事な定理を証明なしで紹介しておこう．

まず，n 本の直線が一般的位置にあるとは，どの2本も平行でなく，どの3本も1点で交わらないこととする．

一般的位置にある4本の直線から3本をえらぶ方法は4通りある．おのおの3本の直線の組は三角形をつくるが，それら4つの三角形

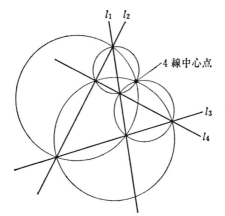

円はすべて l_1, l_2, l_3, l_4 の3線中心点

(1)

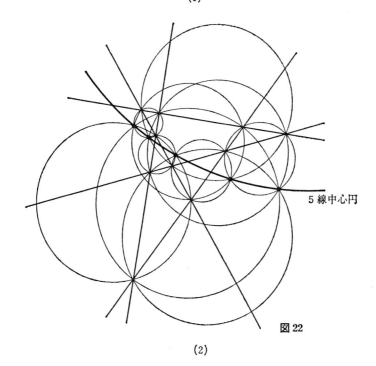

図22

(2)

の外接円は 1 点で交わる．この点を仮りに 4 線中心点とよぶ(図 22 (1))．

次に，一般的位置にある 5 本の直線から 4 本をえらぶ方法は 5 通りある．4 直線のおのおのの組に対して 4 線中心点が与えられるが，これら 5 個の 4 線中心点は同一円周上に並ぶ．この円を 5 線中心円とよぶ(図 22(2))．(したがって，4 直線の場合の各外接円は 3 線中心円とよぶべきである．)

このようにして一般的位置にある n 本の直線に対して

n が偶数ならば n 個の $(n-1)$ 線中心円，

n が奇数ならば n 個の $(n-1)$ 線中心点

が定義される．このとき，次の定理が成り立つ．

<u>クリフォードの定理</u>　一般的位置にある n 本の直線を考える．

n が偶数ならば，n 個の $(n-1)$ 線中心円は 1 点で交わる．(この点が n 線中心点である．)

n が奇数ならば，n 個の $(n-1)$ 線中心点は同一円周上に並ぶ．(この円が n 線中心円である．)

§5　反　　転

この節で扱う反転法は，ユークリッド幾何学を一歩超えたものであり，幾何学にとって大切な手段である．複素数に固有のものではないが，複素数を用いれば，物事が円滑に進行することが多い．また本節は，次節の'1 次分数変換'への準備ともなっている．

$C \ni \alpha$, $R \ni k > 0$ が与えられたとき，$z \in C$ に対し

$$(z-\alpha)(\overline{w}-\overline{\alpha}) = k^2 \tag{1}$$

により定められる $w(\overline{w}$ ではない$)$ を z の**反転**といい，α を**反転の中心**，円 $|z-\alpha|=k$ を**反転の定円**，k を**反転の半径**という．

ただし $z=\alpha$ の反転は $w=\infty$ (無限遠点)，$z=\infty$ の反転は $w=\alpha$ と

考える．それは z が α に限りなく近づくとき，w は α から限りなく遠ざかるからである．(1) を

$$\bar{w}-\bar{\alpha}=\frac{k^2}{z-\alpha}$$

と書き直すとよく分かるように，このことは

$$\frac{c}{0}=\infty, \quad \frac{c}{\infty}=0, \quad c>0$$

と約束することに対応している．

z がある図形 C をえがくとき，C 上の各点の反転がえがく図形 C' を C の**反転**という．

(1) より

$$(\bar{z}-\bar{\alpha})(w-\alpha)=k^2$$

であるから，逆に z は w の反転である．よって z, w は互いに反転 (より詳しく，円 $|z-\alpha|=k$ に関して互いに反転) であるともいう．

一般に円の反転は円であることを証明しよう．そのためには，平行移動して，反転の中心 α を原点にとっても一般性を失わない．このとき (1) は

$$z\bar{w}=k^2 \tag{2}$$

となる．

さて，z がえがく円を

$$az\bar{z}+\bar{\beta}z+\beta\bar{z}+c=0, \quad a, c \in \boldsymbol{R}, \quad \beta\bar{\beta}-ac>0 \tag{3}$$

とする．(1) より

$$z=\frac{k^2}{\bar{w}}$$

であるから，これを (3) に代入して整理すれば

$$cw\bar{w}+k^2\bar{\beta}w+k^2\beta\bar{w}+ak^4=0. \tag{4}$$

これは，一般には円を表す．すなわち，一般には円の反転は円で

ある.とくに $c=0$ および $a=0$ の場合を考えよう.

(i) $c=0, a\neq 0$ のときは,(3)は原点(いまは反転の中心)を通る円であり,(4)は原点を通らない直線である.そしてこのとき,(3)の直径は,直線(4)と直交する.

証明 原点のまわりに回転して,(3)の中心は実軸上にあるとしてよい.そのときは $\beta \in \mathbf{R}$. (4)は
$$\beta w + \bar{\beta}\bar{w} + ak^2 = 0$$
となる.これより $\operatorname{Re} w = $ 一定 となり,直線(4)は実軸に直交する.

(ii) $a=0, c\neq 0$ のときは(3)は原点を通らない直線,(4)は原点を通る円である.((i)において,w と z とが交換された場合とみなすことができる.)

(iii) $a=c=0$ のときは,(3)と(4)は一致する.(原点を通る直線である.)

(1)にもどって,さらに,z' と w' が互いに反転,すなわち
$$(z'-\alpha)(\bar{w}'-\bar{\alpha}) = k^2$$
とすれば,(1)と合わせて
$$\frac{z-\alpha}{z'-\alpha} = \frac{\bar{w}'-\bar{\alpha}}{\bar{w}-\bar{\alpha}}$$
を得る.よって定理1,系1により
$$\triangle \alpha z z' \backsim \triangle \alpha w w' \quad (逆).$$

これより,(1)のもとで,一般には z がえがく図形 C と w のえがく図形 C' は,α を相似の中心とする相似の位置にあることがわかる.また,z が C 上を動く向きと w が C' 上を動く向きは逆であることもわかる.

注意 このことからも,一般には円の反転は円であることがわかる.しかし,上記(i),(ii),(iii)を詳しく調べる必要があった.

これで次の定理が証明された.

§5 反転

定理14 円の反転は円であり，向きは逆である．

とくに

反転の中心を通る円の反転は反転の中心を通らない直線である．（反転の中心を通らない直線の反転は，反転の中心を通る円である．）

反転の中心を通る直線の反転は，反転の中心を通る直線である．（図23）

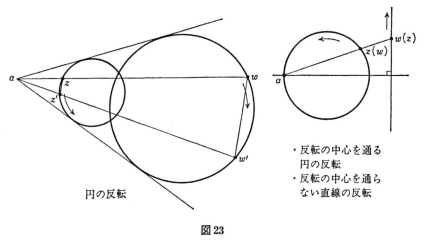

図23

この定理のはじめの部分では，直線を，半径 ∞ の円周とみなした．

次に，(3)が互いに反転である2点 $\gamma, \gamma' = k^2/\bar{\gamma}$ を通る円であるとする．(3)の z のかわりに，γ, γ' をそれぞれ代入して比べれば

$$c = ak^2$$

が得られる．よってこの場合(3)と(4)は同じ円を与えることになる．これで次の定理の前半が証明された．

定理15 互いに反転である2点を通る円の反転はそれ自身であり，かつ反転の定円 $|z-\alpha|=k$ に直交する．

<u>後半の証明</u>　$c=ak^2$ であるから，(3)は

$$az\bar{z}+\bar{\beta}z+\beta\bar{z}+ak^2=0 \tag{5}$$

であり,これは中心 $-\dfrac{\beta}{a}$ の円周である.一方,反転の円の方程式は(反転の中心を原点にとってよいから)

$$|z|=k.$$

ゆえに

$$z\bar{z}=k^2.$$

2円の交点を λ とすれば,λ は上式および(5)を満たすから,それらを連立方程式とみて解けばよい.λ の条件を求めれば

$$\bar{\beta}\lambda+\beta\bar{\lambda}+2ak^2=0. \tag{6}$$

λ における2円の接線が直交することを示すには,

$$\lambda\perp\lambda+\dfrac{\beta}{a}$$

をいえばよい.そのためには

$$\dfrac{\lambda+\dfrac{\beta}{a}}{\lambda}+\dfrac{\bar{\lambda}+\dfrac{\bar{\beta}}{a}}{\bar{\lambda}}=0$$

をいえばよいが,これは(6)と同値である.$(\lambda\bar{\lambda}=k^2)$

注意 幾何学的には,(1)より

$$|z-\alpha||w-\alpha|=k^2$$

および

$$\arg(z-\alpha)-\arg(w-\alpha)=0+2n\pi, \quad n\in\mathbf{Z}$$

を得るから,

定点 α を中心とする半径 k の円周を C とするとき,α を端点とする任意の半直線上に点 z, w をとって

$$[\overline{\alpha z}][\overline{\alpha w}]=k^2$$

とすれば,z, w は C を定円として互いに反転である.

問1 長さ l の棒を2本,長さ m の棒 $(l>m)$ を4本用いて,図24のような器具をつくる.ただし,各棒の接合部は自由に動くことができるよう

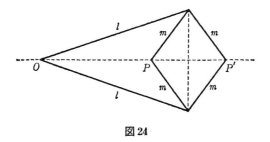

図 24

にしておく．図のように点 O, P, P' をとる．
(i) $\overline{OP} \cdot \overline{OP'} = l^2 - m^2$ を示せ．
(ii) P が O を通る円周をえがくとき，P' はどのような図形をえがくか．

注意 図 24 のような器具を'反転器'という．フランス人ポセリエの考案(1864)になるものである(クライン)．実際には，P, P' の動く範囲はおのずから限定される．

例題 1 反転の定円に直交する円の反転はそれ自身であることを証明せよ．

証明 平行移動しても事情は変らないから，反転の定円を
$$C : |z| = k, \quad k > 0$$
とする．したがって反転の式は
$$w = \frac{k^2}{\bar{z}}$$
である．C に直交する円を
$$C_1 : |z - \lambda| = r, \quad r > 0$$
とする．C と C_1 が直交する条件は
$$|\lambda|^2 = r^2 + k^2$$
である．
$$z = \frac{k^2}{\bar{w}}$$
を C_1 の式に代入すれば

第4章 幾何学への応用

$$k^4 - \lambda k^2 \overline{w} - \overline{\lambda} k^2 w + \lambda \overline{\lambda} w \overline{w} = r^2 w \overline{w}$$

が得られるが,直交条件により

$$|w - \lambda| = r$$

と書き直される.これは円 C_1 にほかならない.

問2 反転の円 C に直交する 2 つの円の交点は,C に関して互いに反転であることを示せ.

例1 反転

$$w \overline{z} = 1$$

を考える.このとき,反転の中心は原点であり反転の半径は 1 である.

われわれはすでに,z が z 平面の格子をえがくとき,

$$w = \frac{1}{z}$$

を満たす w が動く図形をえがいた(第 3 章,図 42).いまはその共役を考えることになるから,z が z 平面の格子を動くとき,

$$w = \frac{1}{\overline{z}}$$

のえがく図形は,第 3 章,図 42 を実軸に関して矢印までこめておりまげたものである(図 25).

また,定理 14 に即して説明すれば直線 $x=0$ および $y=0$ は反転の中心を通るから,反転により自分自身に写る.図では z 平面と w 平面を別にしたから,上記直線はそれぞれ w 平面の虚軸,実軸にうつる.直線 $x=c$ ($c \neq 0$) および $y=d$ ($d \neq 0$) は,反転の中心を通らない直線であるから,反転の中心を通りそれぞれの直線に直交する円に写される.

次に,例 1 において z の動く図形を変えてみよう.

例2 例 1 の反転

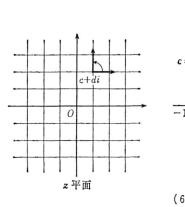
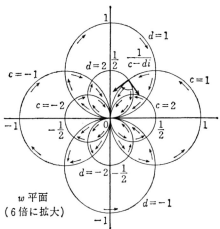

z 平面　　　　　w 平面
　　　　　　　（6倍に拡大）

図 25

$$w = \frac{1}{\bar{z}}$$

において，今度は，z が原点(いまは反転の中心)を通らない円
$$|z-\alpha| = r, \quad |\alpha| \neq r, \ r > 0$$
を動くとする．このとき，$z=\dfrac{1}{\bar{w}}$ を代入して
$$(r^2 - \alpha\bar{\alpha})w\bar{w} + \bar{\alpha}w + \alpha\bar{w} - 1 = 0.$$
これは
$$\text{中心}\ \ \frac{-\alpha}{r^2 - \alpha\bar{\alpha}}, \quad \text{半径}\ \ \frac{r}{|r^2 - \alpha\bar{\alpha}|}$$
の円である．

　図 26 に，$\alpha = 1+i$, $r = \sqrt{3}^{\pm 1}, 2^{\pm 1}, \sqrt{5}^{\pm 1}, 1$, の場合をえがいた．

　さて，図 25 において，z 平面で直交する 2 直線は，w 平面の直交する 2 つの円にうつされ，しかも，向きは逆である．図 26 でも同様である．すなわち，z 平面において直線 l_z と，$1+i$ を中心とする

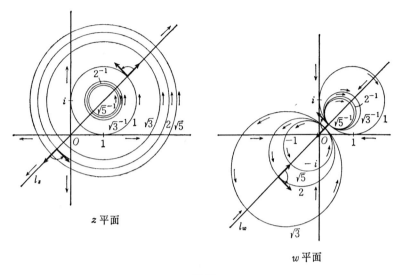

z 平面

w 平面

図 26

r	$\sqrt{5}^{-1}$	2^{-1}	$\sqrt{3}^{-1}$	1	$\sqrt{3}$	2	$\sqrt{5}$
中心 $\dfrac{-1-i}{r^2-2}$	$\dfrac{5}{9}(1+i)$	$\dfrac{4}{7}(1+i)$	$\dfrac{3}{5}(1+i)$	$1+i$	$-1-i$	$\dfrac{-1-i}{2}$	$\dfrac{-1-i}{3}$
半径 $\dfrac{r}{\|r^2-2\|}$	$\dfrac{\sqrt{5}}{9}$	$\dfrac{2}{7}$	$\dfrac{\sqrt{3}}{5}$	1	$\sqrt{3}$	1	$\dfrac{\sqrt{5}}{3}$

円とは直交しているが，それに対応して w 平面においても直線 l_w と，対応する円とは直交している．しかも対応する直角の向きは逆である．

一般に次の定理が成り立つ．

定理 16 反転において，対応する角の大きさは等しく，向きは逆である．

証明 図 27 において，曲線 C_1 と C_2 の交点を α とする．C_1, C_2 の反転を C_1', C_2' とし，C_1', C_2' の交点を α' とすれば，α' は α の反転で

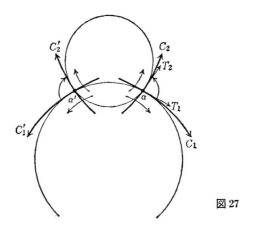

図 27

ある．

C_1, C_2 のなす角は，それらの接線 T_1, T_2 のなす角であるから，T_1, T_2 を接線とする円周でおきかえてよい．そこで，C_1, C_2 を，α, α' を通り，点 α においてそれぞれ T_1, T_2 を接線とする円周でおきかえる．定理15により，これらの円周は，反転により自分自身に逆向きにうつる．それらはまた，α' において，C_1', C_2' とそれぞれ接線を共有する円周でもある．2つの円の交角の大きさは相等しいから定理は成り立つ．

反転において，定理16は重要である．言葉をかえれば曲線のなす角の大きさは反転によって変らない量である．このように，変換あるいは写像に関して不変な性質あるいは量をみいだすことは，それらの研究において欠くべからざることである．さらにある量が不変でないならば，それが変化する法則をみいだすことが望ましい．長さ，面積，線分の長さの比などは反転において変化し，その点で不便であるが，長さについては，その変化の法則が次の定理で与えられる．

定理 17 反転

$$(z-\alpha)(\bar{w}-\bar{\alpha}) = k^2$$

において, $z=\lambda, \mu$ に $w=\lambda', \mu'$ が対応するとする. このとき

$$[\overline{\lambda\mu}] = k^2 \frac{[\overline{\lambda'\mu'}]}{[\overline{\alpha\lambda'}][\overline{\alpha\mu'}]}, \qquad [\overline{\lambda'\mu'}] = k^2 \frac{[\overline{\lambda\mu}]}{[\overline{\alpha\lambda}][\overline{\alpha\mu}]}$$

が成り立つ.

複素数で表せば, 上の2式はそれぞれ

$$|\lambda-\mu| = \frac{k^2|\lambda'-\mu'|}{|\lambda'-\alpha||\mu'-\alpha|}, \qquad |\lambda'-\mu'| = \frac{k^2|\lambda-\mu|}{|\lambda-\alpha||\mu-\alpha|}$$

となる.

証明 反転の定義より

$$\lambda-\alpha = \frac{k^2}{\bar{\lambda}'-\bar{\alpha}}, \qquad \mu-\alpha = \frac{k^2}{\bar{\mu}'-\bar{\alpha}}$$

が成り立つ. ゆえに

$$\lambda-\mu = \lambda-\alpha-(\mu-\alpha) = k^2\left(\frac{1}{\bar{\lambda}'-\bar{\alpha}} - \frac{1}{\bar{\mu}'-\bar{\alpha}}\right)$$
$$= \frac{k^2(\bar{\mu}'-\bar{\lambda}')}{(\bar{\lambda}'-\bar{\alpha})(\bar{\mu}'-\bar{\alpha})}.$$

この両辺の絶対値をとれば $|\lambda-\mu|$ を与える式が得られる. $|\lambda'-\mu'|$ についても同様である.

定理17の簡単な応用としてトレミーの定理を再び証明しよう.

例3 3点 β, γ, δ が一直線上に並んでいる. その直線を, 直線外の1点 α を中心として反転すれば, α を通る円 C が得られる. そして β, γ, δ の反転 β', γ', δ' は C 上に並ぶわけである. このとき, β, γ, δ は一直線上にあるから

$$|\beta-\gamma|+|\gamma-\delta| = |\delta-\beta|. \tag{7}$$

一方, 定理17により

$$|\beta-\gamma| = \frac{k^2|\beta'-\gamma'|}{|\beta'-\alpha||\gamma'-\alpha|}, \qquad |\gamma-\delta| = \frac{k^2|\gamma'-\delta'|}{|\gamma'-\alpha||\delta'-\alpha|},$$

$$|\delta-\beta| = \frac{k^2|\delta'-\beta'|}{|\delta'-\alpha||\beta'-\alpha|}$$

であるから，これらを(7)に代入し，両辺を k^2 で割り，さらに両辺に $|\beta'-\alpha||\gamma'-\alpha||\delta'-\alpha|$ を掛ければ

$$|\beta'-\gamma'||\delta'-\alpha|+|\gamma'-\delta'||\beta'-\alpha| = |\delta'-\beta'||\gamma'-\alpha|$$

となる．これは C に内接する四角形 $\alpha\beta'\gamma'\delta'$ に対するトレミーの定理にほかならない．

すなわち，トレミーの定理の本質は，3点が一直線上にあるということである．

問3 2定点 λ, μ を結ぶ線分 $[\lambda\mu]$ の垂直2等分線を，λ, μ を通る直線上の1点を中心として反転せよ．

問4 反転の中心を通る直線上の調和点列の反転はふたたび調和点列であることを示せ．(ヒント：$D(\alpha,\beta,\gamma,\delta)=-1$)

§6 1次分数変換

$\alpha, \beta, \gamma, \delta \in C$, $\alpha\delta-\beta\gamma \neq 0$, に対して

$$w = \frac{\alpha z+\beta}{\gamma z+\delta} \tag{1}$$

とおく．このとき，w は z の1次分数関数である，あるいは，(1)を z 平面から w 平面への写像とみて，w を z の **1次分数変換**(簡単には**1次変換**)という．$\alpha, \beta, \gamma, \delta$ を1次変換(1)の係数という．

注意 条件 $\alpha\delta-\beta\gamma \neq 0$ は必要である．何故ならば $\alpha\delta-\beta\gamma=0$ とすれば $\alpha\delta=\beta\gamma$ である．このとき

(i)　$\alpha\beta\neq 0$ とすれば，$\dfrac{\delta}{\beta}=\dfrac{\gamma}{\alpha}=k$ とおくとき，

$$w = \frac{\alpha z+\beta}{\alpha kz+\beta k} = \frac{1}{k},$$

(ii)　$\gamma=\delta=0$ となることはない．

(iii) $\gamma=0, \delta \neq 0$ ならば $\alpha=0$. ゆえに $w=\dfrac{\beta}{\delta}$,

(iv) $\gamma \neq 0, \delta=0$ ならば $\beta=0$. ゆえに $w=\dfrac{\alpha}{\gamma}$

となり,いずれの場合もつまらない.

(1)のような変換の特別な場合には,われわれはすでに出会っている. すなわち

$\alpha=\delta=1, \gamma=0$ ならば $w=z+\beta$ で,これは平行移動である.

$\alpha \in \mathbf{R}, \beta=\gamma=0, \delta=1$ ならば $w=\alpha z$ で,これは α 倍の相似変換である.

また, $\alpha\bar{\alpha}=1$ (すなわち $\alpha=\cos\theta+i\sin\theta$), $\beta=\gamma=0, \delta=1$ ならば $w=\alpha z$ は θ だけの回転移動である.

さらに, $\alpha=0, \beta=\gamma=1, \delta=0$ ならば, (1)は $w=\dfrac{1}{z}$ となる. これを逆数変換とよぶ.

注意 1次分数変換を簡略に1次変換ともいうが,これは, xy 平面の1次変換とは異なる. 実際,後者の場合,平行移動は含まれていない.

(1)の他に

$$w=\frac{\alpha\bar{z}+\beta}{\gamma\bar{z}+\delta}, \qquad \alpha\delta-\beta\gamma \neq 0 \tag{2}$$

の形の変換をも考える. これを共役1次(分数)変換という. 特別な場合として

中心が原点である反転 $\quad w=\dfrac{k^2}{\bar{z}}$,

中心が λ である反転 $\quad w=\dfrac{\lambda\bar{z}+k^2-\lambda\bar{\lambda}}{\bar{z}-\bar{\lambda}}$

などをすでに考察した. そのほかにも

実軸に関する対称移動 $\quad w=\bar{z}$,

虚軸に関する対称移動 $\quad w=-\bar{z}$

などは(2)の範疇に属する.

§6 1次分数変換

一般に，w が z の変換 $w=f(z)$ であり，u が w の変換 $u=g(w)$ であるとき，これらを結びつけて，u を z の変換と考えることができる:
$$u = g(f(z)).$$
これを $g \circ f(z)$ と書き，f と g の合成変換という．2つ以上の変換の合成も同様に定義される．

たとえば
$$w = f(z) = \frac{\alpha z + \beta}{\gamma z + \delta}, \quad \alpha\delta - \beta\gamma \neq 0,$$
$$u = g(w) = \frac{\alpha' w + \beta'}{\gamma' w + \delta'}, \quad \alpha'\delta' - \beta'\gamma' \neq 0$$
とすれば，
$$u = g \circ f(z) = \frac{(\alpha\alpha' + \beta'\gamma)z + \alpha'\beta + \beta'\delta}{(\alpha\gamma' + \gamma\delta')z + \beta\gamma' + \delta\delta'}$$
である．

問1 このことを確めよ．

ついでながら，1次変換は，行列を用いて
$$\begin{pmatrix} \alpha & \beta \\ \gamma & \delta \end{pmatrix}(z) = \frac{\alpha z + \beta}{\gamma z + \delta} = f(z)$$
と書くと便利である．この記法によれば
$$g(w) = \frac{\alpha' w + \beta'}{\gamma' w + \delta'} = \begin{pmatrix} \alpha' & \beta' \\ \gamma' & \delta' \end{pmatrix}(w)$$
であり，行列の積を用いて
$$g \circ f(z) = \begin{pmatrix} \alpha' & \beta' \\ \gamma' & \delta' \end{pmatrix}\begin{pmatrix} \alpha & \beta \\ \gamma & \delta \end{pmatrix}(z)$$
と書かれる．すなわち，1次分数変換の合成には，それらを表す行列の積が対応する．

1次分数変換(1)において，
$$\alpha = k\alpha_1, \quad \beta = k\beta_1, \quad \gamma = k\gamma_1, \quad \delta = k\delta_1$$

とすれば,
$$\frac{\alpha z+\beta}{\gamma z+\delta}=\frac{k\alpha_1 z+k\beta_1}{k\gamma_1 z+k\delta_1}=\frac{\alpha_1 z+\beta_1}{\gamma_1 z+\delta_1}.$$
すなわち,
$$\frac{\alpha}{\alpha_1}=\frac{\beta}{\beta_1}=\frac{\gamma}{\gamma_1}=\frac{\delta}{\delta_1} \quad (=k) \tag{3}$$
ならば, 係数 $\alpha, \beta, \gamma, \delta$ と $\alpha_1, \beta_1, \gamma_1, \delta_1$ とは同じ1次分数変換を定める.

逆に, 2組の $\alpha, \beta, \gamma, \delta$ と $\alpha_1, \beta_1, \gamma_1, \delta_1$ が同じ1次分数変換を定めるならば(3)が成り立つ.

証明 $\quad \dfrac{\alpha z+\beta}{\gamma z+\delta}=\dfrac{\alpha_1 z+\beta_1}{\gamma_1 z+\delta_1}$

とすれば, 分母をはらい, 整理して
$$(\alpha\gamma_1-\alpha_1\gamma)z^2+(\alpha\delta_1+\beta\gamma_1-\alpha_1\delta-\beta_1\gamma)z+\beta\delta_1-\beta_1\delta=0.$$
これが z の如何にかかわらず成り立つのであるから
$$\alpha\gamma_1-\alpha_1\gamma=0, \tag{4}$$
$$\alpha\delta_1+\beta\gamma_1-\alpha_1\delta-\beta_1\gamma=0, \tag{5}$$
$$\beta\delta_1-\beta_1\delta=0 \tag{6}$$
でなければならない. (4), (5)より
$$\frac{\alpha}{\alpha_1}=\frac{\gamma}{\gamma_1}=p, \quad \frac{\beta}{\beta_1}=\frac{\delta}{\delta_1}=q, \quad p\neq 0, q\neq 0$$
を得るが, これと(5)から $p=q$ を得る. すなわち(3)が成り立つ.

問2 $p=q$ を示せ. ($\alpha\delta-\beta\gamma\neq 0$, $\alpha_1\delta_1-\beta_1\gamma_1\neq 0$ を用いる.)

(1)を z について解けば
$$z=\frac{\delta w-\beta}{-\gamma w+\alpha}$$
である. ここで $\alpha\delta-\beta\gamma\neq 0$ を用いた. 習慣により, z と w とを交換し

$$w = \frac{\delta z - \beta}{-\gamma z + \alpha} \tag{7}$$

を(1)の逆変換という.

ここでも，1次変換の行列による表示は便利である．実際，条件 $\alpha\delta - \beta\gamma \neq 0$ により $\begin{pmatrix} \alpha & \beta \\ \gamma & \delta \end{pmatrix}$ の逆行列が存在し，

$$\begin{pmatrix} \alpha & \beta \\ \gamma & \delta \end{pmatrix}^{-1} = \frac{1}{\alpha\delta - \beta\gamma} \begin{pmatrix} \delta & -\beta \\ -\gamma & \alpha \end{pmatrix}.$$

このとき，(3)は

$$w = \begin{pmatrix} \alpha & \beta \\ \gamma & \delta \end{pmatrix}^{-1}(z) = \frac{1}{\alpha\delta - \beta\gamma} \begin{pmatrix} \delta & -\beta \\ -\gamma & \alpha \end{pmatrix}(z)$$

$$= \frac{\dfrac{\delta}{\alpha\delta-\beta\gamma} z - \dfrac{\beta}{\alpha\delta-\beta\gamma}}{\dfrac{-\gamma}{\alpha\delta-\beta\gamma} z + \dfrac{\alpha}{\alpha\delta-\beta\gamma}} = \frac{\delta z - \beta}{-\gamma z + \alpha}$$

と表される．すなわち，逆変換には逆行列が対応する．

例1

(i) $w = \dfrac{2z-1}{-z+1}$, $u = \dfrac{iw+2}{2w-3i}$ の合成は

$$u = \frac{i\left(\dfrac{2z-1}{-z+1}\right) + 2}{2\left(\dfrac{2z-1}{-z+1}\right) - 3i} = \frac{2(i-1)z - (i-2)}{(4+3i)z - (3i+2)}$$

である．

行列を用いて計算すれば

$$\begin{pmatrix} i & 2 \\ 2 & -3i \end{pmatrix} \begin{pmatrix} 2 & -1 \\ -1 & 1 \end{pmatrix} = \begin{pmatrix} 2i-2 & 2-i \\ 4+3i & -2-3i \end{pmatrix}.$$

(ii) w の逆変換は，(z について解き，z, w を交換して)

$$w = \frac{z+1}{z+2}.$$

行列を用いて計算すれば

$$\begin{pmatrix} 2 & -1 \\ -1 & 1 \end{pmatrix}^{-1} = \begin{pmatrix} 1 & 1 \\ 1 & 2 \end{pmatrix}.$$

例 2 1 次変換

$$w = \frac{iz}{z-i} \tag{8}$$

により,円 $|z-1|=1$ はどのような図形に写されるかをみよう.

(8) を z について解けば

$$z = \frac{wi}{w-i}$$

である.これを円の方程式 $|z-1|=1$ に代入すれば

$$\left| \frac{wi}{w-i} - 1 \right| = 1$$

であるが,計算して

$$\frac{\left| w - \frac{1-i}{2} \right|}{|w-i|} = \frac{1}{\sqrt{2}}$$

を得るから,w は $i, \dfrac{1-i}{2}$ に関するアポロニウスの円である.(→§3,例 9)

実際,変形して

$$w\bar{w} - (2i+1)w + (2i-1)\bar{w} = 0$$

を得るから,中心 $1-2i$,半径 $\sqrt{5}$ の円である (図 28).

問 3 (i) 変換 $w = \dfrac{z-\mu}{z-\bar{\mu}}$, $u = \dfrac{w-\alpha}{\bar{\alpha}w-1}$ を合成せよ.

(ii) それぞれ逆変換を求めよ.

次に,1 次分数変換の一般的な性質を調べよう.そのために,変換 (1) を,いくつかの良く知られた (すでに考察した) 変換に分解する:すなわち

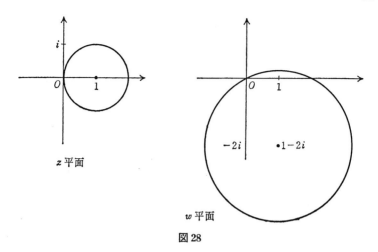

図 28

$$w = \lambda + w', \quad \lambda = \frac{\alpha}{\gamma}, \tag{9}$$

$$w' = \mu w'', \quad \mu = -\frac{\alpha\delta - \beta\gamma}{\gamma^2}, \tag{10}$$

$$w'' = \frac{1}{z'}, \tag{11}$$

$$z' = z - \nu, \quad \nu = -\frac{\delta}{\gamma}. \tag{12}$$

実際，これらの変換を合成すれば(1)が得られることは，簡単な計算でわかる．(読者は自ら計算されたい．) したがって，(1)の性質を調べるには，

　　平行移動(9), (12),

　　回転伸縮(10),

　　逆数変換(11)

を調べればよい.

定理 18 1次分数変換

$$w = \frac{\alpha z + \beta}{\gamma z + \delta}, \quad \alpha\delta - \beta\gamma \neq 0$$

により，円周は円周に同じ向きに写される．対応する角は同じ向きに等しい．

証明 z が円周 C 上を動くならば，(12)は平行移動であるから，z' も同じ向きに円 C_1 をえがく．そこで反転

$$\frac{1}{\bar{z}'}$$

を考えれば，定理14により C_1 は逆向きに円 C_2 にうつされる．その共役が(11)であるから，w'' は円 C_2 の逆向きに円 C_3 をえがく．よって C_3 は C と同じ向きである．C_3 は回転伸縮(10)により同じ向きに円 C_4 にうつされ，さらに平行移動(9)により C_4 は同じ向きに円 C_5 にうつされる．C_5 が w のえがく円である．

また，写像の各段階で対応する角の大きさは等しい．そして向きが変らないから(定理16に注意．さらに共役変換を行う)，対応する角も同じ向きに等しい．

定理 19 1次変換

$$w = \frac{\alpha z + \beta}{\gamma z + \delta}, \quad \alpha\delta - \beta\gamma \neq 0$$

により，z 平面の円周 C が w 平面の円周 C' に写されるとする．このとき，C に関して互いに反転である2点の像は，C' に関して互いに反転である．

証明 円周 C の方程式を

$$|z - \lambda| = k, \quad k > 0 \tag{13}$$

とする．z_1, z_2 が C に関して反転ならば

$$z_1 - \lambda = \frac{k^2}{\bar{z}_2 - \bar{\lambda}} \tag{14}$$

である.
　定理を証明するためには，1次変換を(9), (10), (11), (12)に分解し，おのおのに対して定理が成り立つことをいえばよい．しかし，平行移動については定理は明らかに成り立つから，

$$\text{回転伸縮} \quad w = \alpha z,$$

および

$$\text{逆数変換} \quad w = \frac{1}{z}$$

の場合を考えればよい.
　(i)　回転伸縮の場合.

$$w_i = \alpha z_i, \quad i = 1, 2$$

とする．このとき，円周 C' の方程式は，$z = \dfrac{w}{\alpha}$ を(13)に代入して得られる：すなわち

$$w\bar{w} - \alpha\lambda\bar{w} - \bar{\alpha}\bar{\lambda}w + |\alpha|^2|\lambda|^2 - k^2|\alpha|^2 = 0.$$

これは

$$\text{中心} \quad \alpha\lambda, \quad \text{半径} \quad k|\alpha|$$

の円周である．よってこの場合の定理を証明するためには，

$$w_1 - \alpha\lambda = \frac{k^2|\alpha|^2}{\bar{w}_2 - \bar{\alpha}\bar{\lambda}}$$

を示せばよいが，これは

$$z_i = \frac{w_i}{\alpha}, \quad i = 1, 2$$

を(14)に代入することにより容易に得られる.
　(ii)　逆数変換の場合.

$$w_i = \frac{1}{z_i}, \quad i = 1, 2$$

とする．このとき円周 C' の方程式は，$z = \dfrac{1}{w}$ を(13)に代入して得られる：すなわち

$$(k^2-\lambda\bar{\lambda})w\bar{w}+\lambda w+\bar{\lambda}\bar{w}-1=0.$$

これは，$k^2-\lambda\bar{\lambda}\neq 0$ の場合，

$$\text{中心}\quad -\frac{\bar{\lambda}}{k^2-\lambda\bar{\lambda}},\qquad \text{半径}\quad \frac{k}{|k^2-\lambda\bar{\lambda}|}$$

の円周である．したがってこの場合の定理を証明するためには

$$w_1-\frac{\bar{\lambda}}{k^2-\lambda\bar{\lambda}}=\frac{\dfrac{k^2}{(k^2-\lambda\bar{\lambda})^2}}{\bar{w}_2+\dfrac{\lambda}{k^2-\lambda\bar{\lambda}}}$$

をいえばよいが，この等式は(14)に $z_i=\dfrac{1}{w_i}$ $(i=1,2)$ を代入すれば容易に得られる．

これで定理19は完全に証明された．

この定理19により，円に関する反転は，'直線に関する対称'の類似であることがわかる．すなわち次の系が成り立つ．

系 定理19において，とくに C' が直線ならば，w_1, w_2 は C' に関して互いに対称である．

問4 系を証明せよ．（ヒント：上記定理19の証明において，(ii)の $k^2-\lambda\bar{\lambda}=0$ の場合を考えることになる．このとき，
$$z_1\bar{z}_2-\lambda\bar{z}_2-\bar{\lambda}z_1=0,$$
$$C':\lambda w+\bar{\lambda}\bar{w}-1=0$$
である．C' が $[w_1 w_2]$ の垂直2等分線であることを示せ．）

問5 定理15，および§5, 問1を用いて例題1を証明せよ．

定理20 非調和比は1次変換により不変である．

$\lambda, \mu, \nu, \kappa \in \mathbf{C}$ を，1次変換

$$w=\frac{\alpha z+\beta}{\gamma z+\delta},\qquad \alpha\delta-\beta\gamma\neq 0$$

により写して得られる点を $\lambda', \mu', \nu', \kappa'$ とするとき，
$$D(\lambda,\mu\,;\,\nu,\kappa)=D(\lambda',\mu'\,;\,\nu',\kappa')$$

を証明するのが目的であるが,それは計算の問題であるから,証明は読者にまかせる.

問 6 計算を実行せよ.

ここで,念のために
$$D(\lambda,\mu\,;\,\nu,\kappa)=\frac{\lambda-\nu}{\lambda-\kappa}\bigg/\frac{\mu-\nu}{\mu-\kappa}$$
であることを注意しておく.

この不変性が非調和比の重要なるゆえんである.

例題 1 z_1, z_2, z_3 を w_1, w_2, w_3 に写す1次変換を求めよ.

注意 すでに述べたように,1次変換は,$\alpha, \beta, \gamma, \delta$ の比を与えれば定まる.すなわち,雑にいえば,3数を与えれば1次変換は定まる.よって,たとえば3点を3点に写すという3条件により定まる.

解 求める1次変換により z が w に写されるとすれば,定理20により
$$D(z, z_1\,;\,z_2, z_3) = D(w, w_1\,;\,w_2, w_3),$$
すなわち
$$\frac{z-z_2}{z-z_3}\bigg/\frac{z_1-z_2}{z_1-z_3}=\frac{w-w_2}{w-w_3}\bigg/\frac{w_1-w_2}{w_1-w_3} \tag{15}$$
でなければならない.

逆に,(15)の左辺は,$z=z_1, z_2, z_3$ に対し,それぞれ値 $1, 0, \infty$ をとる.それに応じて,$w=w_1, w_2, w_3$ となるから(15)が求めるものである.

このことから,$z=z_1, z_2, z_3$(どれも ∞ でないとする)に対して $w=1, 0, \infty$ となる1次変換は
$$\frac{z-z_2}{z-z_3}\bigg/\frac{z_1-z_2}{z_1-z_3}=w \tag{16}$$
であることもわかった.

ここで,$z_1=\infty$ ならば,$\dfrac{c}{\infty}=0$ であるから

$$\frac{z_1-z_2}{z_1-z_3}=\frac{1-\dfrac{z_2}{z_1}}{1-\dfrac{z_3}{z_1}}=1,$$

$z_2=\infty$ ならば

$$\frac{z-z_2}{z-z_3}\bigg/\frac{z_1-z_2}{z_1-z_3}=\frac{\dfrac{z}{z_2}-1}{z-z_3}\bigg/\frac{\dfrac{z_1}{z_2}-1}{z_1-z_3}=\frac{z_1-z_3}{z-z_3},$$

$z_3=\infty$ ならば

$$\frac{z-z_2}{z-z_3}\bigg/\frac{z_1-z_2}{z_1-z_3}=\frac{z-z_2}{\dfrac{z}{z_3}-1}\bigg/\frac{z_1-z_2}{\dfrac{z_1}{z_3}-1}=\frac{z-z_2}{z_1-z_2}$$

であるから，それぞれ

$$w=\frac{z-z_2}{z-z_3},\quad w=\frac{z_1-z_3}{z-z_3},\quad w=\frac{z-z_2}{z_1-z_2}$$

となる．

例3 $1, i, 0$ を $-1, 1, 2$ に写す1次変換を求めよう．1つの方法は $1, i, 0$ を $1, 0, \infty$ に，$-1, 1, 2$ を $1, 0, \infty$ に写す1次変換を求め，前者と後者の逆変換とを合成することである．

$1, i, 0$ を $1, 0, \infty$ に写す1次変換は(16)より

$$w=\frac{z-i}{(1-i)z} \tag{17}$$

であり，$-1, 1, 2$ を $1, 0, \infty$ に写す1次変換は，

$$w=\frac{3z-3}{2z-4}$$

である．この逆変換は

$$w=\frac{-4z+3}{-2z+3} \tag{18}$$

§6 1次分数変換

であるから，(17)と(18)を合成して
$$w = \frac{(-1-3i)z + 4i}{(1-3i)z + 2i}$$
が求めるものである．

第2の方法としては，直接
$$D(z, 1; i, 0) = D(w, -1; 1, 2)$$
を計算することが考えられる．

問7 (i) $i, -i, 1$ を $1, i, -i$ に写す1次変換を求めよ．
(ii) $i, \infty, 0$ を $0, 2, 1$ に写す1次変換を求めよ．

問8 $1, 0, \infty$ を動かさない1次変換は恒等変換(z を z に写すもの，すなわち $\alpha = \delta = 1, \beta = \gamma = 0$ である1次変換)であることを示せ．

1次変換については，'円を円に写す'だけではなく，円の定める領域がどのように写されるかをみることが大切である．

まず，円の内部，外部を，面積の符号を定めたときと同様に定義する．すなわち，円周 C(直線も含む)は平面を2つの部分に分けるが，その C 上を1つの方向に動くとき，左手に見る領域を C の内部，右手に見る領域を C の外部という．この様子を図29に示した．そこでは C の内部に斜線を付した．

例4 東京の地図をひろげてほしい．上述の内部・外部の定義によれば，国会議事堂は，国電山手環状線の内回り線の内部，外回り

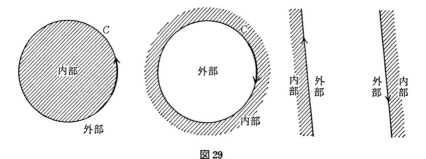

図29

線の外部にある.

定理 21 1次変換により円周 C が円周 C' に写ったとする. そのとき, C の定める一方の領域に属する2点の像は, C' の定める一方の領域に属する.

もちろんこの定理においても, 直線を円周とみなしている.

証明 円周 C の内部に2点 α, β をとり, 1次変換によるそれらの像を C', α', β' とする. このとき, α' が C' の内部に, β' が外部に属することはないことを示す.

α, β を通る円を A とし, 1次変換によるその像を A' とすれば, A' は α', β' を通る円である. α, β はともに C の内部にあるから, A 上の弧 $\widehat{\alpha\beta}$ であって C と交わらないものが存在する. その弧に応ずる A' 上の弧を $\widehat{\alpha'\beta'}$ とする. いま, α' が C' の内部に, β' が C' の外部にあるとすれば, $\widehat{\alpha'\beta'}$ は C' と交わる. その交点に対応する z 平面の点は, $\widehat{\alpha\beta}$ と C との交点でなければならないから矛盾(図 30).

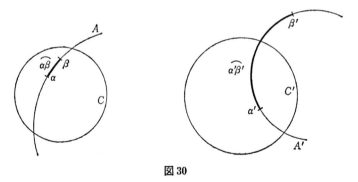

図 30

この定理により, 1次変換によって円周 C が円周 C' に対応するとき, C の内部(または外部)は C' の内部または外部に写され, さらにそのどちらであるかは C の内部(または外部)の1点がどちらに写されるかにより判定されることがわかった.

定理 22 1次変換により，円周の内部は円周の内部に，外部は外部に写される．

証明 1次変換を
$$w = \frac{\alpha z + \beta}{\gamma z + \delta} \tag{19}$$
とすれば，$z=\infty$ には $w=\dfrac{\alpha}{\gamma}$ が対応する．いま z 平面の円周 C を考え(19)によるその像を C' とする．C 上の点を z_1，対応する C' 上の点を w_1 とし，z_1 を通る半径を ∞ まで延長すれば，それには，w_1 から $\dfrac{\alpha}{\gamma}$ までの円弧が対応する(図 31)．

いま，C には時計の針と反対の向きを指定すれば，中心のある側が内部である．

$\dfrac{\alpha}{\gamma}$ が，C' の中心がない側にあれば，対応する角の向きが等しいことから，C' の向きは時計の針と反対になる．そのときは，中心のあ

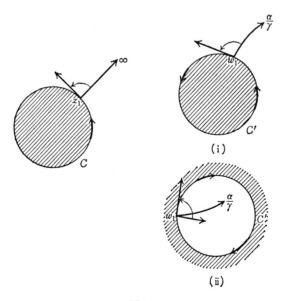

図 31

る側が C' の内部であり，この場合，たしかに，C の内部は C' の内部に写される(図 31(i)).

$\dfrac{\alpha}{\gamma}$ が C' の中心のある側に属するならば，やはり角の向きを考えて，C' の向きは時計の針と同じになる．この場合，中心のある側が外部であり，たしかに C の内部は C' の内部に写される(図 31(ii)).

次に，ある性質を与えて，それを満たすような 1 次変換を定めよう．

定理 23 単位円周をそれ自身に写す 1 次変換は

$$w = \lambda \frac{z-\alpha}{1-\bar{\alpha}z}, \qquad |\lambda| = 1$$

の形である．

証明 求める 1 次変換を $w=f(z)$ とする．$w=0, \infty$ は単位円周に関して互いに反転であるから定理 19 により対応する z の値も単位円周に関して互いに反転でなければならない．ゆえに $f(\alpha)=0$ とすれば

$$f\left(\frac{1}{\bar{\alpha}}\right) = \infty.$$

よって

$$w = f(z) = \lambda \frac{z-\alpha}{\bar{\alpha}z-1}$$

の形である．

逆に $z=0, \infty$ は単位円周に関して互いに反転であるから，

$$f(0) = \lambda\alpha, \qquad f(\infty) = \frac{\lambda}{\bar{\alpha}}$$

も単位円周に関して互いに反転である．ゆえに

$$\lambda\alpha \overline{\left(\frac{\lambda}{\bar{\alpha}}\right)} = 1.$$

これより $|\lambda|=1$ が得られる.

逆に, 定理に与えられた形の1次変換が単位円周を単位円周に写すことは, $w\bar{w}-1$ を計算することによりわかる.

問9 $w\bar{w}-1$ を計算せよ.

問10 $|\alpha|\gtrless 1$ に従い, 単位円周の原点のある側はどの領域に写されるかをいえ.

問11 単位円周をそれ自身に写す1次変換は
$$w=\frac{\alpha z-\beta}{\bar{\beta}z-\bar{\alpha}}, \quad |\alpha|\neq|\beta|$$
の形に書かれることを示せ.

定理24 z 平面の実軸を w 平面の実軸に写す1次変換は
$$w=\frac{\alpha z+\beta}{\gamma z+\delta}, \quad \alpha\delta-\beta\gamma\neq 0, \ \alpha,\beta,\gamma,\delta\in\boldsymbol{R}$$
の形に書かれる.

証明 この1次変換が実軸を実軸に写すことは明らかである. 逆に, 実軸を実軸に写す1次変換
$$w=f(z)=\frac{\alpha z+\beta}{\gamma z+\delta}$$
を考える. 仮定より
$$f(0)=\frac{\beta}{\delta}\in\boldsymbol{R}, \quad f(\infty)=\frac{\alpha}{\gamma}\in\boldsymbol{R}.$$
また $0=f(z)$ を満たす z も実数であるから
$$-\frac{\beta}{\alpha}\in\boldsymbol{R}$$
である. よって $\alpha,\beta,\gamma,\delta$ は実数に比例するから, その比例定数で $f(z)$ の分母分子を割れば, $f(z)$ の係数は実数になる.

問12 $H=\{z\in\boldsymbol{C}; \mathrm{Im}(z)>0\}$, すなわち z 平面の実軸より上の部分, を上半平面という. z の上半平面を w の上半平面に写す1次変換の形を定めよ.

問 13 H を H に写す共役 1 次変換の形を定めよ.

問 14 単位円板 ($|z| \leqq 1$) を単位円板に写す共役 1 次変換の形を定めよ.

定理 25 z 平面の実軸を w 平面の単位円周に写す 1 次変換は

$$w = \lambda \frac{z-\mu}{z-\bar{\mu}}, \quad |\lambda| = 1$$

の形である.

証明 求める 1 次変換を $w=f(z)$ とする. $w=0, \infty$ は単位円周に関して互いに反転であるから,対応する z の点は実軸に関して対称である. よって

$$f(\mu) = 0, \quad f(\bar{\mu}) = \infty$$

とおくことができるから

$$w = f(z) = \lambda \frac{z-\mu}{z-\bar{\mu}}$$

の形である. また,

$$f(\infty) = \lambda$$

は単位円周上にあるから

$$|\lambda| = 1.$$

逆に,定理の 1 次変換は,実軸を単位円周に写す.

問 15 z 平面の上半平面を,w 平面の単位円板に写す 1 次変換の形を定めよ.

練習問題 4

1. $\alpha_1, \alpha_2, \cdots, \alpha_n \in C$, 1 の原始 n 乗根 ω に対し

$$\alpha_1 + \alpha_2\omega + \alpha_3\omega^2 + \cdots + \alpha_n\omega^{n-1} = 0$$

が成り立つとき,$\alpha_1, \alpha_2, \cdots, \alpha_n$ がつくる n 角形を正型であるということにする. ($n=3$ ならば,正型である $\triangle \alpha_1 \alpha_2 \alpha_3$ は正三角形である.)

(i) 正型である四角形は正方形か.

(ii) 2つの正型 n 角形(ω は一定)を $\alpha_1\alpha_2\cdots\alpha_n$, $\beta_1\beta_2\cdots\beta_n$ とする. n 個の線分 $[\alpha_1\beta_1], [\alpha_2\beta_2], \cdots, [\alpha_n\beta_n]$ を $m:n$ に内分する点を $\gamma_1, \gamma_2, \cdots, \gamma_n$ とすれば, n 角形 $\gamma_1\gamma_2\cdots\gamma_n$ も正型であることを証明せよ.

2. 方程式
$$ax^2+2bx+c=0, \qquad a'x^2+2b'x+c'=0$$
の解をそれぞれ $\alpha, \beta; \gamma, \delta$ とする. このとき
$$ac'-2bb'+a'c=0$$
ならば, $\alpha, \beta, \gamma, \delta$ は同一円周(または直線)上で調和点列をなすことを示せ.

3. $|\alpha|=|\beta|=|\gamma|=|\delta|$ とする. $\alpha, \beta, \gamma, \delta$ から3点を選んでつくられる4つの三角形の垂心は同一円周上にあることを示せ.

4. △$\alpha\beta\gamma$ の外心と垂心を通る直線を, この三角形の**オイラー線**という. $|\alpha|=|\beta|=|\gamma|=1$ の場合に, オイラー線の方程式を求めよ. また, 外心, 九点円の中心, 重心, 垂心はオイラー線上で調和点列をなすことを示せ.

5. △$\alpha\beta\gamma$ の垂心を δ_1, 外接円上の点を δ とする. そのとき, 線分 $[\delta_1\delta]$ は, δ のシムソン線により2等分されることを示せ. (§4, 問8参照)

6. △$\alpha\beta\gamma$ 内に2点 δ_1, δ_2 を, $\angle\beta\alpha\delta_1=\angle\delta_2\alpha\gamma$, $\angle\alpha\beta\delta_1=\angle\delta_2\beta\gamma$ となるようにとれば, $\angle\beta\gamma\delta_1=\angle\delta_2\gamma\alpha$ であることを証明せよ. また, δ_1 が △$\alpha\beta\gamma$ の外心ならば, δ_2 は垂心であることを示せ. (ヒント:恒等式
$$\frac{(\alpha-\delta_1)(\alpha-\delta_2)}{(\alpha-\beta)(\alpha-\gamma)}+\frac{(\beta-\delta_1)(\beta-\delta_2)}{(\beta-\gamma)(\beta-\alpha)}+\frac{(\gamma-\delta_1)(\gamma-\delta_2)}{(\gamma-\alpha)(\gamma-\beta)}=1$$
と結びつけよ.)

7. (パップスの定理) 点 λ で内接する2円 C, C' がある. 大円 C の直径 $[\lambda\alpha]$ が C' と交わる点を β とし, $[\alpha\beta]$ を直径とする円 C_1 をつくる. 次に, C, C', C_1 に内接する円を C_2, C, C', C_2 に内接する円 C_3, $\cdots$ をえがく. このとき C_n の中心と C の直径との距離は C_n の直径の $n-1$ 倍に等しいことを証明せよ. (ヒント:λ を中心とする反転を考えよ.)

8. 1次変換
$$w=\frac{z-1-i}{z+1}$$
を考える. w が原点を中心とする同心円および原点を通る直線を動くとき, z はどのような図形をえがくか.

9. z_1, z_2 がある円周に関して反転,または直線に関して互いに対称であるとき,まとめて z_1, z_2 は互いに鏡映であるという.このとき,次のことを証明せよ.

円または直線
$$az\bar{z}+\bar{\beta}z+\beta\bar{z}+c=0, \quad a,c \in \boldsymbol{R}$$
に関して,z, w が互いに鏡映であるための必要十分条件は
$$aw\bar{z}+\bar{\beta}w+\beta\bar{z}+c=0$$
である.

10. 前問の結果を用いて,定理 19 およびその系を証明せよ.

第5章
いくつかの話題

§1 複素数の構成

第2章では
$$i^2 = -1$$
である新しい '数' i を考え
$$a+bi, \quad a, b \in \mathbf{R}$$
の形の '数' を複素数とよんだ. さらにそこで, i は新しく考えたものであるから
$$bi \quad \text{すなわち} \quad i \text{に実数} b \text{を掛ける}$$
という意味が, 実ははっきりしないと注意した. その難点を克服するために, ここで新たに複素数を, 代数的に厳密に構成してみる.

すなわち, われわれは, すでに知っていること(実数の加減乗除など)を土台に, 複素数を定義しようというのである. そのヒントはガウス平面の構成にある. そこでは, 下敷となる xy 平面の点 (x, y) を, 複素数 $x+yi$ と考えた. さらに (x, y) をベクトルとみることもできた.

さて, $(x, y), x, y \in \mathbf{R},$ の全体の集合を V とする: すなわち
$$V = \{(x, y); x, y \in \mathbf{R}\}. \tag{1}$$
まず $V \ni \alpha = (x_1, y_1), \beta = (x_2, y_2)$ に対して
$$\alpha = \beta \quad \text{とは} \quad x_1 = x_2, \ y_1 = y_2 \text{のことである}$$
と定める.

次に V の中に,加法および実数倍を
$$(x_1, y_1) + (x_2, y_2) = (x_1+x_2, y_1+y_2),$$
$$c(x, y) = (cx, cy), \quad c \in \boldsymbol{R}$$
により定義する.このとき,次の法則が成り立つ:
(V の元を $\alpha, \beta, \gamma, \cdots$, $\boldsymbol{R}$ の元を $c, d, \cdots$ と書く.)

（Ⅰ）　結合法則　$\alpha+(\beta+\gamma)=(\alpha+\beta)+\gamma$

（Ⅱ）　交換法則　$\alpha+\beta=\beta+\alpha$

（Ⅲ）　単位元の存在　任意の α に対して
$$o+\alpha = \alpha+o = \alpha$$
を満たす V の元 o が存在する.
(実は $o=(0,0)$ である. o を加法に関する単位元という.)

（Ⅳ）　逆元の存在　各 α に対して
$$\alpha+\alpha' = \alpha'+\alpha = o$$
を満たす α' が存在する.
(α' を α の逆元といい,$\alpha'=-\alpha$ と書く.$\alpha=(x, y)$ に対して
$$-\alpha = (-x, -y)$$
である.逆元の存在は減法の可能性を示している.すなわち
$$\alpha-\beta = \alpha+(-\beta).)$$

（Ⅴ）　実数倍の加法に対する分配法則
$$c(\alpha+\beta) = c\alpha+c\beta$$

（Ⅵ）　実数の加法に対する分配法則
$$(c+d)\alpha = c\alpha+d\alpha$$

（Ⅶ）　実数倍の結合法則
$$(cd)\alpha = c(d\alpha)$$

（Ⅷ）　$1\cdot\alpha = \alpha\cdot 1 = \alpha$

実は,一般に集合 V((1)とは離れて)の中に,加法および実数倍が定義され,（Ⅰ）-（Ⅷ）が成り立つとき,V を(詳しくは実数上の,

あるいは R 上の)ベクトル空間という．上では，(1)で定義された集合 V は1つのベクトル空間であることを述べているのである．

さらに，$V \ni \alpha = (x_1, y_1), \beta = (x_2, y_2)$ に対し，
$$\alpha \cdot \beta = (x_1 x_2 - y_1 y_2,\ x_1 y_2 + x_2 y_1)$$
と定義しよう．この算法・については次の法則が成り立つ：

(IX) 結合法則　$(\alpha \cdot \beta) \cdot \gamma = \alpha \cdot (\beta \cdot \gamma)$

(X) 交換法則　$\alpha \cdot \beta = \beta \cdot \alpha$

(XI) 単位元の存在　任意の α に対して
$$\varepsilon \cdot \alpha = \alpha \cdot \varepsilon = \alpha$$
を満たす $\varepsilon \in V$ が存在する．
(ε を算法・についての単位元という．$\varepsilon = (1, 0)$ である．)

(XII) 逆元の存在　各 $\alpha \neq o$ に対し
$$\alpha \cdot \beta = \beta \cdot \alpha = \varepsilon$$
を満たす $\beta \in V$ がある．
(α に対して定まる β を α の算法・についての逆元といい，$\beta = \alpha^{-1}$ と書く．$\alpha = (x, y)$ に対し
$$\alpha^{-1} = \left(\frac{x}{x^2 + y^2}, \frac{-y}{x^2 + y^2} \right)$$
である．)

(XIII) 分配法則　$\alpha \cdot (\beta + \gamma) = \alpha \cdot \beta + \alpha \cdot \gamma$
$\qquad\qquad\qquad (\alpha + \beta) \cdot \gamma = \alpha \cdot \gamma + \beta \cdot \gamma$

これらの法則は，算法・を乗法とよぶにふさわしいものであるから以下そうよぶことにする．そして乗法をそなえた V をあらためて C と書き，C の元を複素数という．

例 1

(i)　$(2, -1) \cdot (-3, 5) = (2 \cdot (-3) - (-1) \cdot 5,\ 2 \cdot 5 + (-1)(-3))$
$\qquad\qquad\qquad = (-1, 13)$

(ii) $(2, -1)^{-1} = \left(\dfrac{2}{2^2+(-1)^2}, -\dfrac{-1}{2^2+(-1)^2}\right)$
$= \left(\dfrac{2}{5}, \dfrac{1}{5}\right)$

である.このとき,

$(2, -1)\cdot(2, -1)^{-1} = (2, -1)\left(\dfrac{2}{5}, \dfrac{1}{5}\right)$
$= \left(2\cdot\dfrac{2}{5} - (-1)\cdot\dfrac{1}{5}, 2\cdot\dfrac{1}{5} + (-1)\cdot\dfrac{2}{5}\right)$
$= (1, 0)$

である.

例 2 結合法則(IX)を証明しよう.

$$\alpha = (x_1, y_1), \quad \beta = (x_2, y_2), \quad \gamma = (x_3, y_3)$$

とすれば

$$\alpha\cdot\beta = (x_1x_2 - y_1y_2, x_1y_2 + x_2y_1),$$
$$(\alpha\cdot\beta)\cdot\gamma = ((x_1x_2 - y_1y_2)x_3 - (x_1y_2 + x_2y_1)y_3,$$
$$(x_1x_2 - y_1y_2)y_3 + (x_1y_2 + x_2y_1)x_3),$$
$$\beta\cdot\gamma = (x_2x_3 - y_2y_3, x_2y_3 + x_3y_2)$$
$$\alpha\cdot(\beta\cdot\gamma) = (x_1(x_2x_3 - y_2y_3) - (x_3y_3 + x_3y_2)y_1,$$
$$x_1(x_2y_3 + x_3y_2) + (x_2x_3 - y_2y_3)y_1)$$

であるから,$(\alpha\cdot\beta)\cdot\gamma$ と $\alpha\cdot(\beta\cdot\gamma)$ の右辺を比べて,確かに

$$(\alpha\cdot\beta)\cdot\gamma = \alpha\cdot(\beta\cdot\gamma)$$

である.

問 1 次の α, β, γ に対し,$\alpha\cdot\beta$, γ^{-1}, $(\alpha\cdot\beta)\cdot\gamma$ を計算せよ.

$$\alpha = (-3, -2), \quad \beta = \left(\dfrac{1}{2}, 5\right), \quad \gamma = (3, -4).$$

問 2 (X), (XII) を証明せよ.

$\boldsymbol{C}$ の元が

§1 複素数の構成

$$a+bi, \quad a,b \in \boldsymbol{R}$$

の形に書かれることを示そう．

$\boldsymbol{C} \ni (x,y)$ に対して

$$(x,y) = (x,0) + (0,y)$$
$$= x(1,0) + y(0,1)$$

であるから，$i=(0,1)$ とおけば，

$$(x,y) = x\varepsilon + yi \tag{2}$$

となる．

このとき，$i \cdot i = i^2$ と書けば

$$i^2 = (0,1) \cdot (0,1) = (-1,0) = (-1)\varepsilon \tag{3}$$

である．また，実数 y に対して

$$(y,0) \cdot (0,1) = (0,y) = y(0,1) = yi$$

が成り立つ．

さて，$\boldsymbol{R}$ から $\boldsymbol{C}$ への写像 f を，

$$f(x) = (x,0)$$

により定義しよう．

$$\boldsymbol{R}' = \{f(x); x \in \boldsymbol{R}\}$$

とおけば f は1対1，$\boldsymbol{R}'$ の上への写像である．さらに

$$f(x_1 x_2) = (x_1 x_2, 0) = (x_1, 0) \cdot (x_2, 0)$$
$$= f(x_1) \cdot f(x_2)$$
$$f(x_1 + x_2) = (x_1 + x_2, 0) = (x_1, 0) + (x_2, 0)$$
$$= f(x_1) + f(x_2)$$

が成り立つ．すなわち，写像 f により，$\boldsymbol{R}$ の乗法は $\boldsymbol{C} \supset \boldsymbol{R}'$ の乗法に，加法は加法に対応するから，$\boldsymbol{R}$ の四則算法は $\boldsymbol{R}'$ の四則算法に移される．したがって，代数的には $\boldsymbol{R}$ と $\boldsymbol{R}'$ とは全く同じものであると考えてよい．（現代流にいえば，f は同型写像，あるいは f により $\boldsymbol{R}$ と $\boldsymbol{R}'$ とは同型であるという．）そうすれば

$$x = (x, 0) = x\varepsilon$$
である.（3）は
$$i^2 = -1$$
を意味し,（2）は
$$(x, y) = x + yi, \quad i^2 = -1,$$
となる.

　これで, 望まれたように
$$\boldsymbol{C} = \{x + yi\,;\, x, y \in \boldsymbol{R}\}$$
が得られた.

　念のために, 実数 y に対して
$$yi = y(0, 1) = (0, y)$$
であって, "i に実数 y を掛ける" という意味は明らかである.

　以上では, 特別な 2 次方程式
$$x^2 + 1 = 0$$
を取りあげ, その解（の 1 つ）を i と書き複素数を構成したことに相当する.

　しかし, このような特別な 2 次方程式を考える必要があるであろうか. すなわち, 2 次方程式
$$x^2 + ax + b = 0 \tag{4}$$
$$a, b \in \boldsymbol{R}, \quad \varDelta = a^2 - 4b < 0$$
の解（の 1 つ）を ε とし,
$$\boldsymbol{C}^* = \{x + y\varepsilon\,;\, x, y \in \boldsymbol{R}\}$$
とおくとき, $\boldsymbol{C}^*$ はどのような集合になるであろうか.

　ここで, ε は（4）の解であるから
$$\varepsilon^2 = -a\varepsilon - b \tag{5}$$
であることに注意する. そして, "$\boldsymbol{C}$ の構成法" を $\boldsymbol{C}^*$ に適用してみよう.

§1 複素数の構成

V は同じく (1) で定義されたベクトル空間とする.ただし今度は算法 $\circ$ を,$V \ni \alpha = (x_1, y_1), \beta = (x_2, y_2)$ に対し
$$\alpha \circ \beta = (x_1 x_2 - b y_1 y_2, x_1 y_2 + x_2 y_1 - a y_1 y_2)$$
により定義する.このとき,次の諸法則が成り立つ.

1° 結合法則 $(\alpha \circ \beta) \circ \gamma = \alpha \circ (\beta \circ \gamma)$

2° 交換法則 $\alpha \circ \beta = \beta \circ \alpha$

3° 単位元の存在 任意の α に対し,
$$\eta \circ \alpha = \alpha \circ \eta = \alpha$$
を満たす $\eta \in V$ が存在する.

4° 逆元の存在 各 $\alpha \neq 0$ に対し,
$$\alpha \circ \beta = \beta \circ \alpha = \eta$$
を満たす $\beta \in V$ が存在する.

5° 分配法則
$$\alpha \circ (\beta + \gamma) = \alpha \circ \beta + \alpha \circ \gamma,$$
$$(\alpha + \beta) \circ \gamma = \alpha \circ \gamma + \beta \circ \gamma.$$

ここで 3° の単位元 η は,$\eta = (1, 0)$ で与えられる.また,4° の $\alpha = (x, y)$ の逆元は
$$\alpha^{-1} = \left(\frac{x - ay}{x^2 - axy + by^2}, -\frac{y}{x^2 - axy + by^2} \right)$$
により与えられる.

問 3 1°, 2°, および 4° を証明せよ.

やはり $\circ$ は乗法とよぶにふさわしい.乗法 $\circ$ をそなえた V を以下 $\boldsymbol{C}^*$ と書くことにする.

次に,$\boldsymbol{C}^*$ の元は
$$x + y\varepsilon, \quad x, y \in \boldsymbol{R}$$
$$\varepsilon^2 = -a\varepsilon - b$$
の形に書かれることを示そう.

$C^* \ni (x, y)$ に対し,
$$(x, y) = (x, 0) + (0, y) = x(1, 0) + y(0, 1)$$
である. ここで
$$\varepsilon = (0, 1)$$
とおけば
$$(x, y) = x\eta + y\varepsilon. \tag{6}$$
$\varepsilon \circ \varepsilon = \varepsilon^2$ と書けば
$$\begin{aligned}\varepsilon^2 &= (0, 1) \circ (0, 1) = (-b, -a) \\ &= (-b, 0) + (0, -a) \\ &= (-b) \cdot \eta + (-a) \cdot \varepsilon\end{aligned} \tag{7}$$
である.

C の場合と同様, R から C^* への写像 g を,
$$g(x) = (x, 0)$$
により定義する. R の g による像を $R^*(\subset C^*)$ と書けば g は 1 対 1, R^* の上への写像である. さらに
$$\begin{aligned}g(x_1 x_2) &= (x_1 x_2, 0) = (x_1, 0) \circ (x_2, 0) \\ &= g(x_1) \circ g(x_2), \\ g(x_1 + x_2) &= (x_1 + x_2, 0) = (x_1, 0) + (x_2, 0) \\ &= g(x_1) + g(x_2)\end{aligned}$$
が成り立つ. したがって R と R^* は同じものと考えることができる. そうすれば $R \ni x$ に対し
$$x = (x, 0) = x(1, 0) = x\eta$$
であり, (6) は
$$(x, y) = x + y\varepsilon,$$
(7) は
$$\varepsilon^2 = -b - a\varepsilon$$
となる.

これで C^* が構成された.

次に, C から C^* への写像 h を

$$h(x+yi) = x + \frac{ay}{\sqrt{-\varDelta}} + \frac{2y}{\sqrt{-\varDelta}}\varepsilon \tag{8}$$

によって定義する. ($-\varDelta > 0$ である.) h の性質を調べよう.

h は1対1の写像である. 何故ならば

$$h(x_1+y_1 i) = h(x_2+y_2 i)$$

$$\Leftrightarrow x_1 + \frac{ay_1}{\sqrt{-\varDelta}} + \frac{2y_1}{\sqrt{-\varDelta}}\varepsilon = x_2 + \frac{ay_2}{\sqrt{-\varDelta}} + \frac{2y_2}{\sqrt{-\varDelta}}\varepsilon$$

$$\Leftrightarrow x_1 = x_2, \ y_1 = y_2$$

であるからである.

h は上への写像である.

何故ならば $x+y\varepsilon \in C^*$ に対し, $x - \frac{ay}{2} + \frac{y\sqrt{-\varDelta}}{2}i \in C$ をとれば

$$h\left(x - \frac{ay}{2} + \frac{y\sqrt{-\varDelta}}{2}i\right) = x + y\varepsilon$$

であるからである.

問4 このことを確めよ.

さらに, $\alpha, \beta \in C$ に対し,

$$h(\alpha\beta) = h(\alpha) \circ h(\beta), \quad h(\alpha+\beta) = h(\alpha) + h(\beta)$$

が成り立つ.

問5 このことを確めよ.

これで h が, C から C^* の上への同型写像であることがわかった. (乗法は乗法に, 加法は加法に移される.) よって C と C^* とは同じものと考えることができる.

問6 $\alpha = x+y\varepsilon$ に対し, $\bar{\alpha} = x-ay-y\varepsilon$ と定義する. このとき

$$\alpha \circ \bar{\alpha} = 0 \Leftrightarrow \alpha = 0$$

を示せ. また, $\alpha \neq 0$ に対し

$$\alpha^{-1} = \frac{\bar{\alpha}}{\alpha \circ \bar{\alpha}}$$

であることを確めよ．

§2 複素数の表し方

今までは複素数の 3 つのとらえ方(あるいは表し方)を利用して来た：すなわち

$C \ni z$ に対し，

> 直交座標表示 　$z = x + yi$, 　$x, y \in \boldsymbol{R}$
> 極座標表示 　$z = r(\cos\theta + i\sin\theta)$, 　$r \geqq 0$
> ベクトル表示 　$z = \overrightarrow{Oz}$

の 3 つである．これらの表示は，それぞれの場面に応じて有効であった．この他にも複素数の表示法があるがそのうちの 2 つについて述べよう．

1° リーマン球による表示

0 を中心とする反転法において，0 の反転は ∞ (無限遠点)であり，∞ の反転は 0 である，と考えた．あたかも，無限のかなたに無限遠点と称する 1 点がある，としたのである．したがって，もはや $\boldsymbol{C}$ を表すガウス平面ではなく，∞ を添加した'拡大平面'を考えていたことになる．数でいえば，$\boldsymbol{C}$ に ∞ を添加した集合

$$\boldsymbol{C} \cup \{\infty\} = \bar{\boldsymbol{C}}$$

を考えていたわけである．この $\bar{\boldsymbol{C}}$ を有限的に(あるいは ∞ を目にみえるように)表す方法がある．

ガウス平面 π の原点を O とし，O で π に接する半径 R の球を K とする．O から π に垂線を立て，それがふたたび K と交わる点を N とする．N は北極ともよばれる(図 1)．

π 上の任意の点を z とし，N と z を結ぶ直線 l_z が K と交わる点を

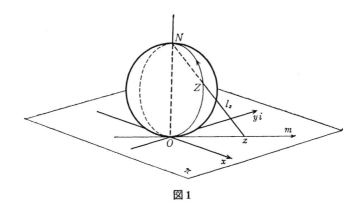

図1

$Z(\neq N)$ とする．Z は z に対して一意的に定まる．逆に，K 上の点 $Z(\neq N)$ をとり，N と Z を結ぶ直線を考えれば，それと π との交点として，ガウス平面上の点 z すなわち複素数が一意的に定まる．

z と $Z(\neq N)$ との対応は 1 対 1 であるから，球面 K 上の点 $(\neq N)$ は複素数を表すと考えることができる．

上では北極 N を例外とした．いま，たとえば π の原点 O を通る直線を m とし，z が m 上を O から出発して遠去かるとする．このとき，直線 l_z と K との交点は，K 上に 1 つの子午線[1]をえがく．z が無限のかなたに去り行けば，l_z はついには π と平行な直線になるであろう．したがって N は ∞ を表すと考えるのは自然である．

このようにして，∞ が目にみえる北極として姿を現すことになった．

球面 K は，拡大されたガウス平面，すなわち
$$\overline{C} = C \cup \{\infty\}$$
を表す．K を**リーマン球**とよぶ．また Z に z を対応させる写像を**立体射影**という．

---

[1] 子，午は十二支の'ね'と'うま'である．子は北，午は南をさす．

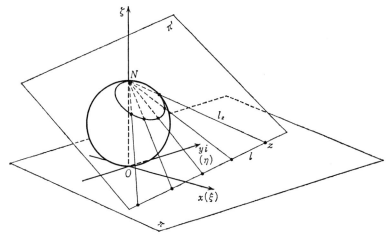

図2

　われわれは直線を，半径が無限大の円周(すなわち ∞ を通る円周)と考えた．このことは，リーマン球面上で明瞭に見てとることができる(図 2).

　すなわち，π 上の直線 l と N を含む平面を π' とすれば，π' と K との交わりは，N を通る円周である．その π 上への立体射影が l であって，結局 l が ∞ を通る円周として表されたわけである．

　さて，π 上の点 $z=x+yi$ に対応する K 上の点の座標を $Z=(\xi, \eta, \zeta)$ (ON を通る直線を ζ 軸とみる．また，x, yi 軸と，ξ, η 軸はそれぞれ重ね合わせる)とし，x, y と，ξ, η, ζ との関係を導こう．

　N, O, z を含む平面で K を切った切り口は図3(1)のようになる．また，$\xi\zeta$ 平面，$\eta\zeta$ 平面はそれぞれ図3(2)のようになる．その図より

$$\frac{x}{\xi}=\frac{y}{\eta}=\frac{\overline{NO}}{\overline{NM}}=\frac{2R}{2R-\zeta}$$

がわかるから

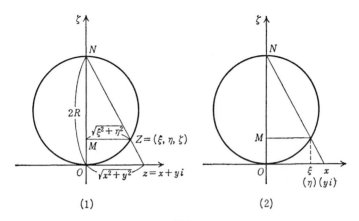

図 3

$$x = \frac{2R\xi}{2R-\zeta}, \quad y = \frac{2R\eta}{2R-\zeta}.$$

また，$\triangle NzO \backsim \triangle NOZ$ を用いて

$$\frac{x}{\xi} = \frac{y}{\eta} = \frac{2R}{2R-\zeta} = \frac{\overline{Nz}}{\overline{NZ}} = \frac{\overline{Nz}^2}{\overline{NZ}\cdot\overline{Nz}}$$
$$= \frac{\overline{Oz}^2 + (2R)^2}{\overline{NO}\cdot\overline{NO}} = \frac{x^2+y^2+4R^2}{4R^2}$$

を得るから

$$\xi = \frac{4R^2 x}{x^2+y^2+4R^2}, \quad \eta = \frac{4R^2 y}{x^2+y^2+4R^2}, \quad \zeta = \frac{x^2+y^2}{x^2+y^2+4R^2}.$$

問 1 ガウス平面の原点を中心とする半径 R の球を考え，その北極からの立体射影を考えることもできる．この場合，$Z=(\xi,\eta,\zeta)$ と $z=x+yi$ が対応するとして ξ,η,ζ と x,y の関係を導け．

例 1 立体射影の考えは，実際に地図をえがく場合に用いられている(メルカトール図法，メルカトール(Mercator 1512-1594)はオランダ人地理学者)．それは地球の中心に光源をおき，赤道において接する円筒面上に地球表面を投影するものである(図 4)．この図法

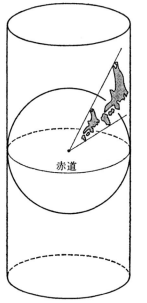

図4

の欠点は，赤道を離れるにしたがい，実際より非常に拡大されたものになることであり，利点は，地球上と地図上で角の大きさが変らないことである．このことを航海上利用するため航海図法ともよばれている．

2°　行列による表示

第3章,§5において，複素数 $z=x+yi$ に $\zeta=\cos\theta+i\sin\theta$ を掛けることは，z を原点のまわりに θ だけ回転することであり，ζz は

$$\begin{pmatrix} \cos\theta & -\sin\theta \\ \sin\theta & \cos\theta \end{pmatrix} \begin{pmatrix} x \\ y \end{pmatrix}$$

に対応することを注意した．よって，行列 $\begin{pmatrix} \cos\theta & -\sin\theta \\ \sin\theta & \cos\theta \end{pmatrix}$ は複素数 $\zeta=\cos\theta+i\sin\theta$ を表すと考えてよいであろう．さらに，進めて

$$a+bi = r(\cos\theta+i\sin\theta) = r\zeta$$

§2 複素数の表し方

には
$$r\begin{pmatrix} \cos\theta & -\sin\theta \\ \sin\theta & \cos\theta \end{pmatrix} = \begin{pmatrix} r\cos\theta & -r\sin\theta \\ r\sin\theta & r\cos\theta \end{pmatrix} = \begin{pmatrix} a & -b \\ b & a \end{pmatrix}$$

が対応すると考えてよいであろう．このことを確めよう．

集合
$$M = \left\{ \begin{pmatrix} a & -b \\ b & a \end{pmatrix}; a, b \in \boldsymbol{R} \right\}$$

を考える．M の中には

乗法 $\begin{pmatrix} a_1 & -b_1 \\ b_1 & a_1 \end{pmatrix}\begin{pmatrix} a_2 & -b_2 \\ b_2 & a_2 \end{pmatrix} = \begin{pmatrix} a_1 a_2 - b_1 b_2 & -a_1 b_2 - a_2 b_1 \\ a_1 b_2 + a_2 b_1 & a_1 a_2 - b_1 b_2 \end{pmatrix}$,

加法 $\begin{pmatrix} a_1 & -b_1 \\ b_1 & a_1 \end{pmatrix} + \begin{pmatrix} a_2 & -b_2 \\ b_2 & a_2 \end{pmatrix} = \begin{pmatrix} a_1 + a_2 & -b_1 - b_2 \\ b_1 + b_2 & a_1 + a_2 \end{pmatrix}$,

および

実数倍 $c\begin{pmatrix} a & -b \\ b & a \end{pmatrix} = \begin{pmatrix} ca & -cb \\ cb & ca \end{pmatrix}$

が定義され，§1で述べたような四則演算が可能である．

さて，$\boldsymbol{C}$ から M への写像 f を
$$f(a+bi) = \begin{pmatrix} a & -b \\ b & a \end{pmatrix}$$

により定義しよう．われわれの目標は

1° f は 1 対 1,
2° f は $\boldsymbol{C}$ から M の上への写像,
3° $f(z_1 + z_2) = f(z_1) + f(z_2)$,
4° $f(z_1 z_2) = f(z_1) f(z_2)$,

すなわち，f が $\boldsymbol{C}$ から M の上への同型写像であることを示すことである．

1°を示すには，$f(a+bi) = f(a'+b'i)$ ならば $a+bi = a'+b'i$ をいえばよいが，それは行列の相等概念

$$\begin{pmatrix} a & b \\ c & d \end{pmatrix} = \begin{pmatrix} a' & b' \\ c' & d' \end{pmatrix} \Leftrightarrow a=a', b=b', c=c', d=d'$$

より明らかである．また $2°$ も明らかである．

$3°$ の証明　$z_1 = a_1 + b_1 i$, $z_2 = a_2 + b_2 i$ とすれば

$$\begin{aligned} f(z_1+z_2) &= f(a_1+a_2+(b_1+b_2)i) \\ &= \begin{pmatrix} a_1+a_2 & -(b_1+b_2) \\ b_1+b_2 & a_1+a_2 \end{pmatrix} \\ &= \begin{pmatrix} a_1 & -b_1 \\ b_1 & a_1 \end{pmatrix} + \begin{pmatrix} a_2 & -b_2 \\ b_2 & a_2 \end{pmatrix} = f(z_1)+f(z_2). \end{aligned}$$

問2　$4°$ を証明せよ．

以上により，行列 $\begin{pmatrix} a & -b \\ b & a \end{pmatrix}$ は $a+bi \in \boldsymbol{C}$ を表すと考えてよいことがわかった．また

$$f(1) = \begin{pmatrix} 1 & 0 \\ 0 & 1 \end{pmatrix} = E, \quad f(i) = \begin{pmatrix} 0 & -1 \\ 1 & 0 \end{pmatrix} = J$$

とおけば

$$f(a+bi) = \begin{pmatrix} a & -b \\ b & a \end{pmatrix} = aE+bJ, \quad J^2 = -E$$

である．

$a+bi$ の行列 $\begin{pmatrix} a & -b \\ b & a \end{pmatrix}$ による表示の特徴の 1 つは，i のような新しい '数' が現れていないことである．

例題 1　$$X^3 = \begin{pmatrix} 0 & -1 \\ 1 & 0 \end{pmatrix}$$

であるような行列 $X \in M$ を求めよ．

解　上で与えた同型写像 f により $f(z) = X$ とおくことができる．そのとき，問題は

$$z^3 = i$$

を解くことに帰する．これはすでに第 3 章で解いた．すなわち

$$z = \frac{\sqrt{3}}{2} + \frac{1}{2}i, \quad -\frac{\sqrt{3}}{2} + \frac{1}{2}i, \quad -i$$

の3つが解である．したがって行列に移って

$$X = \begin{pmatrix} \dfrac{\sqrt{3}}{2} & -\dfrac{1}{2} \\ \dfrac{1}{2} & \dfrac{\sqrt{3}}{2} \end{pmatrix}, \quad \begin{pmatrix} -\dfrac{\sqrt{3}}{2} & -\dfrac{1}{2} \\ \dfrac{1}{2} & -\dfrac{\sqrt{3}}{2} \end{pmatrix}, \quad \begin{pmatrix} 0 & 1 \\ -1 & 0 \end{pmatrix}$$

が求める行列である．

問3 $X = \begin{pmatrix} x & -y \\ y & x \end{pmatrix}$ とおき，$X^3 = \begin{pmatrix} 0 & 1 \\ -1 & 0 \end{pmatrix}$ を満たす X を，x, y の方程式を導くことにより求めよ．

問4 $X^5 = \begin{pmatrix} 0 & -1 \\ 1 & 0 \end{pmatrix}$ を満たす $X \in M$ を求めよ．

注意 ここで考えた形の行列は，行列の固有値問題に現れる．

§3 複素数の平方根

第2章で複素数の平方根はふたたび複素数であることを示した．そこでは複素数 α の平方根を記号 $\sqrt{\alpha}$ で表したが，それは2つある平方根の一方を指定したものではなく，ぼんやりと平方根であることのみを意味した．

ここでは，一歩進めて $\sqrt{\alpha}$ の意味を定めることにしよう．

まず，実数 α に対して，$\sqrt{\alpha}$ は

$$\left.\begin{array}{l} \alpha > 0 \text{ ならば } \sqrt{\alpha} > 0 \\ \alpha = 0 \text{ ならば } \sqrt{\alpha} = 0 \\ \alpha < 0 \text{ ならば } \sqrt{\alpha} = \sqrt{|\alpha|}\,i \end{array}\right\} \tag{1}$$

の意味に用いる．これはすでにした約束である．この約束の下で，α の平方根は $\pm\sqrt{\alpha}$ の2つである．

一般に複素数 α に対して，記号 $\sqrt{\alpha}$ は2つある平方根のうちの一方である，と指定したいのならば，それは(1)に矛盾したものであってはならない．すなわち，$\sqrt{\alpha}$ の定義は，実数 α に対しては(1)と一致していなければならない．

第2章,§4をふり返る．そこでは

第5章 いくつかの話題

$$\alpha = a+bi, \qquad X = x+yi$$

とおいて

$$X^2 = \alpha$$

の解を求めたが，それは

$$p = \frac{\sqrt{a^2+b^2}+a}{2}, \qquad q = \frac{\sqrt{a^2+b^2}-a}{2}$$

とおくとき

$\quad b>0$ ならば $X = \pm(\sqrt{p}+\sqrt{q}\,i)$,
$\quad b<0$ ならば $X = \pm(-\sqrt{p}+\sqrt{q}\,i)$,
$\quad b=0$ ならば
$\qquad a \geqq 0$ のとき $X = \pm\sqrt{a}$,
$\qquad a < 0$ のとき $X = \pm\sqrt{|a|}\,i$

として得られた．ここに現れている $\sqrt{p},\sqrt{q},\sqrt{a},\sqrt{|a|}$ はすべて，0 または正の実数に対するものであって，(1) の約束の下で用いている．

われわれは，$\alpha=a+bi$ に対し，$\sqrt{\alpha}$ を

$\quad b=0, \ a \geqq 0$ ならば $\sqrt{\alpha} = \sqrt{a}$ $\quad (\geqq 0)$,
$\quad$それ以外の場合，$\mathrm{Im}(\sqrt{\alpha})>0$ であるもの

と定義する．したがって，上述の結果より，

$\quad b>0$ ならば $\sqrt{\alpha} = \sqrt{p}+\sqrt{q}\,i$,
$\quad b<0$ ならば $\sqrt{\alpha} = -\sqrt{p}+\sqrt{q}\,i$,
$\quad b=0, \ a<0$ ならば $\sqrt{\alpha} = \sqrt{|a|}\,i$,
$\quad b=0, \ a \geqq 0$ ならば $\sqrt{\alpha} = \sqrt{a}$

となる．

この定義の下で，α の平方根は $\pm\sqrt{\alpha}$ の2つである．

例1 $\alpha=1+i$ とすれば

$$a=1, \qquad b=1,$$

§3 複素数の平方根

$$p=\frac{\sqrt{2}+1}{2}, \qquad q=\frac{\sqrt{2}-1}{2}$$

であるから

$$\sqrt{1+i}=\sqrt{\frac{\sqrt{2}+1}{2}}+\sqrt{\frac{\sqrt{2}-1}{2}}i$$

である. 同様にして

$$\sqrt{-1+i}=\sqrt{\frac{\sqrt{2}-1}{2}}+\sqrt{\frac{\sqrt{2}+1}{2}}i,$$

$$\sqrt{-1-i}=-\sqrt{\frac{\sqrt{2}-1}{2}}+\sqrt{\frac{\sqrt{2}+1}{2}}i,$$

$$\sqrt{1-i}=-\sqrt{\frac{\sqrt{2}+1}{2}}+\sqrt{\frac{\sqrt{2}-1}{2}}i$$

を得る.

問1 $\sqrt{2+i}, \sqrt{-2+i}, \sqrt{-2-i}, \sqrt{2-i}$ をそれぞれ,$x+yi$ の形に表せ.

このように記号 $\sqrt{\alpha}$ の意味を決めてしまうと, ある意味では不便である. 実際, 第2章でも注意したように, 一般には

$$\sqrt{\alpha}\sqrt{\beta}=\sqrt{\alpha\beta}$$

は成り立たない. たとえば

$$\sqrt{1+i}\sqrt{1-i}=-\sqrt{2}, \qquad \sqrt{(1+i)(1-i)}=\sqrt{2}$$

である.

ただし, やはり第2章で注意したように,

$$\sqrt{\alpha}\sqrt{\beta}=\sqrt{\alpha\beta}$$

は, "両辺がともに $\alpha\beta$ の平方根である" という意味では成り立つ. したがってこの等式に重点をおく限り, 記号 $\sqrt{\alpha}$ の意味も, 単に α の平方根という程度でよいのである.

いま定義した $\sqrt{\alpha}$ を図で示そう. 第3章,§2で, $w^2=z$ を考え, z が格子を動くとき w がえがく図形を, 第3章,図9に示した. われ

236　第5章　いくつかの話題

われの定義によれば

$w = \sqrt{z}$ のグラフは，$w^2 = z$ のグラフの実軸より上の部分(ただし，正の実軸を含み，負の実軸を含まない)(図5(1))

$w = -\sqrt{z}$ のグラフは，$w^2 = z$ のグラフの実軸より下の部分(ただし，正の実軸は含まず，負の実軸を含む)(図5(2))

である．

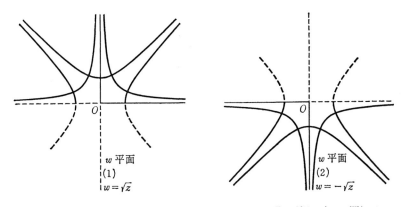

図5

'関数'の立場からいえば次の通りである．たとえば
$$w = z^2$$
は，z の値に応じて w の値はただ1つ定まるから，w は z の関数である．しかし
$$w^2 = z$$
においては，z の値に応じて w の値は2つ定まるから，w は z の関数であるということはできない．

上に定義した $\sqrt{}$ を用いれば
$$w = \sqrt{z}, \quad w = -\sqrt{z}$$

§3 複素数の平方根

はともに関数であって，この2つの関数を合わせたものが
$$w^2 = z$$
にほかならない．

さて，上に述べた $\sqrt{\alpha}$ の定め方は，ふつう用いられるものではあるが，1例にすぎない．次に，もう1つの，ふつうに用いられる $\sqrt{\alpha}$ の定義を述べよう．今度は

$\alpha = a+bi$ に対し，$\sqrt{\alpha}$ を

$\quad b=0, \ a<0$ ならば $\sqrt{\alpha} = \sqrt{|a|}i$,

それ以外の場合，$\mathrm{Re}(\sqrt{\alpha}) > 0$ であるもの

と定義する．したがって，p. 234 の結果より

$\quad b>0$ ならば $\sqrt{\alpha} = \sqrt{p}+\sqrt{q}i$,
$\quad b<0$ ならば $\sqrt{\alpha} = \sqrt{p}-\sqrt{q}i$,
$\quad b=0, \ a<0$ ならば $\sqrt{\alpha} = \sqrt{|a|}i$,
$\quad b=0, \ a\geqq 0$ ならば $\sqrt{\alpha} = \sqrt{a}$

となる．

この定義の下でも，α の平方根は $\pm\sqrt{\alpha}$ の2つである．

図でいえば，

$w=\sqrt{z}$ のグラフは，$w^2=z$ のグラフの虚軸より右の部分(ただし，正の虚軸を含み，負の虚軸を含まない)

$w=-\sqrt{z}$ のグラフは，$w^2=z$ のグラフの虚軸より左の部分(ただし，正の虚軸は含まず，負の虚軸を含む)

となる．

例2 $\alpha=1+i$ とすれば，例1とは

$$\sqrt{-1-i} = \sqrt{\frac{\sqrt{2}-1}{2}} - \sqrt{\frac{\sqrt{2}+1}{2}}i,$$

$$\sqrt{1-i} = \sqrt{\frac{\sqrt{2}+1}{2}} - \sqrt{\frac{\sqrt{2}-1}{2}}i$$

だけが異なる．

では，どちらの定義をえらぶべきであろうか．読者がいつかは，数学のレポートなり，論文なりを書く羽目になったとしよう．そのとき，$\sqrt{\alpha}$ の定義は，便利なほうを採用すればよい．たとえば，第1の定義を採用すると宣言する．ただし，それがいつのまにか，第2の定義に変貌してしまっては困るのである．すなわち，首尾一貫していさえすれば，どの定義を用いようと差支えないのである．

§4 代数学の基本定理

代数方程式

$$(*) \quad a_0 x^n + a_1 x^{n-1} + \cdots + a_{n-1} x + a_n = 0$$
$$a_i \in \boldsymbol{C}, \quad i = 0, 1, 2, \cdots, n, \quad a_0 \neq 0$$

は必ず $\boldsymbol{C}$ の中に解をもつ．

これが代数学の基本定理である．すでに述べたようにガウスは4つの証明を与えた．その名にもかかわらず，この定理は本質的には解析学に属するものと考えられるが，比較的やさしい言葉で語ることのできるガウスの第1証明のアイデアを述べよう．

まず，事態をはっきりさせるために

$$f(z) = z^2 + z - 1$$

を考える．

$$w = f(z), \quad w = X + Yi, \quad z = x + yi$$

とおけば

$$X + Yi = (x^2 - y^2 + x - 1) + i(2xy + y)$$

を得るから

$$X = x^2 - y^2 + x - 1, \quad Y = 2xy + y.$$

このとき，$f(z) = 0$ を満たす z をみいだすことは

$$X = 0 \quad \text{かつ} \quad Y = 0$$

§4 代数学の基本定理

を満たす (x, y) を求めることと同じであり，したがって

曲線 $X=0$ と曲線 $Y=0$ の交点

を求めることと同じである．両曲線が必ず交わることをいえば，$f(z)=0$ の解の存在が証明されることになる．

そこで両曲線の図をえがいてみよう．

$$X=0 \quad \text{は} \quad \left(x+\frac{1}{2}\right)^2 - y^2 = \frac{5}{4},$$

$$Y=0 \quad \text{は} \quad y=0, \quad x=-\frac{1}{2}$$

を意味するから，曲線は図 6 のようになり（$X=0$ は実線，$Y=0$ は点線で示した），両曲線は実際に交わる．これで $f(z)=0$ の解が $\boldsymbol{C}$ の中に存在することがわかった．

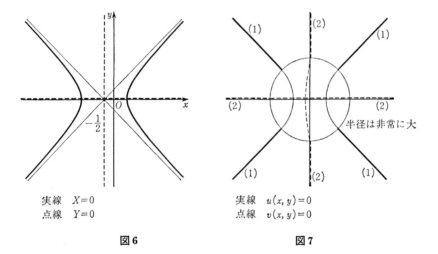

実線 $X=0$
点線 $Y=0$

図 6

実線 $u(x,y)=0$
点線 $v(x,y)=0$

図 7

半径は非常に大

以上では，x, y の関数 X, Y を具体的に求めて議論を進めた．その大切なところだけを再論する．

記号を改めて

$$f(z) = u(x,y) + iv(x,y)$$

と書く．（上では $u(x,y) = X, v(x,y) = Y$ である．）u, v はともに実数変数 x, y の実数値関数である．このとき，

　　$f(z) = 0$ を満たす複素数 z が存在する

　　　　$\Leftrightarrow$ 2つの曲線 $u(x,y) = 0, v(x,y) = 0$ は交わる．

両曲線が交わることをいうには，$u(x,y), v(x,y)$ の具体的な式がわからなくとも，おおよその図がえがければよい．実際，その図は原点に比較的近いところでは何等かの曲線となっている．それを $|z|$ が非常に大きい方へ延長してみる．すなわち，非常に大きい半径の円の外側で，曲線がどういう状態になるかを考えてみる．そこでは

$$f(z) \fallingdotseq z^2$$

であるから，$z = r(\cos\theta + i\sin\theta)$ とおけば

$$f(z) \fallingdotseq r^2(\cos 2\theta + i\sin 2\theta)$$

であり

$$u(x,y) \fallingdotseq r^2\cos 2\theta, \qquad v(x,y) \fallingdotseq r^2\sin 2\theta$$

となる．したがって両曲線は，それぞれ

$$r^2 \cos 2\theta = 0 \tag{1}$$
$$r^2 \sin 2\theta = 0 \tag{2}$$

に近似している．

(1) より

$$\theta = \pm\frac{\pi}{4} + n\pi, \quad n \in \mathbf{Z}$$

(2) より

$$\theta = n\pi \quad \text{または} \quad \frac{\pi}{2} + n\pi, \quad n \in \mathbf{Z}$$

を得るから，結局 $u(x,y) = 0$ は直線 $y = \pm x$ に，$v(x,y) = 0$ は2直線

§4 代数学の基本定理

$x=0, y=0$ にそれぞれ近似していることがわかった．その様子を図7に示した．

大きな円の内側では，$u(x,y)=0, v(x,y)=0$ は必ずしも直線ではないが，それぞれ'つながった'曲線であるから，大円の内側では，ある実線はある他の実線，点線はある他の点線と結ばれていなければならない．(実際にどの実線同士，どの点線同士が結ばれるかは，いまの場合は図6を見れば明らかである.) しかも，実線と点線とは交互に現れているから，大円内では必ず実線と点線は交わる．すなわち，曲線 $u(x,y)=0$ と $v(x,y)=0$ とは必ず交わる．

これがいいたかったことである．

この論法を，一般の代数方程式に適用するのは(筋道だけならば)さして困難なことではない．

代数方程式(*)において $a_0 \neq 0$ であるから両辺を a_0 で割り，はじめから z^n の係数は1であるとしてよい．よって改めて代数方程式
$$f(z) = z^n + a_1 z^{n-1} + \cdots + a_n = 0$$
を考える．$z=x+yi$ とおけば
$$f(z) = u(x,y) + iv(x,y)$$
と変形される．ここで $u(x,y), v(x,y)$ はともに実数変数 x, y に関する実数値の多項式関数である．定理の証明のためには2つの曲線 $u(x,y)=0, v(x,y)=0$ が必ず交わることをいえばよい．

半径が非常に大なる円 C の外では，$|z|$ は非常に大きいから
$$f(z) \doteqdot z^n.$$
そこで
$$z = r(\cos\theta + i\sin\theta)$$
とおけば，ド・モァヴルの定理により
$$f(z) \doteqdot r^n \cos n\theta + i r^n \sin n\theta$$
を得る．すなわち

第5章 いくつかの話題

$$u(x,y) \fallingdotseq r^n \cos n\theta,$$
$$v(x,y) \fallingdotseq r^n \sin n\theta.$$

したがって，2曲線 $u(x,y)=0, v(x,y)=0$ は，円 C の外では，それぞれ曲線

$$r^n \cos n\theta = 0, \qquad r^n \sin n\theta = 0$$

に近似している．これらの式より

$$\theta = \pm \frac{\pi}{2n} + \frac{2k}{n}\pi, \quad k \in \mathbf{Z} \tag{3}$$

$$\theta = \frac{2k}{n}\pi, \quad \frac{\pi}{n} + \frac{2k}{n}\pi, \quad k \in \mathbf{Z} \tag{4}$$

が得られる．(3), (4)を図8にそれぞれ実線，点線で示した．ここでも，実線，点線が C の周りに交互に現れていることが大切である．

さて，円 C 内では

(**) 実線はある他の実線と，点線はある他の点線と結ばれな

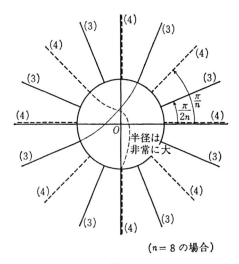

($n=8$ の場合)

図8

ければならない.

実線,点線は交互に現れているから,どのように実線と実線,点線と点線を結びつけようとも,必ず両者は交わる.

以上が,ガウスの第1証明のアイデアであるが,厳密には(**)のところが面倒である.

代数学の基本定理の応用を2,3述べておこう.

定理1 n 次の代数方程式は n 個の根をもつ $(n \geqq 1)$. (ただし,n 個の根には同じものがあるかもしれない.)

準備として,次の因数定理をまず証明しておく.

因数定理 $f(x)$ を x の整式(多項式)とするとき,
$$f(\alpha) = 0$$
ならば $f(x)$ は $x-\alpha$ で割り切れる.

証明 $$f(x) = (x-\alpha)f_1(x) + r, \quad r \in \boldsymbol{C}$$
と書くことができる.実際,
$$f(x) = a_0 x^n + a_1 x^{n-1} + \cdots + a_n$$
に対して
$$f_1(x) = q_0 x^{n-1} + q_1 x^{n-2} + \cdots + q_{n-1}$$
を
$$q_0 = a_0, \quad q_1 = q_0 \alpha + a_1, \quad q_2 = q_1 \alpha + a_2,$$
$$\cdots\cdots, \quad q_{n-1} = q_{n-2}\alpha + a_{n-1}$$
により定めればよい.そのとき,
$$r = q_{n-1}\alpha + a_n$$
である.

仮定より
$$0 = f(\alpha) = r$$
であるから,
$$f(x) = (x-\alpha)f_1(x)$$

となる．これは $f(x)$ が $x-\alpha$ で割り切れることを示す．

定理1の証明　n に関する帰納法により証明する．

(1)　$n=1$ のとき，1次の方程式は1個の解をもつ．

(2)　$n-1$ 次の方程式は，$n-1$ 個の解をもつとする．$f(x)$ を n 次とすれば，代数学の基本定理により，$f(x)=0$ は少なくとも1つの解 α をもつ．$f(\alpha)=0$ であるから因数定理により
$$f(x) = (x-\alpha)f_1(x)$$
と書かれる．ここで，$f_1(x)$ の次数は $n-1$ であるから帰納法の仮定により，$f_1(x)=0$ は $n-1$ 個の根をもつ．合わせて，$f(x)=0$ は n 個の根をもつ．

証明から，次の系が成り立つことがわかる．

系　$f(x)=0$ の n 個の根を $\alpha_1, \alpha_2, \cdots, \alpha_n$ とすれば
$$f(x) = (x-\alpha_1)(x-\alpha_2)\cdots(x-\alpha_n).$$

ここで $\alpha_1, \alpha_2, \cdots, \alpha_n$ の中には同じものがあり得る．よって記号を改めて，異なる根は $\alpha_1, \alpha_2, \cdots, \alpha_t$ の t 個であり，n 個の根のうち，α_1 と同じものは k_1 個，α_2 と同じものは k_2 個，$\cdots$，α_t と同じものは k_t 個存在するとすれば
$$k_1 + k_2 + \cdots + k_t = n,$$
$$f(x) = (x-\alpha_1)^{k_1}(x-\alpha_2)^{k_2}\cdots(x-\alpha_t)^{k_t}$$
と書かれる．

注意　このとき，α_i を k_i 重根という．

定理2　$f(x) = a_0 x^n + a_1 x^{n-1} + \cdots + a_n, a_0 \neq 0$，を実数係数とする．すなわち，
$$a_i \in \boldsymbol{R}, \quad i = 0, 1, 2, \cdots, n.$$
このとき，次のことが成り立つ．

(i)　α が $f(x)=0$ の根ならば $\bar{\alpha}$ も根である．

(ii)　$f(x)$ は

§4 代数学の基本定理

$$f(x) = a_0(x-c_1)\cdots(x-c_t)(x^2+p_1x+q_1)\cdots(x^2+p_rx+q_r)$$

$$c_1, \cdots, c_t \in \mathbf{R}, \qquad p_1, \cdots, p_r, q_1, \cdots, q_r \in \mathbf{R}$$

$$p_i{}^2 - 4q_i < 0, \qquad i = 1, 2, \cdots, r$$

$$t + 2r = n$$

の形に因数分解される.

証明 (i) $f(\alpha)=0$ ならば $f(\bar{\alpha})=0$ をいえばよい.

$$a_i \in \mathbf{R} \Longleftrightarrow a_i = \overline{a_i}$$

であるから

$$0 = \overline{f(\alpha)} = \overline{a_0\alpha^n + a_1\alpha^{n-1} + \cdots + a_n}$$
$$= a_0\bar{\alpha}^n + a_1\bar{\alpha}^{n-1} + \cdots + a_n$$
$$= f(\bar{\alpha}).$$

(ii) (i) により $f(x)=0$ が虚数解 α をもてば $\bar{\alpha}$ も解である. すなわち, 虚数解はその共役と対になっている.

よって, $f(x)=0$ の解を

　　　　実数解 $c_1, \cdots, c_t$, 　　虚数解 $\alpha_1, \bar{\alpha}_1, \cdots, \alpha_r, \bar{\alpha}_r$

とすることができる. このとき

$$(x-\alpha_i)(x-\bar{\alpha}_i) = x^2 + p_i x + q_i$$

と書けば

$$p_i = -(\alpha_i + \bar{\alpha}_i), \qquad q_i = \alpha_i\bar{\alpha}_i \in \mathbf{R},$$
$$p_i{}^2 - 4q_i < 0$$

であり,

$$f(x) = a_0(x-c_1)\cdots(x-c_t)(x-\alpha_1)(x-\bar{\alpha}_1)\cdots(x-\alpha_r)(x-\bar{\alpha}_r)$$
$$= a_0(x-c_1)\cdots(x-c_t)(x^2+p_1x+q_1)\cdots(x^2+p_rx+q_r).$$

問1 $f(x)$ を,

$$f(x) = (x-\alpha)(x-\bar{\alpha})g(x) + lx + m$$

と書くことにより, 定理 2, (i) を証明せよ.

§5 複素数の拡張

代数学の基本定理により，代数方程式を解く立場からは，もはや数の範囲を拡げることを要しない．複素数の集合 C は，その意味で

代数的に閉じている

と言い表した．

複素数は2つの単位 $1, i (i^2 = -1)$ を用いて

$$a \cdot 1 + bi, \quad a, b \in \mathbf{R}$$

と書かれる．この構成法に注目して，数1のほかに，いくつかの新しい単位 $i, j, \cdots, k$ を用いて

$$a \cdot 1 + bi + cj + \cdots + dk, \quad a, b, c, \cdots, d \in \mathbf{R}$$

の形に書かれる'数'を考えよう．その全体を $\boldsymbol{D}$ とする．

$\boldsymbol{D}$ の中には，加減乗除が定義されていると仮定する．したがって，$1, i, j, \cdots, k$ の間には，乗法に関して何等かの，たとえば $ij=k, i^2=-1$ のような関係式が成り立たなければならない．

複素数 $a \cdot 1 + bi$ を

$$a \cdot 1 + bi + 0j + \cdots + 0k$$

とみれば $\boldsymbol{C} \subset \boldsymbol{D}$ である．すなわち $\boldsymbol{D}$ は $\boldsymbol{C}$ の拡張になっている．しかし $\boldsymbol{C}$ においては§1に述べたように，基本的な計算法則(四則算法)が成り立っているが，$\boldsymbol{D}$ においては，もはや四則算法のすべてを保存することはできないのである．

このことを簡単のために，4つの単位 $1, i, j, k$ から構成された $\boldsymbol{D}$ について証明しよう．($1, i, j, \cdots, k$ について証明したければ，以下の証明において，いくつかの適当な修正のもとに，j と k の間に…を挿入すればよい．)

いま，$\boldsymbol{D}$ において四則算法が成り立つと仮定する．ゆえに，$\boldsymbol{D}$ の元 z を

$$z = a \cdot 1 + bi + cj + dk \tag{1}$$

と書けば
$$z^2 = a_1\cdot 1 + b_1 i + c_1 j + d_1 k \qquad \in D \qquad (2)$$
$$z^3 = a_2\cdot 1 + b_2 i + c_2 j + d_2 k \qquad \in D \qquad (3)$$
$$z^4 = a_3\cdot 1 + b_3 i + c_3 j + d_3 k \qquad \in D \qquad (4)$$
と書くことができる．($1, i, j, \cdots, k$ に対しては，さらに $z^5, \cdots$ を考えなければならない．）

(1)-(4) から k を消去する．たとえば

$(1)\times d_1 - (2)\times d,\quad (1)\times d_2 - (3)\times d,\quad (1)\times d_3 - (4)\times d$

を計算すればよい．これら3つの式から今度は j を消去し，さらに得られた2つの式から，i を消去する．このようにして得られた式は，$1, z, z^2, z^3, z^4$ の間の次のような関係を与えている：

$$a_0 z^4 + a_1 z^3 + a_2 z^2 + a_3 z + a_4 = 0, \qquad a_i \in R. \qquad (5)$$

そこで
$$f(x) = a_0 x^4 + a_1 x^3 + a_2 x^2 + a_3 x + a_4 \qquad (6)$$
とおけば，これは x についての4次の整式であり，前節定理2により，実数係数の1次式と，実数解をもたない2次式の積に因数分解される：

$$f(x) = a_0 (x-c)\cdots(x^2+px+q)\cdots.$$

しかるに，D においては四則算法が成り立つと仮定したのであるから全く同様の計算を適用することができる．それゆえ

$$a_0 z^4 + a_1 z^3 + \cdots = a_0 (z-c)\cdots(z^2+pz+q)\cdots$$

が成り立たなければならない．

(5) により，この式は0に等しく，'除法の可能性' により零因子は存在しないから

$$z - c = 0, \cdots, \quad \text{または} \quad z^2 + pz + q = 0, \cdots$$

でなければならない．よって z は実数であるか，または $z^2+pz+q=0$ でなければならない．しかし，すでに§1で述べたように，

$$C^* = \{a+bz\,;\ z^2+pz+q=0,\ a,b \in \boldsymbol{R}\}$$
は $\boldsymbol{C}$ と同型である．よって(同型の意味で) z は複素数である．

これで $\boldsymbol{C}=\boldsymbol{D}$ が証明された．すなわち，次の定理が成り立つ．

定理3 複素数の範囲をひろげて，そこで四則算法のすべて(§1 の(I)-(XIII))が成り立つようにすることはできない．

例1(四元数) 4つの単位 $1, i, j, k$ をとり，集合
$$\boldsymbol{D} = \{a\cdot 1 + bi + cj + dk\,;\ a, b, c, d \in \boldsymbol{R}\}$$
を考える．以下 $a\cdot 1 = a$ と省略する．

$\boldsymbol{D}$ の任意の2元
$$\alpha = a+bi+cj+dk, \qquad \alpha' = a'+b'i+c'j+d'k$$
に対して
$$\alpha = \alpha' \Leftrightarrow a=a', b=b', c=c', d=d'$$
と定義する．また単位の乗法について

(i) $1^2 = 1,\ 1\cdot i = i\cdot 1 = i,\ 1\cdot j = j\cdot 1 = j,\ 1\cdot k = k\cdot 1 = k$

(ii) $i^2 = j^2 = k^2 = -1$

(iii) $ij = k = -ji,\ jk = i = -kj,\ ki = j = -ik$

と約束する．したがって $\boldsymbol{D}$ は乗法について可換ではない．

$\boldsymbol{D}$ における四則算法は，i, j, k を文字とみた整式の計算と同じであるが，ただし，単位 i, j, k の積の順序に注意し，順序を変えるときは(iii)に従うものとする．また，i^2, j^2, k^2 は -1 でおきかえてよい．

このとき，$\boldsymbol{D}$ において，乗法の可換性を除く四則算法(§1の(X)を除く(I)-(XIII))はすべて成り立つ．とくに，除法は可能であり，零因子は存在しない．

$\boldsymbol{D}$ の元を(ハミルトンの)四元数という．それは，たとえば3次元あるいは4次元空間の幾何学に役立つ．

問1 $\alpha = a+bi+cj+dk, \qquad \alpha' = a'+b'i+c'j+d'k$

に対し,
$$\alpha\alpha' = aa' - bb' - cc' - dd'$$
$$+ (ba' + ab' + cd' - dc')i$$
$$+ (ca' + db' + ac' - bd')j$$
$$+ (da' - cb' + bc' + ad')k$$

を示せ. また $\alpha'\alpha$ を求めよ.

問 2 $\alpha = a + bi + cj + dk$ に対し, その共役を
$$\bar{\alpha} = a - bi - cj - dk$$
により定義する. このとき,
$$\alpha = 0 \Leftrightarrow \alpha\bar{\alpha} = 0$$
を示せ. また, $\alpha \neq 0$ に対し
$$\frac{1}{\alpha} = \frac{a - bi - cj - dk}{a^2 + b^2 + c^2 + d^2}$$
であることを示せ.

§6 双曲線関数

三角関数 $\cos\theta, \sin\theta$ は, 動径 OP (P は単位円周上をうごく) が正の x 軸と角 θ をなすときの, 点 P の座標であると定義した (図 9).

円周と同じ範疇に入る曲線 (いわゆる 2 次曲線) には, 楕円, 放物

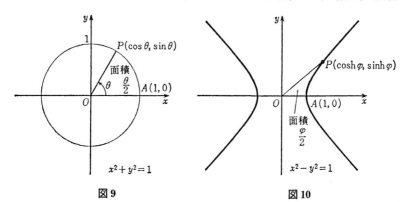

図 9   図 10

線, 双曲線がある. 上の円周のかわりに, これらの2次曲線を用いれば, どのような関数が定義されるであろうか.

このことを考えるためには, θ の意味を変更しておくと都合がよい. すなわち, 角 θ の動径 OP および正の x 軸が, 単位円から切りとる扇形の面積は $\dfrac{\theta}{2}$ であるから, $\cos, \sin$ の定義を次のように変更するのである:

点 P は単位円周上を動くとする. $A=(1,0)$ とし, 扇形 OAP の面積が $\dfrac{\theta}{2}$ のとき,
$$P=(\cos\theta, \sin\theta)$$
と定義する.

そうして, 単位円周を, 双曲線(図10)
$$x^2-y^2=1 \tag{1}$$
でおきかえ, 上の定義を真似てみよう.

点 P が双曲線(1)の上を動くとする. $A=(1,0)$ とし, 扇形 OAP の面積が $\dfrac{\varphi}{2}$ のとき
$$P=(\cosh\varphi, \sinh\varphi)$$
と定義する.

ここで $\cosh\varphi, \sinh\varphi$ はそれぞれ φ の**ハイパボリック・コサイン**(hyperbolic cosine), **ハイパボリック・サイン**(hyperbolic sine) とよむ.

また, 三角関数との類似から,
$$\tanh\varphi=\frac{\sinh\varphi}{\cosh\varphi}$$
と定義し, tanh を**ハイパボリック・タンジェント**とよむ. hyperbola は双曲線の意味であり, cosh, sinh, tanh をまとめて**双曲線関数**という. (実は cos, sin, tan は三角関数というより, 円関数とよぶにふさわしい.)

§6 双曲線関数

以下，双曲線関数の性質を調べよう．定義が三角関数のそれと似ているから，やはり性質も似ているところが多い，と考えるのは自然である．

まず，$\cosh\varphi = x$, $\sinh\varphi = y$ は (1) を満たすから
$$\cosh^2\varphi - \sinh^2\varphi = 1$$
が成り立つ．ここで三角関数の場合と同様
$$(\cosh\varphi)^2 = \cosh^2\varphi, \quad (\sinh\varphi)^2 = \sinh^2\varphi$$
と書く習慣である．上記公式は
$$\cos^2\theta + \sin^2\theta = 1$$
と極めてよく似ている．

双曲線関数の性質を調べるために，他の関数との関係を求めよう．(1) を原点のまわりに $\dfrac{\pi}{4}$ だけ回転した双曲線の方程式は，回転の式

$$\begin{pmatrix} x' \\ y' \end{pmatrix} = \begin{pmatrix} \cos\dfrac{\pi}{4} & -\sin\dfrac{\pi}{4} \\ \sin\dfrac{\pi}{4} & \cos\dfrac{\pi}{4} \end{pmatrix} \begin{pmatrix} x \\ y \end{pmatrix}$$

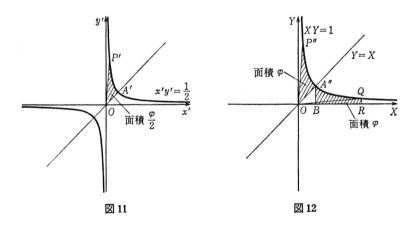

図 11　　　　　図 12

すなわち
$$x' = \frac{x-y}{\sqrt{2}}, \qquad y' = \frac{x+y}{\sqrt{2}} \qquad (2)$$
より x, y を求め，それらを(1)に代入して得られる：実際(図11)
$$2x'y' = 1 \qquad (3)$$
である．このとき，A, P は A', P' に移ったとする．

(3)においてさらに，
$$\sqrt{2}\,x' = X, \qquad \sqrt{2}\,y' = Y \qquad (4)$$
とおけば，(3)は
$$XY = 1 \qquad (5)$$
となる(図12)．このとき，A', P' に対応する点を A'', P'' とすれば，扇形 $OA''P''$ の面積は φ に等しい．((4)は $\sqrt{2}$ 倍の拡大であるから面積は $(\sqrt{2})^2$ 倍される．)

次に，直線 $Y=X (O, A''$ を通る直線)に関して P'' に対称な点を Q (もちろん $XY=1$ 上にある)，Q から X 軸におろした垂線の足を R, $B=(1,0)$ (図12)とすれば，
$$\varphi = 扇形 OP''A'' の面積$$
$$= 扇形 OQA'' の面積$$
$$= \text{'四辺形'} BRQA'' の面積$$
が成り立つ．

問1 このことを証明せよ．

ここで微分積分学からの知識を借用しなければならない．

(自然)対数関数 $\log x$ は
$$\log x = \int_1^x \frac{1}{t} dt, \qquad x > 0$$
により定義される(といってよい)．このとき，$R=(X, 0)$ とすれば，積分の"面積としての解釈"より

§6 双曲線関数

$$\varphi = \text{'四辺形'} BRQA \text{ の面積}$$
$$= \int_1^X \frac{1}{t} dt.$$

ゆえに
$$\varphi = \log X, \quad X > 0 \tag{6}$$

である．これを X について解いた式は
$$X = e^\varphi \tag{7}$$

である．(すなわち，(6) と (7) は互いに逆関数である．)

ここで，e は
$$\log e = 1$$

を満たす数であり，自然対数の底とよばれる．e^φ は指数関数とよばれる．その性質は，

$$e^{\varphi_1+\varphi_2} = e^{\varphi_1} \cdot e^{\varphi_2} \tag{8}$$
$$(e^{\varphi_1})^{\varphi_2} = e^{\varphi_1 \varphi_2} \tag{9}$$
$$e^0 = 1 \tag{10}$$

であり，これらに対応する対数関数の性質は

$$\log X_1 X_2 = \log X_1 + \log X_2 \tag{8}'$$
$$\log X^\varphi = \varphi \log X \tag{9}'$$
$$\log e = 1 \tag{10}'$$

である．

さて，以上の準備の下に，cosh, sinh を指数関数で表すことができる．

定理 4 $\quad \cosh \varphi = \dfrac{e^\varphi + e^{-\varphi}}{2}, \quad \sinh \varphi = \dfrac{e^\varphi - e^{-\varphi}}{2}.$

証明 $\quad x = \cosh \varphi, \quad y = \sinh \varphi$

に対して，(2) より

$$x' = \frac{\cosh\varphi - \sinh\varphi}{\sqrt{2}}, \quad y' = \frac{\cosh\varphi + \sinh\varphi}{\sqrt{2}}$$

を得るから,

$$\cosh\varphi = \frac{x'+y'}{\sqrt{2}}, \quad \sinh\varphi = \frac{y'-x'}{\sqrt{2}}.$$

よって, (4) を用いて, $Q(X, Y)$ に移るため X, Y を交換して

$$\cosh\varphi = \frac{X+Y}{2}, \quad \sinh\varphi = \frac{X-Y}{2} \tag{11}$$

となる. 一方, $X=e^{\varphi}$ であるから (5) より

$$Y = X^{-1} = e^{-\varphi}$$

となり, (11) に代入して定理を得る.

問2 次の等式を証明せよ.
(i) $\sinh(\varphi_1+\varphi_2) = \sinh\varphi_1\cosh\varphi_2 - \sinh\varphi_2\cosh\varphi_1$
(ii) $\cosh(\varphi_1+\varphi_2) = \cosh\varphi_1\cosh\varphi_2 + \sinh\varphi_1\sinh\varphi_2$
(iii) $\tanh(\varphi_1+\varphi_2) = \dfrac{\tanh\varphi_1 - \tanh\varphi_2}{1+\tanh\varphi_1\cdot\tanh\varphi_2}$

(三角関数の加法公式と比べよ.)

以上の話の筋道は図式的に書けば次の通りである:

$$x^2 - y^2 = 1 \longrightarrow x = \cosh\varphi, \ y = \sinh\varphi$$
$$\longrightarrow e^{\varphi} = \cosh\varphi + \sinh\varphi.$$

しかも, 最後の式の右辺は, はじめの $x^2-y^2=1$ を因数分解して得られる. そこで, 図式

$$x^2 + y^2 = 1 \longrightarrow x = \cos\theta, \ y = \sin\theta$$
$$\longrightarrow f(\theta) = \cos\theta + i\sin\theta$$

を考えてみよう. ここで最後の式の右辺は, $x^2+y^2=1$ を因数分解して得られる. 問題は, $f(\theta)$ は何か, ということである.

定理5 (オイラーの公式)

$$e^{i\theta} = \cos\theta + i\sin\theta.$$

§6 双曲線関数

証明は残念ながら省略せざるを得ない．しかし，上述のことから，指数関数 e^{φ} の類似が $f(\theta)$ であり，三角関数の加法定理より

$$f(\theta_1+\theta_2)=f(\theta_1)f(\theta_2) \qquad ((8)と比べよ！)$$

が導かれることをおもえば，$f(\theta)$ は何等かの形で'指数関数'らしい，と推測されるであろう．複素数の導入により，かくも見事な公式が得られたのである．

解　答

第1章

§1　問1 左から $\frac{2}{3}\pi$, 135°, $\frac{5}{6}\pi$, $\frac{7}{6}\pi$, 270°.
問2 $\frac{180}{\pi} \doteqdot 57.2957°$. **問3** (i) 112.5°, $\frac{5}{8}\pi$. (ii) 45°. **問4** $\pi\theta r^2/360$.

§2　問1 (i) 左まわり. (ii) 右まわり. **問2** $-\frac{7}{6}\pi$. **問3** 10時.
問4 (1) $\frac{9}{4}\pi$. (2) $-\frac{7}{3}\pi$. **問5** 右, 左がわかっているときは, 円の中心を左に見ながら進む方向を正の向きと定める. 右, 左がわかっていないとき, たとえば宇宙の彼方に知的生物がいるとして, その生物に地球上でいう右, 左を伝えるにはどうすればよいか. 筆者にはわからない. '茶わんをもつ手が左手, 箸をもつ手が右手' '太陽がのぼる方が東' などは通用しない.

§3　問2 $\cos\left(-\frac{\pi}{6}\right)=\frac{\sqrt{3}}{2}$, $\sin\left(-\frac{\pi}{4}\right)=-\frac{1}{\sqrt{2}}$, $\cos\left(-\frac{\pi}{3}\right)=\frac{1}{2}$.
問3 左から, $\cos\theta$ は $-\frac{1}{2}$, $-\frac{1}{\sqrt{2}}$, $-\frac{\sqrt{3}}{2}$, $-\frac{1}{\sqrt{2}}$, $-\frac{1}{2}$, $\frac{1}{2}$, $\frac{1}{\sqrt{2}}$, $\frac{\sqrt{3}}{2}$,
$\sin\theta$ は $\frac{\sqrt{3}}{2}$, $\frac{1}{\sqrt{2}}$, $-\frac{1}{2}$, $-\frac{1}{\sqrt{2}}$, $-\frac{\sqrt{3}}{2}$, $-\frac{\sqrt{3}}{2}$, $-\frac{1}{\sqrt{2}}$, $-\frac{1}{2}$.

問4

象限	1	2	3	4
$\cos\theta$	+	−	−	+
$\sin\theta$	+	+	−	−

問5 $\frac{7}{6}\pi+2n\pi$, 第3象限. **問6** $2n\pi$. **問7** (i) $2n\pi$, $\pi+2n\pi$,
(ii) $\frac{\pi}{2}+2n\pi$. **問8** (i) $\sin\left(\frac{\pi}{2}-\theta\right)=\sin\left(\frac{\pi}{2}+(-\theta)\right)=\cos(-\theta)=\cos\theta$,

(ii) $\cos(\theta+\pi)=\cos\left(\left(\theta+\dfrac{\pi}{2}\right)+\dfrac{\pi}{2}\right)=-\sin\left(\theta+\dfrac{\pi}{2}\right)=-\cos\theta$.

(iii) $\sin(\pi-\theta)=\sin\left(\dfrac{\pi}{2}+\left(\dfrac{\pi}{2}-\theta\right)\right)=\cos\left(\dfrac{\pi}{2}-\theta\right)=\sin\theta$,

(iv) $\cos(\pi-\theta)=\cos\left(\dfrac{\pi}{2}+\left(\dfrac{\pi}{2}-\theta\right)\right)=-\sin\left(\dfrac{\pi}{2}-\theta\right)=-\cos\theta$.

問 9 (iii) $\sin(\pi-\theta)=y=\sin\theta$, (iv) $\cos(\pi-\theta)=-x=-\cos\theta$.

問 10 OP が θ の位置にあれば OP' は $\dfrac{\pi}{2}-\theta$ の位置にある. $P(x,y)$ より $x=\cos\theta, y=\sin\theta$, $P'(y,x)$ より $x=\sin\left(\dfrac{\pi}{2}-\theta\right), y=\cos\left(\dfrac{\pi}{2}-\theta\right)$.

§4 問 1 (i) $\tan\left(\theta+\dfrac{\pi}{2}\right)=\dfrac{\sin\left(\theta+\dfrac{\pi}{2}\right)}{\cos\left(\theta+\dfrac{\pi}{2}\right)}=-\dfrac{1}{\tan\theta}$,

(ii) $\tan(-\theta)=\dfrac{\sin(-\theta)}{\cos(-\theta)}=-\tan\theta$, (iii) $\tan\left(\dfrac{\pi}{2}-\theta\right)=\dfrac{\sin\left(\dfrac{\pi}{2}-\theta\right)}{\cos\left(\dfrac{\pi}{2}-\theta\right)}=\dfrac{\cos\theta}{\sin\theta}=\dfrac{1}{\tan\theta}$, (iv) $\tan(\pi-\theta)=\tan\left(\dfrac{\pi}{2}+\dfrac{\pi}{2}-\theta\right)=-\dfrac{1}{\tan\left(\dfrac{\pi}{2}-\theta\right)}=-\tan\theta$, ((i), (iii) を用いた.). **問 2** 左から, $0, \dfrac{1}{\sqrt{3}}, 1, \sqrt{3}, -\sqrt{3}, -1, -\dfrac{1}{\sqrt{3}}, 0, -\dfrac{1}{\sqrt{3}}, -1$.

問 3

象限	1	2	3	4
$\tan\theta$	+	−	+	−

問 4 $1+\tan^2\theta=1+\dfrac{\sin^2\theta}{\cos^2\theta}=\dfrac{\cos^2\theta+\sin^2\theta}{\cos^2\theta}=\dfrac{1}{\cos^2\theta}$, **問 5** $(1+\tan\theta)^2=1+\tan^2\theta+2\tan\theta=\dfrac{1}{\cos^2\theta}+\dfrac{2\sin\theta}{\cos\theta}=\dfrac{1+2\sin\theta\cos\theta}{\cos^2\theta}$, **問 6** $\dfrac{\pi}{6}+2n\pi, \dfrac{7}{6}\pi+2n\pi$

§5 問 1 (i) $y=\sin x$ のグラフを x 軸の負の方向に $\dfrac{\pi}{4}$ だけ平行移動,

(ii) $y=\tan x$ のグラフを x 軸の正の方向に $\dfrac{\pi}{3}$ だけ平行移動. **問2** (i) $y=\cos x$ のグラフを x 軸方向に 3 倍拡大. $y=\cos x$ のグラフを x 軸方向に 3 倍, y 軸方向に 2 倍拡大. 基本周期はともに 6π. (ii) $y=\tan x$ のグラフを x 方向に 2 倍拡大. **問3** x 軸方向に $\dfrac{1}{2}$ 倍拡大し,さらに x 軸の正の方向に $\dfrac{\pi}{6}$ 平行移動.

§6 問1 角速度 $\doteqdot 1.9923\times 10^{-7}$. **問2** (i) $\dfrac{33\times 2\pi}{60}\doteqdot 3.4557$, (ii) $T\doteqdot 1.818$. $\dfrac{1}{T}=\dfrac{33}{60}$ は振動数.

§7 問1 $\sin(\alpha-\beta)=\sin(\alpha+(-\beta))$ を用いる. **問2** $\cos 2\alpha=\cos(\alpha+\alpha)=\cos^2\alpha-\sin^2\alpha=\begin{cases}(1-\sin^2\alpha)-\sin^2\alpha=1-2\sin^2\alpha,\\ \cos^2\alpha-(1-\cos^2\alpha)=2\cos^2\alpha-1\end{cases}$ **問3** $\sin^2\dfrac{\pi}{8}=\dfrac{1-\cos\dfrac{\pi}{4}}{2}$. $\sin\dfrac{\pi}{8}=\dfrac{\sqrt{2-\sqrt{2}}}{2}\doteqdot 0.3826\cdots$. **問4** (i) $\tan(\alpha-\beta)=\tan(\alpha+(-\beta))=\dfrac{\tan\alpha-\tan\beta}{1+\tan\alpha\tan\beta}$, (ii) $\tan 2\alpha=\tan(\alpha+\alpha)=\dfrac{2\tan\alpha}{1-\tan^2\alpha}$, (iii) $\tan^2\dfrac{\alpha}{2}=\dfrac{\sin^2\dfrac{\alpha}{2}}{\cos^2\dfrac{\alpha}{2}}=\dfrac{1-\cos\alpha}{1+\cos\alpha}$. **問5** (i) $\dfrac{\pi}{8}=\dfrac{1}{2}\cdot\dfrac{\pi}{4}$ で計算, $\dfrac{\sqrt{2+\sqrt{2}}}{2}$, (ii) $\dfrac{5}{12}\pi=\dfrac{\pi}{4}+\dfrac{\pi}{6}$, $\dfrac{\sqrt{2}+\sqrt{6}}{4}$, (iii) $\dfrac{7}{24}\pi=\dfrac{\pi}{8}+\dfrac{\pi}{6}$, $\dfrac{\sqrt{2+\sqrt{2}}+\sqrt{3}\sqrt{2-\sqrt{2}}}{4}$, (iv) $\dfrac{11}{12}\pi=\dfrac{\pi}{4}+\dfrac{2\pi}{3}$, $-\dfrac{\sqrt{2}+\sqrt{6}}{4}$, (v) $\dfrac{\pi}{12}=\dfrac{\pi}{3}-\dfrac{\pi}{4}$, $\dfrac{\sqrt{2}+\sqrt{6}}{4}$.

§8 問1 $\sin\left(\theta+\dfrac{\pi}{4}\right)=\cos\left(\dfrac{\pi}{2}-\left(\theta+\dfrac{\pi}{4}\right)\right)=\cos\left(\dfrac{\pi}{4}-\theta\right)=\cos\left(\theta-\dfrac{\pi}{4}\right)$. **問2** (i) $\sqrt{2}\cos\dfrac{\pi}{3}t$, (ii) $2\cos\left(\dfrac{\pi}{6}t-\dfrac{\pi}{6}\right)$. **問3** (i) $2\cos\left(\theta-\dfrac{\pi}{3}\right)$, (ii) $\sqrt{2}\cos\left(\theta-\dfrac{\pi}{4}\right)$.

練習問題 1 1 $\sin(\alpha+\beta)+\sin(\alpha-\beta)=\sin\alpha\cos\beta+\cos\alpha\sin\beta+\sin\alpha\cos\beta-\cos\alpha\sin\beta=2\sin\alpha\cos\beta$. 以下同様. 加法公式を用いて右辺を変形せよ. **2** $x=\alpha+\beta$, $y=\alpha-\beta$ とおけば $\alpha=\dfrac{x+y}{2}$, $\beta=\dfrac{x-y}{2}$. 前問第

解答

1 式より $\sin x + \sin y = \sin(\alpha+\beta) + \sin(\alpha-\beta) = 2\sin\alpha\cos\beta = 2\sin\frac{x+y}{2}\cos\frac{x-y}{2}$. 以下同様. 3 ヒントに従う. 余弦定理において $\cos(\alpha_1-\alpha_2) = -\cos(\pi-(\alpha_1-\alpha_2)) = \cos A$. 以下同様. 4 ヒントに従う. $\overline{PP'}^2 = (\cos(\alpha+\beta)-\cos\alpha)^2 + (\sin(\alpha+\beta)-\sin\alpha)^2 = 2-2(\cos\alpha\cos(\alpha+\beta)+\sin\alpha\sin(\alpha+\beta))$, 一方, $\overline{PP'}^2 = (\cos\beta-1)^2 + \sin^2\beta = \cos^2\beta - 2\cos\beta + 1 + \sin^2\beta = 2 - 2\cos\beta$. 両者を比較して $\cos\beta = \cos\alpha\cos(\alpha+\beta) + \sin\alpha\sin(\alpha+\beta)$. ここで $\alpha+\beta$ を β と書きさらに $-\alpha$ を α でおきかえればよい. 5 $\sqrt{19}\sin(\pi t+\alpha)$, $\tan\alpha = \frac{\sqrt{3}}{4}$, $\alpha \doteqdot 0.408$. 6 $R\sin(\theta+\alpha)$ において, $R = \sqrt{r_1^2+r_2^2+2r_1r_2\cos(\alpha_1-\alpha_2)}$, $\tan\alpha = (r_1\sin\alpha_1+r_2\sin\alpha_2)\cdot(r_1\cos\alpha_1+r_2\cos\alpha_2)^{-1}$. 7 (i) $\sin\theta=\frac{2}{3}, -\frac{1}{2}$, $\theta \doteqdot 0.72$, $\pi-0.72$, $\theta=\frac{7}{6}\pi, \frac{11}{6}\pi$, (ii) $\theta=\frac{2}{3}\pi, \frac{4}{3}\pi$. 8 $\tan\theta=-\frac{\sqrt{3}}{3}, \sqrt{3}$; $\theta=-\frac{\pi}{6}, \frac{\pi}{3}$

9 (i) $x=\frac{1-t^2}{1+t^2}, y=\frac{2t}{1+t^2}$, (ii) $\cos\theta=\frac{1-\tan^2\frac{\theta}{2}}{1+\tan^2\frac{\theta}{2}}$, $\sin\theta=\frac{2\tan\frac{\theta}{2}}{1+\tan^2\frac{\theta}{2}}$.

10 $x'=x\cos\theta-y\sin\theta$, $y'=x\sin\theta+y\cos\theta$.

第2章

§1 問1 (i) $a^3-3ab^2+i(3a^2b-b^3)$, (ii) $1-2\sqrt{2}i$.

§2 問1 ⇒ $0+0i=0$. ゆえに '相等' の約束により $x=0, y=0$. ⇐ $0+0i=0$ だから明らか. 問2 (i) $\text{Re}(\alpha)=\frac{1}{2}$, $\text{Im}(\alpha)=\frac{3}{2}$, (ii) $\text{Re}(z^3)=\text{Re}(z)^3-3\text{Re}(z)\text{Im}(z)^2$, $\text{Im}(z^3)=3\text{Re}(z)^2\text{Im}(z)-\text{Im}(z)^3$. 問3 (i) $x=0$ または $y=0$ または $x=\pm y$. (ii) $(x^2-y^2-2xy)(x^2-y^2+2xy)=0$ $(x=(1\pm\sqrt{2})y$ または $x=(-1\pm\sqrt{2})y)$. 問4 (i) $0-i$, (ii) $-46-9i$, (iii) $0+i$. 問5 (i) $\text{Re}\left(\frac{1}{z}\right)=\frac{x}{x^2+y^2}$, $\text{Im}\left(\frac{1}{z}\right)=-\frac{y}{x^2+y^2}$ (ii) $\text{Re}\left(\frac{1}{1-z}\right)=\frac{1-x}{(x-1)^2+y^2}$, $\text{Im}\left(\frac{1}{1-z}\right)=\frac{y}{(x-1)^2+y^2}$, (iii) $\text{Re}\left(\frac{az+b}{cz+d}\right)=\frac{(ax+b)(cx+d)+acy^2}{(cx+d)^2+c^2y^2}$, $\text{Im}\left(\frac{az+b}{cz+d}\right)=\frac{(ad-bc)y}{(cx+d)^2+c^2y^2}$. 問6 (i) $\overline{\alpha\pm\beta}=$

解　答

$\overline{(a+bi)\pm(c+di)}=\overline{(a\pm c)+(b\pm d)i}=(a\pm c)-(b\pm d)i=(a-bi)\pm(c-di)$
$=\bar{\alpha}\pm\bar{\beta}$, (iii) $\overline{\left(\dfrac{\beta}{\alpha}\right)}=\overline{\left(\dfrac{\beta\bar{\alpha}}{\alpha\bar{\alpha}}\right)}=\overline{\left(\dfrac{ac+bd+(ad-bc)i}{a^2+b^2}\right)}=\dfrac{ac+bd}{a^2+b^2}-\dfrac{ad-bc}{a^2+b^2}i$,
$\dfrac{\bar{\beta}}{\bar{\alpha}}=\dfrac{\alpha\bar{\beta}}{\alpha\bar{\alpha}}=\dfrac{ac+bd-(ad-bc)i}{a^2+b^2}$. **問7** $N(\alpha\beta)=\alpha\beta\overline{\alpha\beta}=\alpha\beta\bar{\alpha}\bar{\beta}=\alpha\bar{\alpha}\cdot\beta\bar{\beta}=$
$N(\alpha)N(\beta)$. $N\left(\dfrac{\alpha}{\beta}\right)=\dfrac{\alpha}{\beta}\cdot\overline{\left(\dfrac{\alpha}{\beta}\right)}=\dfrac{\alpha}{\beta}\cdot\dfrac{\bar{\alpha}}{\bar{\beta}}=\dfrac{N(\alpha)}{N(\beta)}$. **問8** $S(\alpha\pm\beta)=\alpha\pm\beta+$
$\overline{(\alpha\pm\beta)}=\alpha+\bar{\alpha}\pm(\beta+\bar{\beta})=S(\alpha)\pm S(\beta)$. **問9** $\alpha=a+bi$, $\bar{\alpha}=a-bi$. $\alpha\in\mathbf{R}$
$\Leftrightarrow b=0 \Longrightarrow \alpha=\bar{\alpha}$. 逆に, $\alpha=\bar{\alpha} \Longrightarrow a+bi=a-bi \Longrightarrow 2bi=0 \Longrightarrow b=0$. α：純
虚数 $\Leftrightarrow a=0 \Longrightarrow \alpha=-\bar{\alpha}$. 逆に, $\alpha=-\bar{\alpha} \Longrightarrow a+bi=-a+bi \Longrightarrow 2a=0 \Longrightarrow$
$a=0$. **問10** 右辺$=(\bar{\alpha}\gamma+\bar{\beta}\delta)(\alpha\bar{\gamma}+\bar{\beta}\delta)+(\alpha\bar{\delta}-\bar{\beta}\gamma)(\bar{\alpha}\delta-\beta\bar{\gamma})=N(\alpha)N(\gamma)+$
$N(\beta)N(\delta)+N(\alpha)N(\delta)+N(\beta)N(\gamma)$. **問11** $(1+i)^n+(1-i)^n=\alpha$ とおけ
ば $\bar{\alpha}=(\overline{1+i})^n+(\overline{1-i})^n=(1-i)^n+(1+i)^n=\alpha$. ゆえに $\alpha\in\mathbf{R}$. $(1+i)^n-$
$(1-i)^n=\beta$ とおけば $\bar{\beta}=(\overline{1+i})^n-(\overline{1-i})^n=(1-i)^n-(1+i)^n=-\{(1+i)^n$
$-(1-i)^n\}=-\beta$. ゆえに β は純虚数. **問12** $\alpha\neq 0$ であるから $N(\alpha)=\alpha\bar{\alpha}$
$\neq 0$. $\alpha\beta=0$ ならば $N(\alpha)\cdot\beta=0$. ゆえに $\beta=x+yi$ と書けば $N(\alpha)x+$
$N(\alpha)yi=0$ で, $N(\alpha)x=0$, $N(\alpha)y=0$. ゆえに $x=0$, $y=0$, $\beta=0$.

§3　問1 (1) の x に (3) の右辺を代入して計算せよ.

§4　問1 (i) $\pm\left(\dfrac{1}{\sqrt{2}}-\dfrac{1}{\sqrt{2}}i\right)$, (ii) $\pm\left(\sqrt{\dfrac{3}{2}}+\sqrt{\dfrac{3}{2}}i\right)$,
(iii) $\pm\left(\sqrt{\dfrac{1+\sqrt{2}}{2}}+\dfrac{1}{\sqrt{2+2\sqrt{2}}}i\right)$. **問2** 例3の2次方程式の x に代入し
て計算せよ. **問3** (i) $-1\pm\dfrac{1}{2\sqrt{2}}\pm\dfrac{i}{2\sqrt{2}}$, (ii) $\dfrac{2\sqrt{3}\mp\sqrt{6}}{3}\pm\dfrac{\sqrt{6}}{3}i$.

§5　問1 $X=i, \omega i, \omega^2 i$. **問2** (i) $1+\omega=-\omega^2$, $\omega^3=1$ であるから
$(1+\omega)^5+\omega=(-\omega^2)^5+\omega=-\omega^{10}+\omega=-\omega+\omega=0$, (ii) $(1+4\omega+\omega^2)^3=$
$(-\omega+4\omega)^3=(3\omega)^3=27$. **問3** $\pm\left(\dfrac{\sqrt{2+\sqrt{2}}}{2}+\dfrac{\sqrt{2-\sqrt{2}}}{2}i\right)$,
$\pm\left(-\dfrac{\sqrt{2-\sqrt{2}}}{2}+\dfrac{\sqrt{2+\sqrt{2}}}{2}i\right)$; $\pm\left(\dfrac{\sqrt{2-\sqrt{2}}}{2}\pm\dfrac{\sqrt{2+\sqrt{2}}}{2}i\right)$,
$\pm\left(-\dfrac{\sqrt{2+\sqrt{2}}}{2}+\dfrac{\sqrt{2-\sqrt{2}}}{2}i\right)$.

§6　問1 $\alpha=3i, \beta=2i$ ととれば定義より $\alpha>0, \beta>0$. しかし $\alpha\beta=-6$
であるから $\alpha\beta>0$ ではない. **問2** α を正の実数, $\beta=b+ci, c>0$, ととれ
ば $\alpha>0, \beta>0$ で $\beta-\alpha=(b-\alpha)+ci, c>0$ であるから定義より $\beta-\alpha>0$. し

かし，どんなに大きい正の整数 N をとっても $\beta-N\alpha=(b-N\alpha)+ci$, $c>0$, であるから定義により $\beta-N\alpha>0$ である.

§7 問1 $z=x+yi$ とする. $z\in \boldsymbol{R}$ より $y=0$. ゆえに $|z|=\sqrt{x^2}=|x|$.
問2 $\sqrt{N(z_1z_2)}=\sqrt{N(z_1)\cdot N(z_2)}=\sqrt{N(z_1)}\cdot\sqrt{N(z_2)}$ ゆえに $|z_1z_2|=|z_1||z_2|$. 他も同様. **問3** (i) $|i||1-i||2+3i|=1\cdot\sqrt{1+1}\cdot\sqrt{4+9}=\sqrt{2}\sqrt{13}$,
(ii) $\left|\dfrac{3+i}{2-5i}-i\right|=\left|\dfrac{3+i-2i-5}{2-5i}\right|=\dfrac{|-2-i|}{|2-5i|}=\dfrac{\sqrt{4+1}}{\sqrt{4+25}}=\dfrac{\sqrt{5}}{\sqrt{29}}$. **問4** (i) $|z|^2$
$=|\bar{z}|^2=x^2+y^2$, (ii) $\left|z+\dfrac{1}{z}\right|=\left|\dfrac{z^2+1}{z}\right|=\dfrac{\sqrt{(x^2+y^2+1)^2-4y^2}}{\sqrt{x^2+y^2}}$. **問5** (i) 左辺 $=(\beta u+\alpha v)(\bar{\beta}\bar{u}+\bar{\alpha}\bar{v})-(\bar{\alpha}u+\bar{\beta}v)(\alpha\bar{u}+\beta\bar{v})=|\beta|^2|u|^2+|\alpha|^2|v|^2+\beta u\bar{\alpha}\bar{v}+\alpha v\bar{\beta}\bar{u}-|\alpha|^2|u|^2-|\beta|^2|v|^2-\beta u\bar{\alpha}\bar{v}-\alpha v\bar{\beta}\bar{u}=|\beta|^2|v|^2+|\alpha|^2|v|^2-|\alpha|^2|u|^2-|\beta|^2|v|^2=$右辺, (ii) 同様の計算. **問6** $z_1=(z_1-z_2)+z_2$ であるから, 証明した不等式により $|z_1|=|(z_1-z_2)+z_2|\leqq|z_1-z_2|+|z_2|$. **問7** $|z-\alpha|^2-|z-\bar{\alpha}|^2\leqq 0$ を示す. $(z-\alpha)(\bar{z}-\bar{\alpha})-(z-\bar{\alpha})(\bar{z}-\alpha)=(\alpha-\bar{\alpha})(z-\bar{z})=-4\mathrm{Im}(\alpha)\mathrm{Im}(z)\leqq 0(\mathrm{Im}(z)\leqq 0$ のとき.). **問8** $|z-\alpha|^2-|\bar{\alpha}z-1|^2\leqq 0$ を示す. $(z-\alpha)(\bar{z}-\bar{\alpha})-(\bar{\alpha}z-1)(\alpha\bar{z}-1)=z\bar{z}+\alpha\bar{\alpha}-\alpha\bar{\alpha}z\bar{z}-1=(1-|\alpha|^2)(|z|^2-1)\leqq 0$ ($|z|\leqq 1$ すなわち $|z|^2\leqq 1$ のとき.). **問9** 両辺に $(\alpha-\beta)(\beta-\gamma)(\gamma-\alpha)$ を乗じて展開せよ.

練習問題2 **1** $\dfrac{(67+94i)}{25}$. **2** 証明より=が成り立つのは $x_1y_2-x_2y_1=0$, すなわち, ある実数 c があって $z_1=cz_2$, のときに限る. **3** $(x+y+z)\cdot(x+\omega y+\omega^2 z)(x+\omega^2 y+\omega z)$. ($\omega\ne 1$ は 1 の 3 乗根) **4** (i) $x=0$ または $y=0$ または $x=\pm y$ または $x=(1\pm\sqrt{2})y$ または $x=(-1\pm\sqrt{2})y$.
(ii) $(x^2-y^2-2xy-2\sqrt{2}xy)(x^2-y^2-2xy+2\sqrt{2}xy)\cdot(x^2-y^2+2xy-2\sqrt{2}xy)(x^2-y^2+2xy+2\sqrt{2}xy)=0$. **5** $\zeta=1$ ならば明らか. $\zeta\ne 1$ ならば $\dfrac{\zeta^2}{1+\zeta^4}=\dfrac{\zeta^2}{1+1/\zeta}=\dfrac{\zeta^3}{1+\zeta'}\dfrac{\zeta^4}{1+\zeta^3}=\dfrac{\zeta^4}{1+1/\zeta^2}=\dfrac{\zeta}{1+\zeta^2}$, ゆえに左辺 $=2\left(\dfrac{\zeta}{1+\zeta^2}+\dfrac{\zeta^3}{1+\zeta}\right)$
$=2\dfrac{\zeta+\zeta^2+\zeta^3+1}{1+\zeta+\zeta^2+\zeta^3}=2$. **6** 証明すべき式を平方し, 分母を払い, 移項して $|\alpha z+\beta|^2-|\bar{\beta}z+\bar{\alpha}|^2=0$ を示せばよい. $(\alpha z+\beta)(\bar{\alpha}\bar{z}+\bar{\beta})-(\bar{\beta}z+\bar{\alpha})(\beta\bar{z}+\alpha)=\alpha\bar{\alpha}(z\bar{z}-1)-\beta\bar{\beta}(z\bar{z}-1)=0$. **7** 左辺 $=(\gamma+\alpha)(\bar{\gamma}+\bar{\alpha})+(\gamma-\alpha)(\bar{\gamma}-\bar{\alpha})=\gamma\bar{\gamma}+\alpha\bar{\gamma}+\bar{\alpha}\gamma+\alpha\bar{\alpha}+\gamma\bar{\gamma}-\alpha\bar{\gamma}-\bar{\alpha}\gamma+\alpha\bar{\alpha}=2|\gamma|^2+2|\alpha|^2$. 右辺 $=2|\gamma|^2+2|\beta|^2$. ゆえに右辺-左辺 $=2(|\alpha|^2-|\beta|^2)=0$. **8** (i) $x+yi=x+\dfrac{y}{\sqrt{3}}+\dfrac{2}{\sqrt{3}}y\omega$,

解　　答　　　　　　　　263

(ii) $-\dfrac{1}{3}+\dfrac{1}{3}\omega$ (分母分子に $(2+3+4)(2+3\omega^2+4\omega)$ を乗じ, $x^3+y^3+z^3-3xyz=(x+y+z)(x+y\omega+z\omega^2)(x+y\omega^2+z\omega)$ を用いよ.).

9 $\bar{s}_1 s_3 = (\bar{\alpha}+\bar{\beta}+\bar{\gamma})\alpha\beta\gamma = \alpha\bar{\alpha}\beta\gamma+\alpha\bar{\beta}\beta\gamma+\alpha\beta\gamma\bar{\gamma} = \alpha\beta+\beta\gamma+\gamma\alpha = s_2$,
$\bar{s}_2 s_3 = (\bar{\alpha}\bar{\beta}+\bar{\beta}\bar{\gamma}+\bar{\gamma}\bar{\alpha})\alpha\beta\gamma = \alpha+\beta+\gamma = s_1$, $s_3\bar{s}_3 = \alpha\beta\gamma\bar{\alpha}\bar{\beta}\bar{\gamma} = 1$, $s_1\bar{s}_1 = \dfrac{s_2}{s_3}\cdot\bar{s}_2 s_3 = s_2\bar{s}_2$. ゆえに $|s_1|=|s_2|$.　**10**　前問の記号と結果を用いる.
$$\bar{z} = \dfrac{(\bar{\alpha}+\bar{\beta})(\bar{\beta}+\bar{\gamma})(\bar{\gamma}+\bar{\alpha})}{\bar{\alpha}\bar{\beta}\bar{\gamma}} = \dfrac{s_1\bar{s}_2}{\bar{s}_3}-1 = \dfrac{(s_2/s_3)\cdot(s_1/s_3)}{1/s_3}-1$$
$$= \dfrac{s_1 s_2}{s_3}-1 = \dfrac{(\alpha+\beta)(\beta+\gamma)(\gamma+\alpha)}{\alpha\beta\gamma} = z. \text{ ゆえに } z\in\boldsymbol{R}.$$

第3章

§3 問3 $\dfrac{mz_2-nz_1}{m-n}$, **問4** $z=\dfrac{z_1+z_2}{2}, \dfrac{2z+z_3}{1+2}=$ 重心.

§4 問1 $|1-i|=\sqrt{2}$, $\arg(1-i)=\dfrac{7}{4}\pi+2n\pi$, $|i-1|=\sqrt{2}$, $\arg(i-1)$
$=\dfrac{3}{4}\pi+2n\pi$. **問2** $|-\omega|=1$, $\arg(-\omega)=\dfrac{5}{3}\pi+2n\pi$, $|2+\omega|=\sqrt{3}$,
$\arg(2+\omega)=\dfrac{\pi}{6}+2n\pi$, (なぜなら $2+\omega=2-\dfrac{1}{2}+\dfrac{\sqrt{3}}{2}i=\dfrac{3}{2}+\dfrac{\sqrt{3}}{2}i$
$=\sqrt{3}\left(\dfrac{\sqrt{3}}{2}+\dfrac{1}{2}i\right)$). $|\omega-1|=\sqrt{3}$, $\arg(\omega-1)=\dfrac{5}{6}\pi+2n\pi$.
問3 $z=r(\cos\theta+i\sin\theta)$ とすれば $\bar{z}=r(\cos\theta-i\sin\theta)=r(\cos(-\theta)+i\sin(-\theta))$. ゆえに $\arg(\bar{z})=-\theta=-\arg(z)$. **問4** 系1および系2の証明は n に関する帰納法. **問5** $(\cos\theta+i\sin\theta)^2=\cos 2\theta+i\sin 2\theta$, 一方 $(\cos\theta+i\sin\theta)^2=\cos^2\theta-\sin^2\theta+2i\sin\theta\cos\theta$. **問6** $\cos 4\theta=1-8\cos^2\theta\sin^2\theta$, $\sin 4\theta=4\cos^3\theta\sin\theta-4\cos\theta\sin^3\theta$. **問7** (a,b) と (b,a) は直線 $y=x$ に関して対称. ゆえに $\arg(a+bi)+\arg(b+ai)=\dfrac{\pi}{2}+2n\pi$.

問8 $\dfrac{1+\beta}{1+\bar{\beta}}=\dfrac{1+\cos\left(\dfrac{\pi}{2}-\theta\right)+i\sin\left(\dfrac{\pi}{2}-\theta\right)}{1+\cos\left(\dfrac{\pi}{2}-\theta\right)-i\sin\left(\dfrac{\pi}{2}-\theta\right)}=\dfrac{1+\sin\theta+i\cos\theta}{1+\sin\theta-i\cos\theta}=\alpha.$ ゆえに $|\alpha|=\dfrac{|1+\beta|}{|1+\bar{\beta}|}=\dfrac{|1+\beta|}{\overline{|1+\beta|}}=1$. $\arg(\alpha)=\arg(1+\beta)-\arg(\overline{1+\beta})$
$\stackrel{(*)}{=}2\arg(1+\beta)=\arg(\beta)=\dfrac{\pi}{2}-\theta+2n\pi$ ((*) の等号は図25による.) または,

ヒントの式において $x=\dfrac{\pi}{2}-\theta$ ととれば

$$\alpha=\dfrac{2\cos\dfrac{x}{2}\left(\cos\dfrac{x}{2}+i\sin\dfrac{x}{2}\right)}{2\cos\dfrac{x}{2}\left(\cos\dfrac{x}{2}-i\sin\dfrac{x}{2}\right)}=\dfrac{\cos\dfrac{x}{2}+i\sin\dfrac{x}{2}}{\cos\dfrac{x}{2}-i\sin\dfrac{x}{2}}=\left(\cos\dfrac{x}{2}+i\sin\dfrac{x}{2}\right)^2$$

$=\cos x+i\sin x.$ ゆえに $|\alpha|=1,\ \arg(\alpha)=\dfrac{\pi}{2}-\theta+2n\pi.$

§5 問3 (i) $r^2(\cos2\theta+i\sin2\theta)=-i$ より $r=1,\ \cos2\theta=0,\ \sin2\theta=-1.$ ゆえに $2\theta=\dfrac{3}{2}\pi+2n\pi.\ \theta=\dfrac{3}{4}\pi+n\pi.$ 解は $z=\cos\dfrac{3}{4}\pi+i\sin\dfrac{3}{4}\pi,$ および $z=\cos\dfrac{7}{4}\pi+i\sin\dfrac{7}{4}\pi,$ (ii) $\cos\dfrac{\pi}{6}+i\sin\dfrac{\pi}{6},\ \cos\dfrac{5}{6}\pi+i\sin\dfrac{5}{6}\pi,\ \cos\dfrac{9}{6}\pi+i\sin\dfrac{9}{6}\pi,$ (iii) $\cos\dfrac{2}{9}\pi+i\sin\dfrac{2}{9}\pi,\ \cos\dfrac{8}{9}\pi+i\sin\dfrac{8}{9}\pi,\ \cos\dfrac{14}{9}\pi+i\sin\dfrac{14}{9}\pi.$ (i), (ii)の結果を数値で表すのはやさしいが, (iii)はむずかしい. たとえば $\cos\dfrac{2}{9}\pi=x$ とおけば, すでに求めた3倍角の公式 $\cos3\theta=\cos^3\theta-3\cos\theta(1-\cos^2\theta)$ に代入して $8x^3-6x+1=0$ を解くことになる. **問5** 1以外の1の7乗根(6個)は原始的. 1の8乗根を $\zeta_k=\cos\dfrac{2}{8}k\pi+i\sin\dfrac{2}{8}k\pi(k=0,1,\cdots,7)$ とかけば, $\zeta_1,\zeta_3,\zeta_5,\zeta_7$ が原始的.

問6 $\cos\theta=\dfrac{2}{7},\ \sin\theta=\dfrac{3\sqrt{5}}{7}$ とするとき, $\cos\dfrac{\theta}{8}+i\sin\dfrac{\theta}{8}$ を1つの頂点とする正8角形(単位円に内接)をえがけ. **問7** $\cos\theta=-\dfrac{2}{5}\sqrt{6},\ \sin\theta=\dfrac{1}{5}$ とするとき, $\cos\dfrac{\theta}{4}+i\sin\dfrac{\theta}{4}$ を1頂点とし, 単位円に内接する正四角形をえがけ.

§6 問1 $u-1=z$ とおけば $w=u^2-1z$ が単位円周をえがけば u は中心1, 半径1の円をえがく. ゆえに例1により u^2 は心臓形, w はその -1 だけ平行移動した図形をえがく. **問2** $((x+1)^2+y^2)((x-1)^2+y^2)=1.$ 計算して $(x^2-1)^2+2y^2(x^2+1)+y^4=1$ を得る. $x=r\cos\theta,\ y=r\sin\theta$ を代入して計算すれば $r^2=2\cos2\theta$ となる. **問4** $\left(\dfrac{\left(\dfrac{1}{k}\right)^2+1}{\dfrac{2}{k}}\right)^2=\left(\dfrac{k^2+1}{2k}\right)^2,$

$$\left(\dfrac{\left(\dfrac{1}{k}\right)^2-1}{\dfrac{2}{k}}\right)^2 = \left(\dfrac{k^2-1}{2k}\right)^2.$$ **問5** $(\pm 1, 0)$ を焦点とする双曲線，実数軸に関して対称な直線に対しては同じ双曲線．直交性は保存される．向きも保存．

問6 直交性，向きはともに保存．

練習問題3 **1** (i) $\dfrac{2\lambda^4+2\mu^4-12\lambda^2\mu^2}{(\lambda^2+\mu^2)^2}+0i$, (ii) $\dfrac{(ax+b)(cx+d)-acy^2}{|cz+d|^2}-\dfrac{(2acx+ad+bc)y}{|cz+d|^2}i$. **2** (i) 半角の公式より．

(ii) $\left(\dfrac{1+\sin\theta+i\cos\theta}{1+\sin\theta-i\cos\theta}\right)^n = \left(\dfrac{1+\cos\left(\dfrac{\pi}{2}-\theta\right)+i\sin\left(\dfrac{\pi}{2}-\theta\right)}{1+\cos\left(\dfrac{\pi}{2}-\theta\right)-i\sin\left(\dfrac{\pi}{2}-\theta\right)}\right)^n$

$= \left(\dfrac{2\cos\dfrac{1}{2}\left(\dfrac{\pi}{2}-\theta\right)\left(\cos\dfrac{1}{2}\left(\dfrac{\pi}{2}-\theta\right)+i\sin\dfrac{1}{2}\left(\dfrac{\pi}{2}-\theta\right)\right)}{2\cos\dfrac{1}{2}\left(\dfrac{\pi}{2}-\theta\right)\left(\cos\dfrac{1}{2}\left(\dfrac{\pi}{2}-\theta\right)-i\sin\dfrac{1}{2}\left(\dfrac{\pi}{2}-\theta\right)\right)}\right)^n$

$= \left(\cos\left(\dfrac{\pi}{2}-\theta\right)+i\sin\left(\dfrac{\pi}{2}-\theta\right)\right)^n = \cos n\left(\dfrac{\pi}{2}-\theta\right)+i\sin n\left(\dfrac{\pi}{2}-\theta\right).$

3 $1-\cos\theta=2\sin^2\dfrac{\theta}{2}$, $\sin\theta=2\sin\dfrac{\theta}{2}\cos\dfrac{\theta}{2}$ より

$$1-\cos n\beta-i\sin n\beta=2\sin\dfrac{n\beta}{2}\left(\sin\dfrac{n\beta}{2}-i\cos\dfrac{n\beta}{2}\right)$$

を得る．

$\cos\alpha+\cos(\alpha+\beta)+\cdots+\cos(\alpha+(n-1)\beta)$
$\quad +i(\sin\alpha+\sin(\alpha+\beta)+\cdots+\sin(\alpha+(n-1)\beta))$
$= (\cos\alpha+i\sin\alpha)(1+(\cos\beta+i\sin\beta)+\cdots+(\cos\beta+i\sin\beta)^{n-1})$
$= (\cos\alpha+i\sin\alpha)\dfrac{1-(\cos\beta+i\sin\beta)^n}{1-(\cos\beta+i\sin\beta)}$
$= (\cos\alpha+i\sin\alpha)\dfrac{1-\cos n\beta-i\sin n\beta}{1-\cos\beta-i\sin\beta}$
$= (\cos\alpha+i\sin\alpha)\dfrac{2\sin\dfrac{n\beta}{2}\left(\sin\dfrac{n\beta}{2}-i\cos\dfrac{n\beta}{2}\right)}{2\sin\dfrac{\beta}{2}\left(\sin\dfrac{\beta}{2}-i\cos\dfrac{\beta}{2}\right)}$

$$= (\cos\alpha + i\sin\alpha) \frac{\sin\frac{n\beta}{2}\left(\cos\frac{n\beta}{2} + i\sin\frac{n\beta}{2}\right)}{\sin\frac{\beta}{2}\left(\cos\frac{\beta}{2} + i\sin\frac{\beta}{2}\right)}$$

$$= (\cos\alpha + i\sin\alpha) \frac{\sin\frac{n\beta}{2}}{\sin\frac{\beta}{2}}\left(\cos\frac{(n-1)\beta}{2} + i\sin\frac{(n-1)\beta}{2}\right) \text{ より.}$$

4 (i) 重心を α とすれば $(z_1-\alpha)+(z_2-\alpha)+(z_3-\alpha)+(z_4-\alpha)=0$,
(ii) $\triangle z_1 z_2 z_3$, $\triangle z_2 z_3 z_4$, $\triangle z_3 z_4 z_1$, $\triangle z_4 z_1 z_2$ の重心を $\alpha_1, \alpha_2, \alpha_3, \alpha_4$ とすれば
$\alpha_1 = \frac{z_1+z_2+z_3}{3}, \alpha_2 = \frac{z_2+z_3+z_4}{3}, \alpha_3 = \frac{z_3+z_4+z_1}{3}, \alpha_4 = \frac{z_4+z_1+z_2}{3}$, これより
$z_i = \alpha - 3\alpha_i$ $(i=1,2,3,4)$. **5** $1+\cos\theta+i\sin\theta = 2\cos\frac{\theta}{2}\left(\cos\frac{\theta}{2}+i\sin\frac{\theta}{2}\right)$
に注意. $(p_0 - p_2 + p_4 - \cdots) + i(p_1 - p_3 + p_5 - \cdots) = p_0 + p_1 i + p_2(i)^2 + p_3(i)^3 +$
$\cdots + p_n(i)^n = (1+i)^n = \left(1 + \cos\frac{\pi}{2} + i\sin\frac{\pi}{2}\right)^n = \left(2\cos\frac{\pi}{4}\left(\cos\frac{\pi}{4}+i\sin\frac{\pi}{4}\right)\right)^n$
$= 2^n\left(\cos\frac{\pi}{4}\right)^n \left(\cos\frac{n\pi}{4}+i\sin\frac{n\pi}{4}\right) = \sqrt{2}^n\left(\cos\frac{n\pi}{4}+i\sin\frac{n\pi}{4}\right)$. ここで実部, 虚
部を比較せよ. **6** $a = \frac{q}{p}, p, q \in \mathbb{Z}$, とおく. p, q ともに正の場合だけ証明
する. $\left(\cos\frac{\theta}{p}+i\sin\frac{\theta}{p}\right)^p = \cos\theta+i\sin\theta$ であるから, $\cos\frac{\theta}{p}+i\sin\frac{\theta}{p}$ は
$(\cos\theta+i\sin\theta)^{1/p}$ の値の1つ. ゆえに $\cos\frac{q}{p}\theta+i\sin\frac{q}{p}\theta$ は
$(\cos\theta+i\sin\theta)^{q/p}$ の値の1つである. **7** (i) ω を1の原始 n 乗根とすれ
ば, $\omega^0, \omega^1, \cdots \omega^{n-1}$ は1の n 乗根のすべてである. ゆえに $x^n - 1 = (x-\omega^0)$
$(x-\omega^1)(x-\omega^2)\cdots(x-\omega^{n-1})$. x を $\frac{x}{\alpha}$ でおきかえ両辺に α^n を乗ずればよい.
(ii) 上式の両辺を $x-1$ でわり, $x=1$ とおけ. (iii) ζ を1の原始 $2n$ 乗根
とすれば $x^{2n} - \alpha^{2n} = (x-\zeta^0\alpha)(x-\zeta^1\alpha)(x-\zeta^2\alpha)\cdots(x-\zeta^{2n-1}\alpha)$. ここで $k \neq 0$,
$k \neq n$ に対して $(x-\alpha\zeta^k)(x-\alpha\zeta^{2n-k}) = x^2 - 2\alpha x\cos\frac{k\pi}{n} + \alpha^2$. 2つずつ組み合
わせて, 残る因数は $(x-\alpha\zeta^0)(x-\alpha\zeta^n)$ であるが, $\zeta^0 = 1$ であり, $(\zeta^n)^2 = 1$,
$\zeta^n \neq 1$ (ζ は原始的であるから) より, $\zeta^n = -1$. **8** 一辺の長さが a の正五角
形 $ABCDE$ の対角線の長さを x とする. 四辺形 $ABCD$ は円に内接するか
ら, トレミーの定理により $x^2 = ax + a^2$. これを解いて $x = \frac{\sqrt{5}+1}{2}a$. 一方,

$\overline{AK}^2 = \left(\dfrac{a}{2}\right)^2 + a^2$, $\overline{AL} = \overline{AK} + \dfrac{1}{2}a$ より $\overline{AL} = \dfrac{\sqrt{5}+1}{2}a$ である.

9 $w = X + iY$, $z = x + iy$ とすれば $X = \dfrac{4((1+x)^2 - y^2)}{((1+x)^2 + y^2)^2}$, $Y = \dfrac{-8(1+x)y}{((1+x)^2 + y^2)^2}$ である. X, Y^2 の y^2 の代りに $1 - x^2$ を代入して $X = \dfrac{2x}{1+x}$, $Y^2 = \dfrac{4(1-x)}{1+x}$. これより x を消去して $Y^2 = 4 - 4X$. **10** $z = \cos\theta + i\sin\theta$, $w = x + yi$ とおけば $x = \cos 2\theta - \cos\theta$, $y = \sin 2\theta - \sin\theta$. グラフは図1のようになる. (エピ・サイクロイドとよばれる曲線の1つである.) **11** $z = \cos\theta + i\sin\theta$, $w = x + yi$ とおけば, $x = \dfrac{1}{4}(3\cos\theta + \cos 3\theta) = \cos^3\theta$, $y = \dfrac{1}{4}(3\sin\theta - \sin 3\theta) = \sin^3\theta$. $x^{2/3} + y^{2/3} = 1$. (図2)

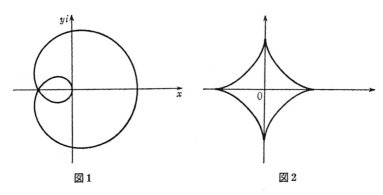

図1　　　　　　　　図2

第4章

§1 問1 $\arg\dfrac{\beta-\alpha}{\gamma-\alpha} = \arg(\beta-\alpha) - \arg(\gamma-\alpha) = \vec{\alpha\beta}$ と $\vec{\alpha\gamma}$ のなす角, より.

問2 $\arg\dfrac{\beta-\alpha}{\gamma-\delta} = \arg(\beta-\alpha) - \arg(\gamma-\delta) = AB, CD$ のなす角より.

問3 γ の式を変形すれば $\gamma = \omega\alpha + \alpha + \omega^2\beta + \beta$ または $\gamma = \omega^2\alpha + \alpha + \omega\beta + \beta$ であるから $\gamma + \alpha\omega^2 + \beta\omega = 0$ または $\gamma + \omega\alpha + \beta\omega^2 = 0$. あるいは $|\alpha - \gamma| = |\gamma - \beta| = |\beta - \alpha|$ をみてもよい. 幾何学的には, α, β を実軸上に, $[\alpha\beta]$ の中点を原点にとれば $\dfrac{\alpha+\beta}{2} = 0$. $\gamma = \mp\sqrt{3}\beta i$. これは β を直角回転し, 長さを $\sqrt{3}$ 倍したものである. **問4** $\alpha' = \dfrac{n\beta + m\gamma}{m+n}$, $\beta' = \dfrac{n\gamma + m\alpha}{m+n}$, $\gamma' = \dfrac{n\alpha + m\beta}{m+n}$, $\alpha' + \beta'\omega + \gamma'\omega^2 = \dfrac{n+m\omega}{m+n}(\beta + \gamma\omega + \alpha\omega^2)$. **問5** $\alpha'' = \dfrac{n\alpha + m\alpha'}{m+n}$,

$$\beta'' = \frac{n\beta + m\beta'}{m+n}, \quad \gamma'' = \frac{n\gamma + m\gamma'}{m+n},$$
$$\alpha'' + \beta''\omega + \gamma''\omega^2 = \frac{n(\alpha + \beta\omega + \gamma\omega^2) + m(\alpha' + \beta'\omega + \gamma'\omega^2)}{m+n}.$$
問6 α, β, γ は一直線上にある $\Leftrightarrow S = 0 \Leftrightarrow \bar{\alpha}\beta + \bar{\beta}\gamma + \bar{\gamma}\alpha - \alpha\bar{\beta} - \beta\bar{\gamma} - \gamma\bar{\alpha} = 0 \Leftrightarrow \dfrac{\beta - \alpha}{\gamma - \alpha} = \dfrac{\bar{\beta} - \bar{\alpha}}{\bar{\gamma} - \bar{\alpha}}$.

§2 問1 $\Box\alpha\beta\gamma\delta$ は平行四辺形 $\Leftrightarrow \overrightarrow{\delta\alpha} // \overrightarrow{\gamma\beta}$ かつ $[\overline{\delta\alpha}] = [\overline{\gamma\beta}]$.

問2 $\alpha + \beta + \gamma + \delta = 0$ より $\dfrac{\alpha - (-\delta)}{(-\beta) - \gamma} = 1$. ゆえに $\Box\alpha(-\beta)\gamma(-\delta)$ は平行四辺形. 絶対値の条件より, $\Box\alpha(-\beta)\gamma(-\delta)$ は原点を中心とする円に内接. ゆえに長方形, よって $\Box\alpha\beta\gamma\delta$ も長方形. **問3** $\alpha, \beta, \gamma, \delta$ は同一円周(直線)上にあり α, β は γ, δ を隔離する $\Leftrightarrow \alpha, \gamma, \beta, \delta$ は同一円周(直線)上にあり, α, γ は β, δ を隔離しない. **問4** $D(\alpha, \beta; \gamma, \delta) = -1 \Leftrightarrow D(\alpha, \beta; \gamma, \delta) < 0$ かつ $|D(\alpha, \beta; \gamma, \delta)| = 1$. **問5** (i) $D(\alpha, \beta; \gamma, \delta) = -1$ より $2(\alpha - \mu)(\beta - \mu) + 2(\delta - \mu)(\gamma - \mu) + (\alpha - \mu)(\gamma + \delta - 2\mu) + (\beta - \mu)(\gamma + \delta - 2\mu) = 0$ ゆえに $(\alpha - \mu)(\beta - \mu) + (\delta - \mu)(\gamma - \mu) = 0$. $|(\alpha - \mu)(\beta - \mu)| = |(\delta - \mu)(\gamma - \mu)| = |\delta - \mu|^2 = |\gamma - \mu|^2$. (ii) $D(\alpha, \beta; \gamma, \delta) = -1 \Leftrightarrow D(\gamma, \delta; \alpha, \beta) = -1$.

§3 問1 $\triangle\alpha\beta z$ の面積 $= 0 \Leftrightarrow \mathrm{Im}(\bar{\alpha}\beta + \bar{\beta}z + \bar{z}\alpha) = 0 \Leftrightarrow \bar{\alpha}\beta + \bar{\beta}z + \bar{z}\alpha - \alpha\bar{\beta} - \beta\bar{z} - z\bar{\alpha} = 0$. **問2** $z - \bar{z} = 0$, $z + \bar{z} = 0$. **問3** $(-2i + 1)z - (2i + 1)\bar{z} - 6i = 0$. **問4** (i) $x = \dfrac{z + \bar{z}}{2}$, $y = \dfrac{z - \bar{z}}{2i}$ を代入せよ, (ii) $\alpha = a, \beta = bi$ を(1)に代入せよ. **問5** $y = \dfrac{z - \bar{z}}{2i}$, $x = \dfrac{z + \bar{z}}{2}$, $y_1 = \dfrac{\alpha - \bar{\alpha}}{2i}$, $x_1 = \dfrac{\alpha + \bar{\alpha}}{2}$, $y_2 = \dfrac{\beta - \bar{\beta}}{2i}$, $x_2 = \dfrac{\beta + \bar{\beta}}{2}$ を(4)に代入せよ. **問6** $\lambda'\bar{\lambda}' = \dfrac{\alpha - \beta}{\bar{\alpha} - \bar{\beta}} \cdot \dfrac{\bar{\alpha} - \bar{\beta}}{\alpha - \beta} = 1$.

問7 $b + \bar{b} = \dfrac{-\beta + \bar{\beta}\lambda'}{1 + \lambda'} + \dfrac{-\bar{\beta} + \beta\bar{\lambda}'}{1 + \bar{\lambda}'} = 0 \left(\bar{\lambda}' = \dfrac{1}{\lambda'}\right)$. **問8** $z = \omega\bar{z} + \omega^2 i$, $\omega = -\dfrac{1}{2} + \dfrac{\sqrt{3}}{2}i$. **問9** $z = -\dfrac{3}{4} + \dfrac{5}{4}i$. **問10** $\triangle\dfrac{\gamma}{2}\gamma z \infty \triangle\dfrac{\gamma}{2}0z$(逆) $\Leftrightarrow \dfrac{\gamma - \dfrac{\gamma}{2}}{z - \dfrac{\gamma}{2}} = \dfrac{0 - \dfrac{\bar{\gamma}}{2}}{\bar{z} - \dfrac{\bar{\gamma}}{2}}$.

問11 $z - \omega\bar{z} = 2i\omega^2$, $z = \dfrac{4\sqrt{3} + 6i}{3}$ $\left(\text{ここで } \omega = -\dfrac{1}{2} + \dfrac{\sqrt{3}}{2}i\right)$. **問12** 図3をみよ. **問13** $\varepsilon = \dfrac{3}{5} + \dfrac{4}{5}i$, $\eta = \dfrac{3}{4} + \dfrac{\sqrt{7}}{4}i$ に注意. **問14** (i) $\lambda = \dfrac{\bar{\alpha}\beta - \alpha\bar{\beta}}{\bar{\alpha} - \bar{\beta}}$ とおけば l の方程式は $\dfrac{z}{\lambda} + \dfrac{\bar{z}}{\bar{\lambda}} = 1$ になる. (ii) $\lambda = 2p\zeta$ とおけば l の方程式

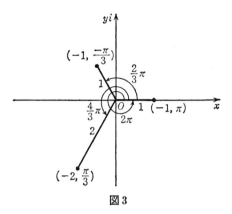

図 3

は $\dfrac{z}{\lambda}+\dfrac{\bar{z}}{\bar{\lambda}}=1$. **問 15** $\alpha=1+i$, $\beta=1+5i$, $\lambda=\dfrac{\bar{\alpha}\beta-\alpha\bar{\beta}}{\bar{\alpha}-\bar{\beta}}=2$. 距離は 2.

問 16 中心 $-\dfrac{6+i}{3}$, 半径 2 の円周. **問 18** $a=40$, $\lambda=40i-160$, $c=280$.

中心 $4-i$, 半径 $\sqrt{10}$. **問 19** $\theta=\dfrac{\pi}{2}$, $\zeta=i$, $z\bar{z}=2$. **問 20** $c=\pm 1$.

§4 問 1 α,β,γ の順列は 6 通りあるが, α と β, β と γ, γ と α とをおきかえて, それぞれ不変であることをみればよい. **問 2** (10) の 2 式より, $\bar{\delta}$ を消去すれば, δ の係数 $=(\bar{\gamma}-\bar{\alpha})(\gamma-\beta)-(\bar{\gamma}-\bar{\beta})(\gamma-\alpha)$. これが 0 に等しいとすれば, 計算して $(\bar{\alpha}-\bar{\beta})\gamma-(\alpha-\beta)\bar{\gamma}+\alpha\bar{\beta}-\bar{\alpha}\beta=0$ となる. これは γ が α,β を通る直線上にあることを示す. 矛盾. **問 3** δ_1 の計算において, $\varepsilon_1, \varepsilon_2$ の代りに $-\varepsilon_1, -\varepsilon_2$ を用いればよい. **問 4** $|\alpha'-\beta|^2=|\delta-\beta|^2$ をいう. 左辺 $=\left(-\dfrac{\beta\gamma}{\alpha}-\beta\right)\left(-\dfrac{\bar{\beta}\bar{\gamma}}{\bar{\alpha}}-\bar{\beta}\right)=2+\dfrac{\gamma}{\alpha}+\dfrac{\bar{\gamma}}{\bar{\alpha}}$. 右辺 $=(\delta-\beta)(\bar{\delta}-\bar{\beta})=(\alpha+\gamma)(\bar{\alpha}+\bar{\gamma})=2+\alpha\bar{\gamma}+\bar{\alpha}\gamma=2+\dfrac{\bar{\gamma}}{\bar{\alpha}}+\dfrac{\gamma}{\alpha}$. (ここで $\bar{\alpha}=\dfrac{1}{\alpha}$, $\bar{\beta}=\dfrac{1}{\beta}$, $\bar{\gamma}=\dfrac{1}{\gamma}$ を用いた.) **問 5** $\dfrac{\dfrac{\alpha+\beta}{2}-\lambda}{\dfrac{\beta+\gamma}{2}-\lambda}\bigg/\dfrac{\dfrac{\alpha+\beta}{2}-\dfrac{\gamma+\alpha}{2}}{\dfrac{\beta+\gamma}{2}-\dfrac{\gamma+\alpha}{2}}=w$ とおくとき $w=\bar{w}$ を示せ. $\bar{\alpha}=\dfrac{1}{\alpha}$, $\bar{\beta}=\dfrac{1}{\beta}$, $\bar{\gamma}=\dfrac{1}{\gamma}$ を用いよ. **問 6** 前問と同様の計算. 上で λ の代りに $\dfrac{\alpha+\delta}{2}$, $\delta=\alpha+\beta+\gamma$, を用いる. **問 7** δ から $[\alpha\beta]$ への垂足が ν であった. γ から

$[\alpha\beta]$ への垂足は, ν の式において γ と δ を交換すればよい. α から $[\gamma\delta]$ への垂足は ν の式で $\delta\leftrightarrow\alpha$, $\gamma\leftrightarrow\beta$, のおきかえをすればよい. さらに $\alpha\leftrightarrow\beta$ のおきかえをすれば, β から $[\gamma\delta]$ への垂足が得られる. それら4点の τ からの距離は, すべて $\frac{1}{2}|\gamma\delta+\alpha\beta|$ である. ($|\alpha|=|\beta|=|\gamma|=|\delta|=1$)　**問8**　τ, λ を通る直線を描けばよい. すなわち $(\bar{\tau}-\bar{\lambda})z-(\tau-\lambda)\bar{z}+\tau\bar{\lambda}-\bar{\tau}\lambda=0$. これを変形すれば問題の公式の形になる.　**問9**　$z+\zeta_2\zeta_3\bar{z}=\zeta_2+\zeta_3$, $z+\zeta_5\zeta_6\bar{z}=\zeta_5+\zeta_6$ から $\bar{z}$ を消去すれば $z=\beta$ が得られる. $z+\zeta_3\zeta_4\bar{z}=\zeta_3+\zeta_4$, $z+\zeta_6\zeta_1\bar{z}=\zeta_6+\zeta_1$ から $\bar{z}$ を消去すれば $z=\gamma$ が得られる. すなわち

$$\alpha-\gamma=\frac{(\zeta_4-\zeta_1)(\bar{\zeta}_4\zeta_5+\zeta_6\zeta_1+\zeta_2\zeta_3-\zeta_5\zeta_6-\zeta_1\zeta_2-\zeta_3\zeta_4)}{(\bar{\zeta}_4\zeta_5-\bar{\zeta}_1\zeta_2)(\bar{\zeta}_6\zeta_1-\bar{\zeta}_3\zeta_4)}$$

$$\beta-\gamma=\frac{(\zeta_6-\zeta_3)(\bar{\zeta}_4\zeta_5+\zeta_6\zeta_1+\zeta_2\zeta_3-\zeta_5\zeta_6-\zeta_1\zeta_2-\zeta_3\zeta_4)}{(\bar{\zeta}_5\zeta_6-\bar{\zeta}_2\zeta_3)(\bar{\zeta}_6\zeta_1-\bar{\zeta}_3\zeta_4)}$$

より $\dfrac{\alpha-\gamma}{\beta-\gamma}=\dfrac{(\zeta_4-\zeta_1)(\bar{\zeta}_5\zeta_6-\bar{\zeta}_2\zeta_3)}{(\zeta_6-\zeta_3)(\bar{\zeta}_4\zeta_5-\bar{\zeta}_1\zeta_2)}=\dfrac{\left(\dfrac{1}{\zeta_4}-\dfrac{1}{\zeta_1}\right)\left(\dfrac{1}{\zeta_5\zeta_6}-\dfrac{1}{\zeta_2\zeta_3}\right)}{\left(\dfrac{1}{\zeta_6}-\dfrac{1}{\zeta_3}\right)\left(\dfrac{1}{\zeta_4\zeta_5}-\dfrac{1}{\zeta_1\zeta_2}\right)}=\dfrac{\bar{\alpha}-\bar{\gamma}}{\bar{\beta}-\bar{\gamma}}.$

問10　5個の4点中心は, $\tau_1=\dfrac{\alpha_1+\alpha_2+\alpha_3+\alpha_4}{2}$, $\tau_2=\dfrac{\alpha_1+\alpha_2+\alpha_3+\alpha_5}{2}$, $\tau_3=\dfrac{\alpha_1+\alpha_2+\alpha_4+\alpha_5}{2}$, $\tau_4=\dfrac{\alpha_1+\alpha_3+\alpha_4+\alpha_5}{2}$, $\tau_5=\dfrac{\alpha_2+\alpha_3+\alpha_4+\alpha_5}{2}$. これらに対して $|\tau-\tau_1|=|\tau-\tau_2|=|\tau-\tau_3|=|\tau-\tau_4|=|\tau-\tau_5|=\dfrac{1}{2}$. 6点 $\alpha_1, \alpha_2, \alpha_3, \alpha_4, \alpha_5, \alpha_6$ の場合, 6個の5点中心は, $\tau_1=\dfrac{\alpha_1+\alpha_2+\alpha_3+\alpha_4+\alpha_5}{2}$, $\tau_2=\dfrac{\alpha_1+\alpha_2+\alpha_3+\alpha_4+\alpha_6}{2}, \tau_3=\dfrac{\alpha_1+\alpha_2+\alpha_3+\alpha_5+\alpha_6}{2}, \tau_4=\dfrac{\alpha_1+\alpha_2+\alpha_4+\alpha_5+\alpha_6}{2}$, $\tau_5=\dfrac{\alpha_1+\alpha_3+\alpha_4+\alpha_5+\alpha_6}{2}, \tau_6=\dfrac{\alpha_2+\alpha_3+\alpha_4+\alpha_5+\alpha_6}{2}$ は $\tau=\dfrac{\alpha_1+\alpha_2+\alpha_3+\alpha_4+\alpha_5+\alpha_6}{2}$ を中心とする半径 $\dfrac{1}{2}$ の円周上にあり, 6個の5点中心円は τ で交わる, となる. 実際 $|\tau-\tau_1|=|\tau-\tau_2|=|\tau-\tau_3|=|\tau-\tau_4|=|\tau-\tau_5|=|\tau-\tau_6|=\dfrac{1}{2}$.

§5　**問1**　(i) PP' の中点を Q とし, $p=OP, p'=OP', x=OQ$ とすれば,

$l^2=x^2+m^2-(x-p)^2$, $2x=p+p'$. ゆえに $l^2-m^2=x^2-(x-p)^2=(x-x+p)\cdot(x+x-p)=pp'$. (ii) P' は直線(定理14による). **問2** C に直交する円を C_1, C_2, C_1 と C_2 の交点を α, β とする. 例題1により C_1 の反転は C_1 であるから, α の反転は C_1 上にある. また C_2 の反転は C_2 であるから α の反転は C_2 上にある. ゆえに, α の反転は C_1 と C_2 上にあるから β.

問3 直線上の1点を α とする. $\alpha=\dfrac{\lambda+\mu}{2}$ ならば $[\lambda\mu]$ の垂直2等分線の反転はそれ自身, $\alpha\neq\dfrac{\lambda+\mu}{2}$ ならば, α を通る円. **問4** 反転を $z\bar{w}=k^2$ とし, $\alpha, \beta, \gamma, \delta$ の反転を $\alpha', \beta', \gamma', \delta'$ とする.
$D(\alpha', \beta'; \gamma', \delta')=D\left(\dfrac{k^2}{\bar{\alpha}}, \dfrac{k^2}{\bar{\beta}}; \dfrac{k^2}{\bar{\gamma}}, \dfrac{k^2}{\bar{\delta}}\right)=D(\bar{\alpha}, \bar{\beta}; \bar{\gamma}, \bar{\delta})=\overline{D(\alpha, \beta; \gamma, \delta)}=-1$.

§6 問1 $g\circ f(z)=\dfrac{\alpha'\left(\dfrac{\alpha z+\beta}{\gamma z+\delta}\right)+\beta'}{\gamma'\left(\dfrac{\alpha z+\beta}{\gamma z+\delta}\right)+\delta'}$. **問2** $\alpha=p\alpha_1$, $\gamma=p\gamma_1$, $\beta=q\beta_1$, $\delta=q\delta_1$ を(5)に代入して $p(\alpha_1\delta_1-\beta_1\gamma_1)=q(\alpha_1\delta_1-\beta_1\gamma_1)$.

問3 (i) $\dfrac{\dfrac{z-\mu}{z-\bar{\mu}}-\alpha}{\bar{\alpha}\dfrac{z-\mu}{z-\bar{\mu}}-1}=\dfrac{z-\mu-\alpha z+\alpha\bar{\mu}}{\bar{\alpha}z-\bar{\alpha}\mu-z+\bar{\mu}}$, (ii) $\dfrac{-\bar{\mu}z+\mu}{-z+1}$, $\dfrac{-w+\alpha}{-\bar{\alpha}w+1}$.

問4 $[w_1 w_2]$ の垂直2等分線の式を変形し
$(*)\ w\dfrac{\bar{w}_1-\bar{w}_2}{w_1\bar{w}_1-w_2\bar{w}_2}+\bar{w}\dfrac{w_1-w_2}{w_1\bar{w}_1-w_2\bar{w}_2}=1$ を得る. $z_1\bar{z}_2-\lambda\bar{z}_2-\bar{\lambda}z_1=0$ より $\lambda w_1+\bar{\lambda}\bar{w}_2-1=0$ を得るが, $\dfrac{\bar{w}_1-\bar{w}_2}{w_1\bar{w}_1-w_2\bar{w}_2}w_1+\dfrac{w_1-w_2}{w_1\bar{w}_1-w_2\bar{w}_2}\bar{w}_2-1=0$ がいえるから, 上式と比べて, $\lambda=\dfrac{\bar{w}_1-\bar{w}_2}{w_1\bar{w}_1-w_2\bar{w}_2}$, $\bar{\lambda}=\dfrac{w_1-w_2}{w_1\bar{w}_2-w_2\bar{w}_2}$ である. よって$(*)$ は $\lambda w+\bar{\lambda}\bar{w}=1$ となる. **問5** z_1, z_2 を通る2つの円を C_1, C_2 とすれば, それらはともに C に直交する. 変換 $z\to\dfrac{\alpha z+\beta}{\gamma z+\delta}$ により直交性は保存されるから, C_1, C_2 の像 C_1', C_2' は C' に直交する. よって z_1, z_2 の像は C' に直交する2つの円の交点であるから C' に関して互いに反転である. C' が直線の場合には, z_1, z_2 の像は直線 C' に直交する2円の交点であるから, C' に関し対称である. **問7** (i) $\dfrac{(i-3)z+1-i}{(-1+i)z+1-3i}$, (ii) $\dfrac{-z+i}{-\dfrac{z}{2}+i}$. **問8** 1次変

換はことなる 3 点の像により一意的に定まる. **問 9** $\lambda\bar{\lambda}\dfrac{z-\alpha}{1-\bar{\alpha}z}\cdot\dfrac{\bar{z}-\bar{\alpha}}{1-\alpha\bar{z}}-1$ を計算して $=0$. **問 10** $|\alpha|<1\Longrightarrow w\bar{w}-1<0$, $|\alpha|>1\Longrightarrow w\bar{w}-1>0$.
問 11 定理 23 において $\alpha^{*}=-\lambda$, $\beta^{*}=-\alpha\lambda$ とおけば $|\alpha^{*}|\neq|\beta^{*}|$, $w=\dfrac{\alpha^{*}z-\beta^{*}}{\bar{\beta}^{*}z-\bar{\alpha}^{*}}$. **問 12** 実軸を実軸に写す変換で, $\mathrm{Im}(w)>0$ となるもの. すなわち, $w=\dfrac{\alpha z+\beta}{\gamma z+\delta}$, $\alpha,\beta,\gamma,\delta\in\boldsymbol{R}$, $\alpha\delta-\beta\gamma>0$. **問 13** $w=\dfrac{\alpha\bar{z}+\beta}{\gamma\bar{z}+\delta}$, $\alpha,\beta,\gamma,\delta\in\boldsymbol{R}$, $\alpha\delta-\beta\gamma<0$. **問 14** 単位円板を単位円板に写す 1 次変換は $w=\lambda\dfrac{z-\alpha}{1-\bar{\alpha}z}$, $|\lambda|=1$, $|\alpha|<1$, ゆえに求むる共役 1 次変換は $w=\lambda\dfrac{\bar{z}-\bar{\alpha}}{1-\alpha\bar{z}}$, $|\lambda|=1$, $|\alpha|<1$. **問 15** 実軸を単位円周に写し, かつ, $\mathrm{Im}(z)>0\Longrightarrow w\bar{w}-1<0$ となるもの. $w=\lambda\dfrac{z-\mu}{z-\bar{\mu}}$, $|\lambda|=1$. $\mathrm{Im}(\mu)<0$.

練習問題 4 **1** (i) 正方形とは限らない. $\omega=i$ のとき, $\alpha_1-\alpha_3$ と $\alpha_4-\alpha_2$ は直交し, 長さが等しいことが示される. すなわち, 正型の四辺形の対角線は長さが等しく直交する. (ii) $\alpha_1+\alpha_2\omega+\alpha_3\omega^2+\cdots+\alpha_n\omega^{n-1}=0$, $\beta_1+\beta_2\omega+\beta_3\omega^2+\cdots+\beta_n\omega^{n-1}=0$. $\gamma_i=\dfrac{n\alpha_i+m\beta_i}{m+n}, i=1,\cdots,n$. これより $\gamma_1+\gamma_2\omega+\gamma_3\omega^2+\cdots+\gamma_n\omega^{n-1}=0$. **2** $D(\alpha,\beta;\gamma,\delta)=-1$ をいえばよい. 条件式の両辺を aa' で割れば $\dfrac{c}{a}+\dfrac{c'}{a'}=2-\dfrac{b}{a}\dfrac{b'}{a'}$. 解と係数の関係を用いてこれを書き直せば $\alpha\beta+\gamma\delta=\dfrac{1}{2}(\alpha+\beta)(\gamma+\delta)$. **3** $|\alpha|=|\beta|=|\gamma|$ より $\triangle\alpha\beta\gamma$ の垂心 $\varepsilon_1=\alpha+\beta+\gamma$. 同様にして, $\triangle\beta\gamma\delta$, $\triangle\gamma\delta\alpha$, $\triangle\delta\alpha\beta$ の垂心をそれぞれ $\varepsilon_2,\varepsilon_3,\varepsilon_4$ とすれば $\varepsilon_2=\beta+\gamma+\delta$, $\varepsilon_3=\gamma+\delta+\alpha$, $\varepsilon_4=\delta+\alpha+\beta$. あと, $\dfrac{\varepsilon_1-\varepsilon_3}{\varepsilon_2-\varepsilon_3}\Big/\dfrac{\varepsilon_1-\varepsilon_4}{\varepsilon_2-\varepsilon_4}$ が実数であることをいえばよい. **4** 外心 $=0$, 垂心 $=\alpha+\beta+\gamma$. 重心 $=\dfrac{\alpha+\beta+\gamma}{3}$, 九点円の中心 $=\dfrac{\alpha+\beta+\gamma}{2}$. オイラー線: $(\bar{\alpha}+\bar{\beta}+\bar{\gamma})z=(\alpha+\beta+\gamma)\bar{z}$. 重心, 九点円の中心はオイラー線上にある. あと $D\left(0,\dfrac{\alpha+\beta+\gamma}{2};\dfrac{\alpha+\beta+\gamma}{3},\alpha+\beta+\gamma\right)=-1$ をいえ. **5** $|\alpha|=|\beta|=|\gamma|=1$ としてよい. §4, 問 8 のシムソン線を表す方程式において, $z=\dfrac{\delta+\delta_1}{2}$, $\delta_1=\alpha+\beta+\gamma$, とおけば等号が成り立つことをみよ. **6** $\angle\beta\alpha\delta_1=\arg\dfrac{\alpha-\beta}{\alpha-\delta_1}$, $\angle\delta_2\alpha\gamma=\arg\dfrac{\alpha-\delta_2}{\alpha-\gamma}$, $\angle\alpha\beta\delta_1=\arg\dfrac{\beta-\alpha}{\beta-\delta_1}$, $\angle\delta_2\beta\gamma=\arg\dfrac{\beta-\delta_2}{\beta-\gamma}$. 条件よりヒントの恒等式の第 1 項, 第 2 項は正の実数.

ゆえに第3項は実数である．しかしδ_1, δ_2は三角形の内点であるから$\angle\beta\gamma\delta_1$と$\angle\delta_2\gamma\alpha$の差が$\pi$となることはない．ゆえに第3項も正の実数．それは$\angle\beta\gamma\delta_1=\angle\delta_2\gamma\alpha$を示す．後半は$|\alpha|=|\beta|=|\gamma|=1$としてよい．そのとき，$\delta_1$(外心)$=0$, に垂心は$\alpha+\beta+\gamma$である．ヒントの式で$\delta_1=0$とおけば，$\delta_2$の1次式となる．$\delta_2$に$\alpha+\beta+\gamma$を代入すれば等号が成り立つ．ゆえに$\delta_2=\alpha+\beta+\gamma$．

7 λを中心とする反転により，C, Dは平行かつ$[\lambda\alpha]$に垂直な2直線C', D'にうつる．C_nの反転をC_n'とすれば，C_1'はC', D'に接する円，C_2'はC', D', C_1'に接する円…．C_n, C_n'の中心をo_n, o_n'とし，o_n, o_n'から直線$[\lambda\alpha]$におろした垂線の足をμ_n, μ_n'とすれば，C_n, C_n'はλを中心とする相似の位置にあるから(C_nの直径):(C_n'の直径)$=[\overline{o_n\mu_n}]:[\overline{o_n'\mu_n'}]$ゆえに($C_n$の直径)$:[\overline{o_n\mu_n}]=(C_n'$の直径)$:[\overline{o_n'\mu_n'}]=1:(n-1)$．(図4)

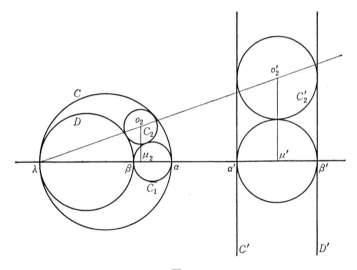

図4

8 アポロニウスの円．wの実軸は直線$2y-x-1=0$に，直線$\lambda\bar{w}=\bar{\lambda}w$, $\lambda=a+bi$, $b\neq 0$, は円$\left(x+\dfrac{a}{2b}\right)^2+\left(y-\dfrac{1}{2}\right)^2=\dfrac{a^2-4ab+5b^2}{4b^2}$に写される．

9 $a\neq 0$のとき．方程式は中心$z_0=-\dfrac{\beta}{a}$, 半径$r=\sqrt{\dfrac{\beta\bar{\beta}-ac}{a^2}}$の円を表す．これを定円とする反転は$(z-z_0)(\bar{w}-\bar{z}_0)=r^2$. $z_0=-\dfrac{\beta}{a}$を代入して

$$aw\bar{z}+\bar{\beta}w+\beta\bar{z}+c=0 \qquad (*)$$

$a=0$ のとき．直線 $\bar{\beta}z+\bar{\beta}z+c=0$ 上の点 ζ は，$\zeta=-\dfrac{\bar{\beta}\zeta+c}{\beta}$ で与えられる．$w=-\dfrac{\beta\bar{z}+c}{\beta}$（$(*)$ を w について解いたもの）とおき，$|\zeta-w|=|\zeta-z|$ をいえ．

10 $C: az\bar{z}+\bar{\lambda}z+\lambda\bar{z}+c=0$ に関し，z, z_1 は互いに鏡映であるとすれば，9 より $az_1\bar{z}+\bar{\lambda}z_1+\lambda\bar{z}+c=0$．1 次変換 $w=\dfrac{\alpha z+\beta}{\gamma z+\delta}$ により C は $C': a'w\bar{w}+\bar{\lambda}'w+\lambda'\bar{w}+c'=0$ に写されたとする．$w_1=\dfrac{\alpha z_1+\beta}{\gamma z_1+\delta}$ を用いて計算すれば $a'w_1\bar{w}+\bar{\lambda}'w_1+\lambda'\bar{w}+c'=0$ が得られる．

第5章

§1 問1 $\alpha\cdot\beta=\left(\dfrac{17}{2},-16\right)$，$\gamma^{-1}=\left(\dfrac{3}{25},\dfrac{4}{25}\right)$，$(\alpha\cdot\beta)\cdot\gamma=\left(\dfrac{-77}{2},-82\right)$．
問3 4°．$\alpha\neq 0$，$\alpha\circ\alpha^{-1}$（この α^{-1} は問3の直前に与えられている）$\alpha^{-1}\circ\alpha$ を計算せよ．**問4** 定義より，$h\left(x-\dfrac{ay}{2}+\dfrac{y\sqrt{-\varDelta}}{2}i\right)=x-\dfrac{ay}{2}+\dfrac{ay\sqrt{-\varDelta}}{2\sqrt{-\varDelta}}+\dfrac{y\sqrt{-\varDelta}}{\sqrt{-\varDelta}}\varepsilon$ $=x+y\varepsilon$．**問5** $\alpha=x+yi$，$\beta=x'+y'i$ とすれば $h(\alpha\beta)=$ $h(xx'-yy'+i(xy'+x'y))=xx'-yy'+\dfrac{a(xy'+x'y)}{\sqrt{-\varDelta}}+\dfrac{2(xy'+x'y')}{\sqrt{-\varDelta}}\varepsilon$．一方，$h(\alpha)\circ h(\beta)$ を計算して比べよ．**問6** $\alpha\circ\bar{\alpha}=0 \Leftrightarrow x^2-axy+by^2=0 \Leftrightarrow x=y=0$．

§2 問1 $\xi=\dfrac{2R^2x}{x^2+y^2+R^2}$, $\eta=\dfrac{2R^2y}{x^2+y^2+R^2}$, $\zeta=\dfrac{R(R^2-x^2-y^2)}{x^2+y^2+R^2}$, $x=\dfrac{\xi R}{R-\zeta}$, $y=\dfrac{\eta R}{R-\zeta}$．**問2** $z_1=x_1+y_1 i$，$z_2=x_2+iy_2$ とおけば $f(z_1 z_2)=$ $f(x_1x_2-y_1y_2+i(x_1y_2+x_2y_1))=\begin{bmatrix}x_1x_2-y_1y_2 & -(x_1y_2+x_2y_1)\\ x_1y_2+x_2y_1 & x_1x_2-y_1y_2\end{bmatrix}$, 一方, $f(z_1)f(z_2)=\begin{bmatrix}x_1 & -y_1\\ y_1 & x_1\end{bmatrix}\begin{bmatrix}x_2 & -y_2\\ y_2 & x_2\end{bmatrix}=\begin{bmatrix}x_1x_2-y_1y_2 & -x_1y_2-x_2y_1\\ x_1y_2+x_2y_1 & x_1x_2-y_1y_2\end{bmatrix}$．
問3 $X^3=\begin{bmatrix}x^3-3xy^2 & -(3x^2y-y^3)\\ 3x^2y-y^3 & x^3-3xy^2\end{bmatrix}=\begin{bmatrix}0 & 1\\ -1 & 0\end{bmatrix}$ より．

問4 $f(x)=z$ とおけば $z^5=i$ を解くことになる．ゆえに $z=\left(\cos\dfrac{\pi}{10}+i\sin\dfrac{\pi}{10}\right)\left(\cos\dfrac{2\pi}{5}k+i\sin\dfrac{2\pi}{5}k\right)$, $k=0,1,2,3,4$, これらを計算して z の実部，虚部を求め，$\begin{bmatrix}x & -y\\ y & x\end{bmatrix}$ の形の行列をつくれ．

§3 問1 $\sqrt{2+i}=\sqrt{\dfrac{\sqrt{5}+2}{2}}+\sqrt{\dfrac{\sqrt{5}-2}{2}}i$, $\sqrt{-2+i}=\sqrt{\dfrac{\sqrt{5}-2}{2}}+\sqrt{\dfrac{\sqrt{5}+2}{2}}i$, $\sqrt{-2-i}=-\sqrt{\dfrac{\sqrt{5}-2}{2}}+\sqrt{\dfrac{\sqrt{5}+2}{2}}i$, $\sqrt{2-i}=-\sqrt{\dfrac{\sqrt{5}+2}{2}}+\sqrt{\dfrac{\sqrt{5}-2}{2}}i$.

§4 問1 $f(x)$ は実数係数, $(x-\alpha)(x-\bar{\alpha})=x^2-(\alpha+\bar{\alpha})x+\alpha\bar{\alpha}$ も実数係数. よって $g(x)$ も実数係数, l, m は実数. 条件より $f(\alpha)=l\alpha+m=0$, $f(\bar{\alpha})=l\bar{\alpha}+m$. $0=\overline{f(\alpha)}=\overline{l\alpha+m}=l\bar{\alpha}+m$. ゆえに $f(\bar{\alpha})=0$.

§5 問2 $\alpha\bar{\alpha}=a^2+b^2+c^2+d^2=0 \Leftrightarrow a=b=c=d=0 \Leftrightarrow 0$.

§6 問1 扇形 $OP''A''$ の面積＝扇形 OQA'' の面積＝四辺形 $ORQA''$ の面積 $-\triangle ORQ$ の面積 $(*)$. ここで, $\triangle ORQ$ の面積 $=\dfrac{x\cdot\dfrac{1}{x}}{2}=\dfrac{1}{2}=\triangle OBA''$ の面積であるから $(*)=$ 四辺形 $ORQA''$ の面積 $-\triangle OBA''$ の面積＝四辺形 $BRQA''$ の面積. 問2 定理4を用いよ.

索　　引

ア　行

アポロニウスの円　159
アルガンの図表示　80
アルキメデスの公理　72

1次分数変換　197
1次変換　197
1のn乗根　114
一般角　8
一般的位置　184
因数定理　243

円運動　30
円周の方程式　82, 158, 160, 163

オイラー線　215
オイラーの公式　254
オイラーの定理　142
同じ向きに相似　134

カ　行

外心　168
ガウス　68, 80
　——平面　80
角　2
　——の2等分線　154
　——の向きは同じ　86
　——は逆向き　86

角速度　31
隔離しない　139
隔離する　139
カッシニの卵形　125
加法公式　35

奇関数　13
基本周期　12
逆数変換　198
逆変換　201
逆向きに相似　134
鏡映　216
共役　56
　——1次変換　198
極形式　100
極座標　99, 153
　——表示　100
虚数　51, 55
　——軸　80
　——部　54

偶関数　13
クーリッジ・大上の定理　184
クリフォードの定理　186

原始n乗根　118

格子　87
合成　32, 39

恒等変換　209
5線中心円　186
弧度法　3

サ 行

三角不等式　74, 93
3倍角の公式　104
三平方の定理　13

四元数(ハミルトンの)　248
自己共役　145
始線　8
4線中心点　186
実数軸　80
実数部　54
始点　92
4点中心　183
　──円　183
シムソン線　178
周期関数　12
重心　97, 165
終点　92
純虚数　55
順序関係　70
心臓形　123
振動数　31
振幅　31

垂心　166
垂直2等分線の方程式　150

正型　214
正弦関数　11

正三角形　137
正接関数　22
正の向き　8
星芒形　131
接線　85, 86
　──の方程式　164
絶対値　73
z 平面　81

双曲線関数　249
双曲線の標準方程式　82

タ 行

代数学の基本定理　66
楕円の標準方程式　82
単振動　31
w 平面　81

中心角　5
調和点列　143
直線の方程式　144, 147
直交座標表示　100

点と直線との距離　156

動径　8
ド・モァヴルの公式　103
トレース　57
トレミー　142
　──の定理　130, 196

ナ 行

内心　171

索　引

長さ　73

2曲線のなす角　86
2重解　61

ノルム　57

ハ行

倍角の公式　36
ハイパボリック・コサイン　249
ハイパボリック・サイン　249
ハイパボリック・タンジェント
　　249
はじめの角　31
パスカル線　181
パスカルの定理　180
パップスの定理　215
パラメーター　149
　　——表示　149
半角の公式　36
反転　186, 187
　　——の中心　186
　　——の定円　186
　　——の半径　186

ピタゴラスの定理　13
非調和比　143

フェルマー　21
複素数　53
負の向き　8
分母の実数化　56

平角　2

ベクトル　92
　　——空間　219
偏角　100

傍心　171
放物線の標準方程式　83

マ行

向き　92
無限遠点　186

メルカトール　229
　　——図法　229
面積　138

ヤ行

有向線分　92

余弦関数　11
余弦定理　46

ラ行

ラジアン　3

立体射影　227
リーマン球　227

零因子　59
連珠形　125

60分法　2

■岩波オンデマンドブックス■

新装版 数学入門シリーズ
複素数の幾何学

2015年3月6日　第1刷発行
2019年12月10日　オンデマンド版発行

著　者　片山孝次(かたやまこうじ)

発行者　岡本　厚

発行所　株式会社　岩波書店
　　　　〒101-8002　東京都千代田区一ツ橋2-5-5
　　　　電話案内　03-5210-4000
　　　　https://www.iwanami.co.jp/

印刷／製本・法令印刷

Ⓒ Koji Katayama 2019
ISBN 978-4-00-730958-8　　Printed in Japan